Quantenrechnen

Eine Einführung in Quantum Computation für Ingenieure und Informatiker

Andreas de Vries

Books on Demand
2012

Prof. Dr. Andreas de Vries
Fachhochschule Südwestfalen
Haldener Straße 182
D-58095 Hagen
e-Mail: *de-vries@fh-swf.de*

© Books on Demand GmbH, Norderstedt 2012

Satz: Der Autor mit LATEX und dem Paket `mathpazo`
Herstellung: Books on Demand GmbH
Verlag: Books on Demand GmbH

ISBN 9783844817928

Das Umschlagbild zeigt die acht möglichen verschränkten Zustandspaare eines Quantenregisters mit drei Qubits.

Inhaltsverzeichnis

Vorwort

Dieses Buch ist eine Einführung in ein Gebiet, das vielleicht schon sehr bald ein Standardzweig der Informatik sein könnte. Das Quantenrechnen mit wenigen Qubits ist technisch realisierbar, die ersten Quantenrechner sind in der experimentellen Phase, Quantenkryptographie wurde bereits für erste Banktransaktionen angewendet. Vielleicht wird Quantenrechnen bereits in dieser Dekade marktfähig sein.

Wir werden gerade Zeugen des Beginns einer technischen Revolution, die *viel* schnellere Rechner, einen Abschied heute aktueller kryptographischer Verfahren wie RSA und vollkommen neuartige Algorithmen verspricht. Dieses Buch beabsichtigt dazu beizutragen, die nächste Generation von Informatikern und Elektroingenieuren darauf vorzubereiten, sich dieser neuen großen Herausforderung zu stellen. Es zeigt die mathematischen Konzepte des Qubits und von Quantenregistern. Die wesentlichen mathematischen Voraussetzungen sind elementare Kenntnisse der komplexen Zahlen und lineare Algebra. Daher sollten seine Inhalte Studierenden höherer Semester einer ingenieur- oder naturwissenschaftlichen Fakultät verständlich sein.

Dieses Buch ist jedoch kein Lehrbuch über Quantenmechanik. Es ist ein Buch über die weitreichenden Implikationen des einfachsten quantenmechanischen Systems, das „Qubit", das je nach Kontext auch „Spinor" oder „Zwei-Niveau-System" heißt. So könnte es einen Physiker möglicherweise überraschen, wie wenig Quantenphysik es in diesem Buch gibt. Dieses Lehrbuch lässt jedoch hoffentlich erkennen, dass Quantenrechnen auch zu ganz neuen Fragen über physikalische Systeme anregt und neue Perspektiven zum Verständnis ihrer Eigenschaften liefert. In Ergänzung zu traditionellen statistischen und thermodynamischen Betrachtungen physikalischer Mehrkörpersysteme unterstützt es die Untersuchung dynamischer Eigenschaften von Systemen einzelner Quanten. Am Ende ist Rechnen stets physikalisch, umgekehrt kann es hilfreich und befruchtend sein, über Physik algorithmisch zu denken.

Um allerdings die Physik von Qubits und Quantenrechnern zu verstehen, sind Kenntnisse der Quantenmechanik unerlässlich. Insbesondere muss daher bei der Betrachtung physikalischer Realisierungen von Quantenrechnern das Prinzip der inhaltlichen Abgeschlossenheit dieses Buchs aufgeweicht werden, wenn auch hoffentlich ohne unverständlich zu werden. Hier sollten übliche Lehrbücher der Quantenmechanik weiterhelfen, beispielsweise [28] oder [30]. Empfehlenswerte Literatur über Quantenrechnen umfasst beispielsweise [46], [36], [14], [61].

Die Struktur dieses Buchs folgt soweit wie möglich der allgemeinen Strategie „vom Speziellen zum Allgemeinen". Es ist wie folgt aufgebaut. Nach einem kurzen Überblick über die Geschichte der Quantenrechnung und der Beschreibung zweier paradigmatischer Quantenexperimente, dem Doppelspalt- und dem Stern-Gerlach-Versuch, werden die mathematischen Grundlagen von Qubits und Quantenregistern gegeben. Danach werden grundlegende Quantengatter und ihre Eigenschaften dargestellt, bevor das weite Feld der Quantenalgorithmen betreten wird, aufgeteilt in auf der Quanten-Fouriertransformation basierende Periodenfinder, Quantensuchalgorithmen und Protokolle der Quantenkommunikation. Eine Einführung in Codes zur Quantenfehlerkorrektur geht einem Kapitel über physikalisch mögliche Realisierung von Quantenrechnern, über Dichteoperatoren und über Dekohärenz voraus, bevor eher theoretische Themen wie Komplexitätstheorie und Quantenlogik betrachtet werden.

Möglichst jedes Kapitel wird mit Übungsaufgaben abgeschlossen, die der Vertiefung und manchmal der Erweiterung des Lernstoffs dienen. Im Anhang werden zu den meisten Aufgaben Lösungshinweise gegeben.

Diese Einführung wird hoffentlich neue Generationen von Ingenieuren und Informatikern auf die neuartige und aufregende Technologie vorbereiten, die verschiedene Wissenschaftsdisziplinen wie Physik, Informatik, Mathematik und Physikalische Chemie umfasst und allmählich zu einem lebendigen Zweig der Ingenieurwissenschaften zu werden beginnt. Die zukünftigen Herausforderungen sind gewaltig. Eines der in Bezug auf das Alltagsleben drängendsten Probleme ist Kryptographie. Zwar liefert Quantenrechnung einige neue Techniken zur Abhörsicherheit (*Intrusion Detection*), jedoch wird der Einsatz von Quantenrechnern mit 1000 Qubits eine der größten kryptographischen Errungenschaften der letzten Jahrzehnte, die Authentifizierung mit öffentlichen Schlüsselverfahren, zunichte machen.

Bis heute weiß niemand, wie in der Ära des Quantenrechnens die Authentifizierung in rechnerbasierten Kommunikationssystemen ermöglicht werden kann. Möge dieses Buch dazu beitragen, diesen unbefriedigenden Zustand zu ändern. Denn bisher hat noch jede neue Technologie auch neue Lösungen hervor gebracht. Im Quantenrechnen machen wir gerade die ersten Schritte, diese zu entdecken.

Hagen, im Februar 2012

Andreas de Vries

Kapitel 1

Die eigenartige Welt der Quanten

Anyone who is not shocked about quantum theory has not understood it.

Niels Bohr

Ich erinnere mich an viele Diskussionen mit Bohr, die bis spät in die Nacht dauerten und fast in Verzweiflung endeten. Und wenn ich am Ende solcher Diskussionen noch allein einen kurzen Spaziergang im benachbarten Park unternahm, wiederholte ich mir immer und immer wieder die Frage, ob die Natur wirklich so absurd sein könne, wie sie uns in diesen Atomexperimenten erschien.

Werner Heisenberg (in: *Physik & Philosophie*, S. 25)

1.1 Geschichte des Quantenrechnens

Quantenrechnen als eine realistische Perspektive in der Theoretischen Physik ist ein Kind der 1980er Jahre. 1980 argumentierten der Russische Physiker Yuri I. Manin[1], und später 1982 der US-Amerikanische Physiker Richard P. Feynman[2] (1918–1988), dass die Simulation von Quantenmechanik eine Rechenkomplexität erfordere, die *exponentiell* mit der Größe des Problems wächst. Feynman mutmaßte, dass ein Quantenrechner, d.h. ein auf quantenphysikalischen Phänomenen basierender Computer, dieses Komplexitätsproblem umgehen könnte und Quantenmechanik viel effizienter simulieren könnte.

Der Oxforder Quantenphysiker David Deutsch (geboren 1953) schlug 1985 als Erster eine detaillierte Quantenrechnerarchitektur vor. In einem wegweisenden Artikel[3] entwickelte er die Idee eines Quantencomputers. In den folgenden Jahren entwarfen er

---

[1] Yu. I. Manin, 'Computable und uncomputable' [Russisch], *Sovetskoye Radio*, Moscow (1980)

[2] R. Feynman, 'Simulating physics with computers', *Int. J. Theor. Phys.* **21**, 467 (1982)

[3] D. Deutsch, *Proc. Roy. Soc. London*, 'Quantum theory, the Church-Turing principle und the universal quantum computer' **A400**, 97–117 (1985)

und andere einige, oft zunächst etwas ausgeklügelt wirkende Algorithmen, die Quantenrechner schneller verarbeiten könnten als klassische Computer. Insbesondere hatte der berühmte, 1994 veröffentlichte Faktorisierungsalgorithmus [58] von Peter Shor (geboren 1959) einen enormen Einfluss auf die weitere Entwicklung des Quantenrechnens.

Die physikalischen Grundlagen des Quantenrechnens werden durch die Quantenmechanik beschrieben. Diese Theorie wurde durch mehrere Physiker im ersten Viertel des zwanzigsten Jahrhunderts entwickelt, eingeführt 1900 durch einen wahren Geniestreich von Max Planck (1858–1947), der auch der erste war, der den Ausdruck „Quant" verwendete, dann durch wichtige Beiträge 1905 erweitert von Albert Einstein (1879–1955), in den 1910er Jahren durch Niels Bohr (1885–1962) und Arnold Sommerfeld (1868 – 1951), sowie später durch Werner Heisenberg (1901–1976), Erwin Schrödinger (1887–1961), Louis de Broglie (1892–1987) und Paul A.M. Dirac (1902–1984) in den 1920er Jahren. Für eine Darstellung der Geschichte der Quantenmechanik seien [72] und [62, Prolog] empfohlen.

1.2 Warum sollten wir an die Quantenwelt glauben?

Quantenphenomäne widersprechen der Alltagserfahrung. Elementarteilchen wie Photonen, Elektronen, Protonen oder Neutronen sind *nicht* so etwas wie kleine Kügelchen, die durch das Vakuum fliegen. Stattdessen verhalten sie sich sehr eigenartig, abhängig von der Messung, denen sie ausgesetzt sind. Quanten verhalten sich sowohl wie klassische Teilchen als auch wie Wellen. Insbesondere zwei Experiments zeigen die Eigenartigkeit der Quanten, das Doppelspaltexperiment und der Stern-Gerlach-Versuch.

1.2.1 Das Doppelspaltexperiment

Eine Quelle erzeuge einen mono-energetischen Strahl von Teilchen, also Elektronen oder Photonen. Ein absorbierende, senkrecht zum Strahl stehende Platte hat zwei enge Spalte, durch die die Teilchen hindurch können. Sie werden durch Zähler an einem Schirm hinter der Doppelspaltplatte gezählt.

Ist nur ein Spalt geöffnet, so registrieren die Zähler Treffer, die in der Tat der Verteilung gleichen, die man von einem Strahl klassischer Teilchen („Kügelchen") erwarten würde. Sind jedoch beide Spalte geöffnet und hinreichend dicht beieinander, so zeigt

 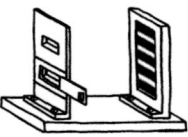

Abbildung 1.1: Das Doppelspaltexperiment. Photonen oder Elektronen kommen von links und treffen auf die Doppelspaltplatte, bevor sie auf einem Schirm rechts gemessen werden. Öffnet man nur einen Spalt, so ergibt sich eine normalverteilte Helligkeitsstruktur auf dem Schirm. Öffnet man aber beide Spalte, so zeigt sich plötzlich ein Interferenzmuster heller und dunkler Streifen auf dem Schirm. (Skizzen angelehnt an Niels Bohr und [72, p. 30])

die gemessene Verteilung ein Interferenzmuster, ein Phänomen, das nur für Wellen eintritt (Abbildungen 1.1, 1.2). Das heißt, der Teilchenstrahl verhält sich exakt wie eine monochromatische Welle. Insbesondere sind sie Teilchentreffer bei zwei geöffneten Spalten der Platte nicht einfach die Summe der Treffer bei den beiden nur einzeln offenen Spalten.

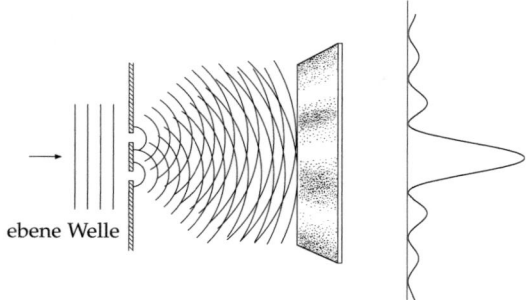

ebene Welle

Abbildung 1.2: Interferenzmuster auf dem rechten Schirm eines Doppelspaltexperiments. Wellenberge verstärken sich gegenseitig, ein Wellental und ein Wellenberg heben sich gegenseitig auf. Teile der Abbildung aus [63, S. 102]

Das Experiment kann modifiziert werden, so dass die auftreffenden Elektronen zeitlich getrennt werden. Erstaunlicherweise bleibt das wellenartige Verhalten. Das widerspricht der Annahme, dass ein einzelnes Elektron durch genau einen Spalt gelangt sein muss [28, 30, 50, 63].

Die ursprüngliche Idee des Experiments stammt von dem englischen Augenarzt und Physiker Thomas Young (1773 – 1829), der um 1805 den Versuch erstmals durchführte, um die Wellennatur des Lichts zu beweisen. Erst 1961 führte der deutsche Physiker Claus Jönsson (geboren 1930) in Tübingen das Doppelspaltexperiment mit Elektronen durch.[4]

1.2.2 Der Stern-Gerlach-Versuch

Der Stern-Gerlach-Versuch wurde erstmals 1921 und 1922 von den deutschen Physikern Otto Stern (1888 – 1969) und Walther Gerlach (1889 – 1979) durchgeführt und offenbarte eine spezifische, in der klassischen Welt unbekannte Quanteneigenschaft, den „Spin“. Im Stern-Gerlach-Experiment schreitet ein geeignet präparierter Strahl von Teilchen, etwa Silberatomen,[5] entlang der x-Achse fort, und ein magnetisches Feld ist so angelegt, dass es eine starke inhomogene Komponente in eine zur x-Achse senkrechte Richtung hat, sagen wir in die z-Richtung. Dann verzweigt sich der Strahl in zwei Teilstrahlen, einer in die positive z-Richtung („up“ oder ↑) und einer in die negative z-Richtung („down“ oder ↓). Zwar kann man nicht vorhersagen, ob ein *individuelles*

---

[4] C. Jönsson (1961): 'Elektroneninterferenzen an mehreren künstlich hergestellten Feinspalten'. *Zeitschrift für Physik* **161**, 1961, S. 454–474, DOI: 10.1007/BF01342460.

[5] Im Prinzip könnten diese Teilchen auch Elektronen sein, jedoch wird der Effekt des Spins durch eine andere elektromagnetische Kraft, die Lorentzkraft, überlagert.

Teilchen nach oben oder unten gehen wird, aber die beiden Teilstrahlen haben gleiche Intensität, und wir schreiben den Teilchen in dem ersten Teilstrahl den z-Spin *up* und den Zustand $(z,\uparrow)$ zu, den Teilchen in dem zweiten Teilstrahl dagegen den z-Spin *down* und den Zustand $(z,\downarrow)$.

Wird außerdem eine weitere Stern-Gerlach-Messung, mit derselben relativen magnetischen Orientierung an dem $(z,\uparrow)$-Teilstrom durchgeführt, so entsteht nur ein einziger Strahl — der $(z,\uparrow)$-Strahl selbst. Dasselbe Phänomen wird auch in anderen Rich-

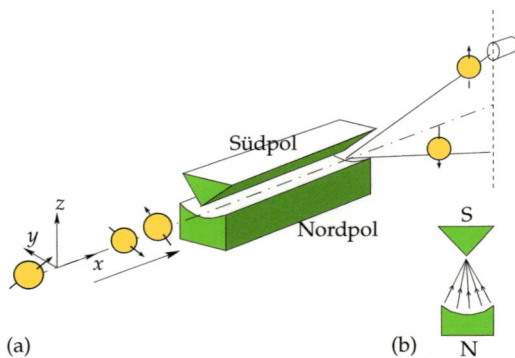

Abbildung 1.3:   Der Stern-Gerlach-Versuch. (a) Der einfallende Strahl magnetischer Dipole schreitet entlang der x-Richtung durch ein in z-Richtung inhomogenes magnetisches Feld fort. Der Detektor misst die z-Komponente des magnetischen Moments. (b) Schematische Darstellung der Erzeugung der Inhomogenität des magnetischen Feldes.

tungen beobachtet, so dass bei einem Stern-Gerlach-Versuch in y-Richtung, angewandt auf beispielsweise den Teilstrahl $(z,\uparrow)$, zwei neue Teilstrahlen $(y,\uparrow)$ und $(y,\downarrow)$ beobachtet werden. Beide haben wieder die gleiche Intensität.

Aber es können noch merkwürdigere Dinge geschehen. Wird eine weitere Stern-Gerlach-Messung an dem $(y,\uparrow)$-Strahl durchgeführt, der von der Messung des $(z,\uparrow)$-Strahls ausgewählt wurde, so werden beide (!) Teilstrahlen $(z,\uparrow)$ und a $(z,\downarrow)$ wieder mit gleicher Intensität registriert. Gewissermaßen hat also die y-Spinorientierung die Wirkung der ersten z-Spinmessung auf die überlebenden Teilchen ausradiert. Nicht gerade ein für Teilchen intuitiv erwartetes Resultat!

Wie beim Doppelspaltexperiment kann auch das Ergebnis des Stern-Gerlach-Versuchs als Wellenphänomen erklärt werden, wobei der Spin der Polarisation entspricht. Betrachten wir z.B. eine Anordnung, in der ein Lichtstrahl durch drei Polarisationsfilter läuft, wobei die Polarisationsrichtungen des ersten und dritten Filters senkrecht aufeinander stehen und diejenige des mittleren Filters in einem 45°-Winkel zu den beiden anderen stehen. Wird der mittlere Filter entfernt, so wird hinter dem letzten Filter kein Licht beobachtet, wie zu erwarten. Mit dem mittleren Filter jedoch wird in Richtung des letzten Filters polarisiertes Licht beobachtet. Auch hier wurde der selektive Effekt des ersten Filters durch den zweiten eliminiert.

Schlussfolgerungen

Folgende Schlussfolgerungen über Elementarteilchen können bei näherer Untersuchung allein aus diesen beiden Experimenten gezogen werden.

1. *Welle-Teilchen-Dualismus* oder *Komplementarität.* Abhängig vom Wesen der Messung verhalten sich Teilchen wellenartig, in bestimmten Experimenten zeigen sich Licht oder Elektronen teilchenartig.

2. *Wechselwirkende Messung.* Eine Beobachtung eines physikalischen Systems kann das System selbst verändern. Eine gleichzeitige Beobachtung wellen- *und* teilchenartigen Verhaltens ist unmöglich. Beispielsweise kann man den Doppelspaltversuch nicht so modifizieren, dass wellenartige Interferenzen auf dem Schirm beobachtet und gleichzeitig Messungen an einem der Spalte durchgeführt werden, um den Weg des Teilchens zu bestimmen.

3. *Indeterminismus.* Das Ergebnis einer zukünftigen Messung eines Systems ist nicht immer mit Sicherheit vorhersagbar. Stattdessen kann man auf der mikrophysikalischen Ebene zukünftige Messwerte nur mit einer gegebenen Wahrscheinlichkeit vorhersagen. Im Stern-Gerlach-Experiment beispielsweise können wir zwar mit Sicherheit vorhersagen, dass ein Teilchen in einem $(z, \uparrow)$-Zustand in einem nachfolgenden z-orientierten Experiment nach oben gehen wird, aber nur mit Wahrscheinlichkeit $\frac{1}{2}$ bei einem nachfolgenden y-orientierten Experiment.

4. *Unschärfe.* Aus dem Doppelspaltversuch kann man folgern, dass es eine grundsätzliche Genauigkeitsgrenze für *simultane* Messungen bestimmter physikalischer Eigenschaften, etwa Ort und Impuls oder Zeit und Energie, gibt. Diese Folgerung wurde von Werner Heisenberg aufgrund physikalischer Überlegungen gezogen und heißt die Heisenbergsche Unschärfeprinzip (*Heisenberg uncertainty principle*).

5. *Spin und Quantisierung.* Insbesondere aus dem Stern-Gerlach-Experiment können wir eine weitere wichtige Eigenschaft ableiten. Da ein inhomogenes Magnetfeld eine Ablenkung rotierender geladener Körper bewirkt, kann man ableiten, dass ein Elementarteilchen eine Art intrinsischen Drehimpuls besitzt, den „Spin". Im Stern-Gerlach-Experiment wird dieser Spin jedoch nicht als ein Kontinuum von Ablenkungen beobachtet, sondern der Strahl wird auf endlich viele (diskrete) Arten abgelenkt: Der Spin ist „quantisiert".[6] Bestimmte Teilchen wie das Elektron, das Proton oder das Neutron, haben einen "Spin $\frac{1}{2}$", das heißt, der einfallende Teilchenstrahl wird in genau zwei Teilstrahlen aufgespalten. Im Allgemeinen sind alle messbaren Eigenschaften elementarer Partikel quantisiert.

---

[6]Daher der Name *Quant* – Menge, von lat. *quantum* – wieviel

Kapitel 2

Qubits

Qubits sind die quantenphysikalische Erweiterung klassischer Bits. Eine spezielle Eigenschaft eines Qubits ist, dass es im Gegensatz zu einem Bit nicht nur zwei Zustände 0 und 1 annehmen kann, sondern *unendlich viele*. Die Messung eines Qubits jedoch ergibt entweder „0" oder „1", abhängig von Wahrscheinlichkeiten, die durch den Messapparat — genauer: die durch ihn gegebenen „Basiszustände" — und durch den Zustand des Qubits selbst bestimmt sind.

2.1 Einzelne Qubits

Ein *Qubit* ist ein Quantensystem, das zwei Zustände einnehmen kann und durch einen Einheitsvektor[1] $|\psi\rangle$ in dem komplexen zweidimensionalen Vektorraum $\mathbb{C}^2$ dargestellt werden kann,[2] also $|\psi\rangle \in \mathbb{C}^2$. Betrachten wir speziell die kanonische Basis von $\mathbb{C}^2$ und bezeichnen ihre Vektoren als $|0\rangle$ und $|1\rangle$, d.h.

$$|0\rangle = \begin{pmatrix} 1 \\ 0 \end{pmatrix}, \quad |1\rangle = \begin{pmatrix} 0 \\ 1 \end{pmatrix}; \qquad \text{geometrisch:} \qquad \qquad (2.1)$$

Sie werden *Basiszustände* genannt und bilden die *Rechenbasis (computational basis)* oder *Standardbasis*. Physikalisch wird eine Basis durch die Messapparatur festgelegt. Bezüglich dieser Basis ist ein Qubit $|\psi\rangle$ eine Linearkombination der zwei Basiszustände

$$|\psi\rangle = \alpha_0 |0\rangle + \alpha_1 |1\rangle = \begin{pmatrix} \alpha_0 \\ \alpha_1 \end{pmatrix}, \qquad (2.2)$$

wo $\alpha_i \in \mathbb{C}$ komplexe Konstanten sind, die *Wahrscheinlichkeitsamplituden*. Für sie gilt $|\alpha_0|^2 + |\alpha_1|^2 = 1$. Für $\alpha_0, \alpha_1 \neq 0$ heißt der Zustand $|\psi\rangle$ eine *Superposition* oder *Überlagerung* der Basiszustände.

---

[1] Wir verwenden hier die Dirac'sche „bra-ket"-Notation (§C.2.3 auf S. 212).

[2] Komplexe Zahlen sind darstellbar als zweidimensionale reelle Vektoren ($\mathbb{C} \cong \mathbb{R}^2$), d.h die geometrische Menge aller Qubits ist eine dreidimensionale Hypersphäre in dem vierdimensionalen reellen Vektorraum $\mathbb{C}^2$. Mathematisch gesehen ist ein Qubit somit ein „Spinor" [9, 49, 21].

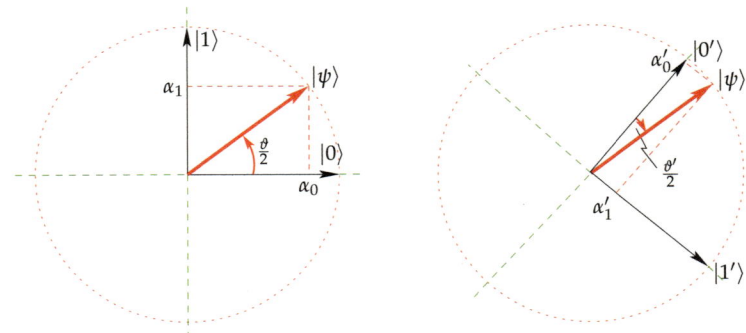

Abbildung 2.1: Ein Qubit $|\psi\rangle$ als eine Superposition von Basiszuständen $|0\rangle$ und $|1\rangle$, d.h. $|\psi\rangle = \alpha_0|0\rangle + \alpha_1|1\rangle$, mit den Amplituden α_0 und α_1. Ein Qubit entspricht also einem Vektor auf dem gepunkteten Kreis, hier illustriert als *reeller* Unterraum des $\mathbb{R}^2$. (Die Amplituden α_0 und α_1 sind tatsächlich *komplex*.) Rechts: Dasselbe Qubit, allerdings bezüglich einer an der $\frac{\pi}{8}$-Diagonalen gespiegelten Basis. Die Basis links wird auch „+"-Basis genannt, die Basis rechts „×"-Basis.

Beispiel 2.1.1. Ein allgemeines Qubit kann durch

$$|\psi\rangle = e^{i\delta} \begin{pmatrix} e^{-i\varphi/2} \cos\frac{\vartheta}{2} \\ e^{i\varphi/2} \sin\frac{\vartheta}{2} \end{pmatrix} \tag{2.3}$$

mit den drei Winkeln δ, φ, $\vartheta \in [0, 2\pi)$ dargestellt werden. (Vgl. Aufgabe 2.1.) Dies ist ersichtlich, da $|\psi\rangle = \alpha_0|0\rangle + \alpha_1|1\rangle$, mit $\alpha_0 = e^{i(\delta-\varphi/2)} \cos\frac{\vartheta}{2}$ und $\alpha_1 = e^{i(\delta+\varphi/2)} \sin\frac{\vartheta}{2}$, d.h.

$$|\alpha_0|^2 = \cos^2\frac{\vartheta}{2}, \qquad |\alpha_1|^2 = \sin^2\frac{\vartheta}{2}. \tag{2.4}$$

Das ergibt $|\alpha_0|^2 + |\alpha_1|^2 = 1$. Der Winkel δ heißt *globale Phase* und φ *relative Phase* [46, §2.2.7].   □

Postulat 1 (Messung eines Qubits) Wenn ein Qubit $|\psi\rangle$ in (2.2) gemessen wird, ist das Messergebnis „0" mit der Wahrscheinlichkeit $|\alpha_0|^2$ und „1" mit der Wahrscheinlichkeit $|\alpha_1|^2$:

$$P(j) = |\alpha_j|^2 \qquad \text{für } j = 0, 1. \tag{2.5}$$

Nach der Messung ist das Qubit entweder in Zustand $|0\rangle$ oder in Zustand $|1\rangle$:

$$|\psi'\rangle = \begin{cases} |0\rangle, & \text{wenn das Messergebnis „0" war,} \\ |1\rangle, & \text{wenn das Messergebnis „1" war.} \end{cases} \tag{2.6}$$

Hier bezeichnet $|\psi'\rangle$ den Zustand des Qubits nach der Messung. Mit anderen Worten: Durch eine Messung des Zustands $|\psi\rangle$ „kollabiert" das System in einen der Zustände der Rechenbasis $|0\rangle$ oder $|1\rangle$.

Die Wirkung einer Messung[3], d.h. der Wechsel von Zustand $|\psi\rangle$ nach Zustand $|\psi'\rangle = |0\rangle$ oder $|1\rangle$, ist in Abbildung 2.2 skizziert. Durch die Messung eines Quantensystems,

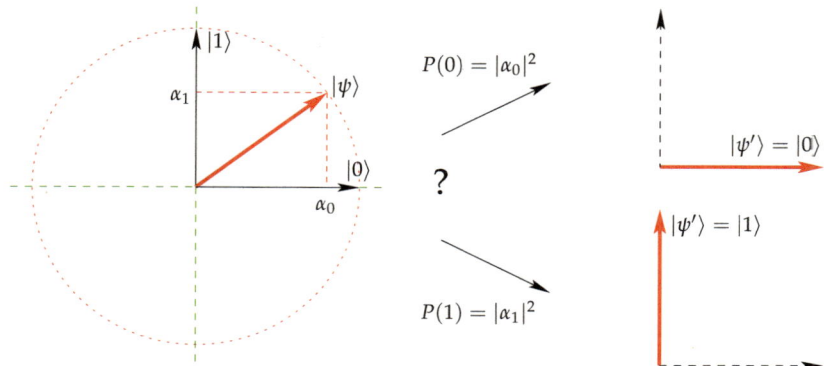

Abbildung 2.2: Die Wirkung einer Messung eines Qubits: Der Qubit-Zustand $|\psi\rangle$ kollabiert zu $|\psi'\rangle$, und zwar entweder $|0\rangle$ mit Wahrscheinlichkeit $P(0) = |\alpha_0|^2$ oder $|1\rangle$ mit Wahrscheinlichkeit $P(1) = |\alpha_1|^2$.

hier eines Qubits, wird *dessen Zustand selbst verändert*. Das ist ganz im Gegensatz zu unserer Alltagserfahrung, nach der die reine Beobachtung von Objekten deren Zustand (normalerweise) nicht ändert. Beispielsweise können Sie ein Bild anschauen, ohne dass Sie dadurch seinen Inhalt oder seine Farben ändern; auch kann man die Bahn eines Tennisballs nicht durch scharfes Hinsehen allein verändern. Nach der Messung allerdings ist der Zustand exakt bekannt, und zwar in einem Zustand der Rechenbasis, die physikalisch durch die Messapparatur gegeben ist.

Beispiel 2.1.2. Betrachten wir das Qubit aus Beispiel 2.1.1. Nach Gleichung (2.4) gilt

$$P(0) = \cos^2 \frac{\vartheta}{2}, \qquad P(1) = \sin^2 \frac{\vartheta}{2}. \tag{2.7}$$

Obwohl also ein Qubit von drei Parametern abhängt, den Winkeln δ, φ und ϑ, hat jedoch nur der Winkel ϑ Einfluss auf die Messung. Die globale Phase δ und die relative Phase φ haben keine direkte physikalische Bedeutung für ein einzelnes Qubit. (Bei mehreren Qubits jedoch können sie Interferenzen verursachen und durchaus physikalisch relevant sein.) Speziell für das Qubit mit $\delta = \varphi = 0$ und $\vartheta = 0$ folgt $|\psi\rangle = |0\rangle$, d.h. es ist in einem Zustand der Rechenbasis. Entsprechend ist das Qubit mit $\delta = \varphi = 0$ und $\vartheta = \pi$ wegen $|\psi\rangle = |1\rangle$ ebenfalls in einem Zustand der Rechenbasis. Qubits in solchen Zuständen verhalten sich genau wie klassische Bits. $\square$

Allgemein ist der Kollaps einer Superposition in einen Zustand der Rechenbasis ein Spezialfall der *Dekohärenz*, vgl. §11.6. Dekohärenz ist ein weit allgemeineres Phänomen,

---

[3] Messungen, so wie wir sie hier betrachten, bilden streng genommen nur eine spezielle Klasse, die sogenannten „projektiven Messungen". Allerdings sind projektive Messungen letztendlich äquivalent zu allgemeinen Messungen und „POVM's" [46, §2.2.6].

das immer dann auftritt, wenn ein Quantensytem mit seiner Umgebung wechselwirkt. Eine Messung ist ein spezieller Fall von Dekohärenz.

Das Postulat der Messung impliziert das *Heisenberg'sche Unschärfeprinzip* [71, Gl. (133)]. Es besagt, dass man den vollständigen Zustand eines Quantensystems, also beispielsweise Ort *und* Impuls eines Elementarteilchens, prinzipiell nicht exakt messen kann.

Physikalisch kann ein Qubit durch jedes Quantensystem realisiert werden, dessen Messungen nur zwei Ergebniswerte liefern können. So kann beispielsweise der Spin eines Elektrons nur die beiden Zustände $|0\rangle$ = „up" oder $|1\rangle$ = „down" annehmen; auch die Polarisation eines Photons kann nur $|0\rangle$ = „horizontal" oder $|1\rangle$ = „vertikal" gemessen werden. Weitere Beispiele sind ein Ammonium-Molekül NH_3 in einem Ammonium-Maser, das nur zwei Basiszustände annehmen kann (entsprechend der Geometrie, die sich aus der Lage des N-Atoms entweder über oder unter der von den drei H-Atomen aufgespannten Ebene ergeben), oder eine „magnetische Resonanz", d.h. ein rotierendes Teilchen in einem magnetischen Feld, so z.B. ein Proton *(Kernspinresonanz NMR)* oder ein Elektron in einem Kristallgitter [30, §16].

2.1.1 Observablen und Erwartungswerte

In der Quantenmechanik ist jeder Messung eine „Observable" zugeordnet. In einigen einfachen Fällen, beispielsweise für Messungen eines Qubits, kann sie durch eine „selbstadjungierte" oder „Hermite'sche"' Matrix M dargestellt werden. Wenn ein Zustand $|\psi\rangle$ bezüglich der Observablen M gemessen wird, so wird der Erwartungswert des Messergebnisses bezeichnet durch

$$\langle\psi|M|\psi\rangle. \tag{2.8}$$

(Es gilt $\langle\psi|M|\psi\rangle = |\psi\rangle^* M|\psi\rangle$.) Die möglichen Messwerte sind die *Eigenwerte* der Observablen.

Bemerkung 2.1.3. *(Wieso $\vartheta/2$ in (2.3)?)* Die Observable einer Qubitmessung wird durch die Matrix

$$M = \begin{pmatrix} 0 & 0 \\ 0 & 1 \end{pmatrix}. \tag{2.9}$$

dargestellt. Die einzig möglichen Messwerte sind $\lambda = 0$ und $\lambda = 1$, die beiden Eigenwerte der Matrix M. Da das Messergebnis $\lambda = 0$ mit der Wahrscheinlichkeit $|\alpha_0|^2$ und $\lambda = 1$ mit der Wahrscheinlichkeit $|\alpha_1|^2$ ergibt, wobei $\alpha_0 = e^{i(\delta-\varphi/2)}\cos\frac{\vartheta}{2}$ und $\alpha_1 = e^{i(\delta+\varphi/2)}\sin\frac{\vartheta}{2}$ gemäß (2.3), ist der Erwartungswert $\langle\psi|M|\psi\rangle$ für ein Qubit bestimmt durch

$$\langle\psi|M|\psi\rangle = \sum_{j=0}^{1} j\,P(j) = |\alpha_1|^2 = \sin^2\frac{\vartheta}{2} = \tfrac{1}{2}(1 - \cos\vartheta). \tag{2.10}$$

Da die möglichen Messergebnisse, und damit auch der Erwartungswert, die physikalisch einzig wichtigen Größen ist, ist nur der Winkel ϑ für ein einzelnes Qubit physikalisch relevant. Für $\theta = 0$ ist der Erwartungswert 0, für $\theta = \frac{\pi}{2}$ oder $\frac{3\pi}{2}$ ist er $\frac{1}{2}$, und für $\theta = \pi$ ist er 1.

Bemerkung 2.1.4. *(Spin-Messungen)* Die Messung des Spins eines Elektrons bezüglich der z-Achse kann die einzigen Werte „up" ($|\uparrow\rangle = |0\rangle$) oder „down" ($|\downarrow\rangle = |1\rangle$) haben und entspricht der Observablen

$$S_z = \frac{\hbar}{2} \begin{pmatrix} 1 & 0 \\ 0 & -1 \end{pmatrix} \tag{2.11}$$

mit der Planck'schen Konstante $\hbar = 1.054573 \cdot 10^{-34}$ Js. Als eine Matrix hat sie die beiden Eigenvektoren $|\uparrow\rangle = |0\rangle$ und $|\uparrow\rangle = |1\rangle$ mit den Eigenwerten $\lambda_\uparrow = +\hbar/2$ und $\lambda_\downarrow = -\hbar/2$. Normalerweise wird der Spin als eine reine Zahl s angegeben, die das Vielfache von $\hbar$ bezeichnet, d.h. eine Spinmessung ergibt lediglich einen der beiden Werte $s = +\frac{1}{2}$ oder $s = -\frac{1}{2}$. Die Messung eines allgemeinen, durch (2.3) gegebenen Spinors $|\psi\rangle = \alpha_0|\uparrow\rangle + \alpha_1|\downarrow\rangle$ hat dann den Erwartungswert [28, 30]

$$\langle\psi^*|S_z|\psi\rangle = \frac{\hbar}{2}(\alpha_0^*, \alpha_1^*) \begin{pmatrix} 1 & 0 \\ 0 & -1 \end{pmatrix} \begin{pmatrix} \alpha_0 \\ \alpha_1 \end{pmatrix} = \frac{\hbar}{2}(|\alpha_0|^2 - |\alpha_1|^2) = \frac{\hbar}{2}\cos\vartheta. \tag{2.12}$$

Das entspricht dem Erwartungswert aus Bemerkung 2.1.3 für die Observable M, was man sieht, wenn man die Messwertmenge von $\{-1, +1\}$ nach $\{0, 1\}$ staucht. Daneben gibt es Observable S_x und S_y für Messungen des Spins bezüglich der x-Achse bzw. der y-Achse, given by

$$S_x = \frac{\hbar}{2} \begin{pmatrix} 0 & 1 \\ 1 & 0 \end{pmatrix}, \qquad S_y = \frac{\hbar}{2} \begin{pmatrix} 0 & -i \\ i & 0 \end{pmatrix}. \tag{2.13}$$

Die Matrizen S_x, S_y und S_z haben die interessante Eigenschaft, dass ihr Quadrat die Einheitsmatrix ergibt, $S_x^2 = S_y^2 = S_z^2 = \frac{\hbar^2}{4}I$. Lässt man den Faktor $\frac{\hbar}{2}$ beiseite, so entsprechen sie den „Pauli-Matrizen" in Gl. (3.15).

2.1.2 Messungen in verschiedenen Basissystemen

Ein gegebenes Qubit kann auch bezüglich eines anderen Systems von Basiszuständen $|0'\rangle$ und $|1'\rangle$ gemessen werden. Aus der linearen Algebra ist bekannt, dass zwei Basissysteme ineinander überführt werden können durch eine orthogonale Transformation, d.h. eine Reflektion oder eine Rotation. Speziell für das rechte Beispiel aus Abbildung 2.1 gilt

$$|0'\rangle = \frac{|0\rangle + |1\rangle}{\sqrt{2}}, \quad |1'\rangle = \frac{|0\rangle - |1\rangle}{\sqrt{2}}, \tag{2.14}$$

und

$$\begin{pmatrix} \alpha_0' \\ \alpha_1' \end{pmatrix} = A \cdot \begin{pmatrix} \alpha_0 \\ \alpha_1 \end{pmatrix} \quad \text{mit} \quad A = \frac{1}{\sqrt{2}} \begin{pmatrix} 1 & 1 \\ 1 & -1 \end{pmatrix} = \begin{pmatrix} \cos\frac{\pi}{4} & \sin\frac{\pi}{4} \\ \sin\frac{\pi}{4} & -\cos\frac{\pi}{4} \end{pmatrix}. \tag{2.15}$$

A ist eine Spiegelung an der $\frac{\pi}{8}$-Diagonalen. Wir bezeichnen das Basissystem $\{|0\rangle, |1\rangle\}$ kurz als „+"-Basis, und das System $\{|0'\rangle, |1'\rangle\}$ als „×"-Basis.

Ist nun ein Qubit $|\psi\rangle$ in der „+"-Basis mit Wahrscheinlichkeitsamplituden α_0, α_1 gegeben, dann lauten die Wahrscheinlichkeitsamplituden in der „×"-Basis (2.14) also

$$\alpha_0' = \frac{\alpha_0 + \alpha_1}{\sqrt{2}}, \qquad \alpha_1' = \frac{\alpha_0 - \alpha_1}{\sqrt{2}}, \tag{2.16}$$

Das bedeutet, dass dasselbe Qubit bezüglich verschiedener Basen die Messwerte „0" oder „1" mit verschiedenen Wahrscheinlichkeiten annimmt.

Beispiel 2.1.5. *(Schrödingers Katze)* [36, §2.8] Eine berühmte Veranschaulichung der fundamentalen Quantenphänomene Superposition und Messung ist *Schrödingers Katze*, das folgende Gedankenexperiment: Betrachten wir ein Qubit $|\psi_{\text{Katze}}\rangle$, das eine Katze in einer geschlossenen Kiste darstellt und sich anfangs in einer gleichgewichteten Superposition der beiden Basiszustände $|\text{tot}\rangle$ und $|\text{lebend}\rangle$ befindet, d.h.

$$|\psi_{\text{Katze}}\rangle = \frac{|\text{tot}\rangle + |\text{lebend}\rangle}{\sqrt{2}}. \tag{2.17}$$

Eine Messung besteht dann einfach darin, die Kiste zu öffnen und den Zustand der Katze zu beobachten. Eine Messung bezüglich der obigen Basis ergibt damit das Ergebnis "tot" mit der Wahrscheinlichkeit $P(\text{"tot"}) = \frac{1}{2}$, und das gegenteilige Ergebnis "lebend" mit der Wahrscheinlichkeit $P(\text{"lebend"}) = \frac{1}{2}$. Nehmen wir an, wir hätten die unerfreuliche Beobachtung gemacht, dass die Katze tot ist. Gemäß dem Messungsprinzip befindet sich die Katze damit auch in dem entsprechenden Zustand, also $|\psi_{\text{Katze}}\rangle = |\text{tot}\rangle$, und jede weitere Messung bezüglich dieser Basis ergibt sicher das Ergebnis "tot". Eine Messung jedoch bezüglich der Basis

$$|\text{Zombie}^+\rangle = \frac{|\text{tot}\rangle + |\text{lebend}\rangle}{\sqrt{2}}, \qquad |\text{Zombie}^-\rangle = \frac{|\text{tot}\rangle - |\text{lebend}\rangle}{\sqrt{2}} \tag{2.18}$$

versetzt die Katze in eine der Superpositionen $|\text{Zombie}^+\rangle$ oder $|\text{Zombie}^-\rangle$, beide mit der Bedeutung "tot und lebend". Messen wir nun erneut bezüglich der Basis $\{|\text{tot}\rangle,$ $|\text{lebend}\rangle\}$, so erlangt die Katze den Zustand $|\psi_{\text{Katze}}\rangle = |\text{lebend}\rangle$ mit der Wahrscheinlichkeit $\frac{1}{2}$. Eine tote Katze kann somit durch zwei aufeinander folgende Messbasiswechsel immerhin mit einer Wahrscheinlichkeit von $\frac{1}{2}$ in das Leben zurück gerufen werden. Durch n-fache Wiederholung dieses Messzyklus für jene Fälle, in denen die Katze als tot beobachtet wurde, beträgt die Wahrscheinlichkeit p_n einer Beobachtung einer wieder lebenden Katze sogar $p_n = 1 - \frac{1}{2^n}$, mit $p_n \to 1$ für $n \to \infty$. □

2.2   Quantenregister

Ein *Quantenregister* der Größe n, oder ein *n-Qubit-Register*, ist ein System von n Qubits, d.h.

$$|\psi\rangle = \boxed{|\psi_{n-1}\rangle} \; \boxed{|\psi_{n-2}\rangle} \; \boxed{\cdots} \; \boxed{|\psi_1\rangle} \; \boxed{|\psi_0\rangle}$$

Wir schreiben ein Quantenregister der Größe n in der Form $|\psi\rangle = |\psi_{n-1}\psi_{n-2}\ldots\psi_0\rangle$. Es gibt 2^n Basisvektoren, parametrisiert durch binäre Strings der Länge n:

$$|\underbrace{0\ldots00}_{n \text{ Stellen}}\rangle, \quad |0\ldots001\rangle, \quad \ldots, \quad |01\ldots11\rangle, \quad |11\ldots1\rangle, \quad (2.19)$$

(Somit ist der Zustandsraum eines Quantenregisters $\mathbb{C}^{2^n}$.) Aus Bequemlichkeit wird ein Basisvektor eines n-Qubit-Systems oft durch die Dezimalzahlentwicklung seines Binärstrings ausgedrückt. Beispielsweise schreibt man für $n = 6$,

$$|1\rangle = |000001\rangle, \quad |2\rangle = |000010\rangle, \quad |5\rangle = |000101\rangle, \quad \ldots \quad (2.20)$$

Eine Dezimalzahl j ist dem Binärstring $s = (s_{n-1}, s_{n-2}, \ldots, s_1, s_0)$ durch die Beziehung

$$j = \sum_{k=0}^{n-1} s_k \cdot 2^k. \quad (2.21)$$

zugeordnet. Der umgekehrte Algorithmus zur Umwandlung des Binärstrings in eine Zahl $j \in \mathbb{N}$ im Dezimalsystem lautet:

```
decimalToBinary(j) {
  k = n-1;
  while ( j > 0 ) {
    s[k] = j % 2;
    j /= 2;
    k--;
  }
  return s;
}
```

(Beachte, dass $\texttt{s[k]} = s_k$.) Ein allgemeines Quantenregister $|\psi\rangle$ der Größe n ist gegeben durch

$$|\psi\rangle = \sum_{s \in \{0,1\}^n} \alpha_s |s\rangle = \sum_{j=0}^{2^n-1} \alpha_j |j\rangle \quad \text{mit} \quad \sum_{j=0}^{2^n-1} |\alpha_j|^2 = 1, \quad (2.22)$$

Die zweite Gleichung ist nur eine Umformulierung des Binärstrings $s \in \{0,1\}^n$ als eine Dezimalzahl. Gl. (2.22) besagt insbesondere, dass sich ein Quantenregister in einer Superposition von einigen, wenn nicht gar allen, 2^n Basiszuständen

$$|0\cdots00\rangle, \quad |0\cdots01\rangle, \quad \ldots, \quad |1\cdots11\rangle.$$

befinden kann. Diese harmlose Eigenschaft wird später weitreichende Konsequenzen zeigen.

2.2.1 Tensorprodukte und andere Schreibweisen

Oft findet man die Schreibweise $|\psi\rangle = |\psi_{n-1}\rangle |\psi_{n-2}\rangle \ldots |\psi_0\rangle$, oder auch

$$|\psi\rangle = |\psi_{n-1}\rangle \otimes |\psi_{n-2}\rangle \otimes \ldots \otimes |\psi_0\rangle = |\psi_{n-1}\psi_{n-2}\rangle \otimes |\psi_{n-3}\ldots\psi_0\rangle, \ldots, \quad (2.23)$$

das sogenannte *Tensorprodukt*. Diese Notation ist sehr gebräuchlich in der Quantenmechanik. Im Zusammenhang mit Qubits sind die Notationen $|\psi_j \psi_k\rangle$ und $|\psi_j\rangle \otimes |\psi_k\rangle$ also äquivalent. Im allgemeinen ist das Tensorprodukt zweier Matrizen A und B definiert als

$$A \otimes B = \begin{pmatrix} a_{11} & \cdots & a_{1n} \\ \vdots & & \vdots \\ a_{m1} & \cdots & a_{mn} \end{pmatrix} \otimes B = \begin{pmatrix} a_{11} \cdot B & \cdots & a_{1n} \cdot B \\ \vdots & & \vdots \\ a_{m1} \cdot B & \cdots & a_{mn} \cdot B \end{pmatrix}. \tag{2.24}$$

Insbesondere ist das Tensorprodukt einer $(m \times n)$-Matrix mit einer $(r \times s)$-Matrix eine $(mr \times ns)$-Matrix. Beispielsweise gilt in der Rechenbasis $|0\rangle = \begin{pmatrix} 1 \\ 0 \end{pmatrix}$ und $|1\rangle = \begin{pmatrix} 0 \\ 1 \end{pmatrix}$, also

$$|0\rangle \otimes |0\rangle = \begin{pmatrix} 1 \\ 0 \\ 0 \\ 0 \end{pmatrix}, \quad |0\rangle \otimes |1\rangle = \begin{pmatrix} 0 \\ 1 \\ 0 \\ 0 \end{pmatrix}, \quad |1\rangle \otimes |0\rangle = \begin{pmatrix} 0 \\ 0 \\ 1 \\ 0 \end{pmatrix}, \quad |1\rangle \otimes |1\rangle = \begin{pmatrix} 0 \\ 0 \\ 0 \\ 1 \end{pmatrix}. \tag{2.25}$$

Mit $|xy\rangle = |x\rangle \otimes |y\rangle$ für $x, y = 0, 1$, stellt dies somit die Rechenbasis eines Qubit-Paares dar, eines *bipartiten Quantensystems*. Allgemeiner haben wir so die Möglichkeit, ein Quantenregister durch die Wahrscheinlichkeitsamplituden α_j als einen 2^n-dimensionalen Spaltenvektor darzustellen. Somit kann das Register $|\psi\rangle$ aus Gl. (2.22) geschrieben werden als

$$|\psi\rangle = \begin{pmatrix} \alpha_{0\ldots00} \\ \alpha_{0\ldots01} \\ \ldots \\ \alpha_{1\ldots11} \end{pmatrix} = \begin{pmatrix} \alpha_0 \\ \alpha_1 \\ \ldots \\ \alpha_{2^n} \end{pmatrix}. \tag{2.26}$$

Das bedeutet, dass ein Quantenregister ein Vektor in dem von den 2^n Basiszuständen aufgespannten Vektorraum ist.[4]

2.2.2 Registermessungen

Gemäß den Grundprinzipien der Quantenmechanik von Mehrteilchen-Systemen kann ein n-Qubit-Register in einer Superposition der Basiszustände (2.19) sein. Daraus folgt letztendlich die folgende Regel.

---

[4] Der Zustandsraum zweier Quantensysteme ist stets das „Tensorprodukt" ihrer einzelnen Zustandsräume; damit ist der Zustandsraum von n Qubits der Vektorraum $\mathbb{C}^{2^n}$.

Regel 1 (Messung eines Quantenregisters) Ein Quantenregister der Größe n

$$|\psi\rangle = \sum_{j=0}^{2^n-1} \alpha_j |j\rangle, \qquad \text{mit} \quad \sum_{j=0}^{2^n-1} |\alpha_j|^2 = 1, \tag{2.27}$$

kann *gleichzeitig* in bis zu 2^n Quantenzuständen sein. Allgemein liefert eine Messung des gesamten Registers $|\psi\rangle$ den Messwert j mit Wahrscheinlichkeit

$$P(j) = |\alpha_j|^2. \tag{2.28}$$

Nach der Messung ist das Register in den Zustand $|\psi'\rangle = |j\rangle$ kollabiert. Wird das Qubit Nummer k des Registers gemessen, $k = 0, \ldots, n-1$ — also das Qubit an der $(n-k)$-ten Stelle von links —, so nimmt es mit der Wahrscheinlichkeit $P_k(m)$ den Wert m an, $m = 0, 1$, und das Register geht in eine Linearkombination $|\psi'\rangle$ aller Basiszustände über, deren k-tes Bit den Wert m erhält, wobei

$$P_k(m) = \sum_{\substack{j \text{ mit} \\ s_k(j)=m}} |\alpha_j|^2, \qquad |\psi'\rangle = \frac{1}{\sqrt{P_k(m)}} \sum_{\substack{j \text{ mit} \\ s_k(j)=m}} \alpha_j |j\rangle. \qquad (m = 0, 1) \tag{2.29}$$

Hierbei bezeichnet $s_k(j)$ die k-te Stelle in der Binärentwicklung von j gemäß (2.21).

Für ein 2-Qubit-System gibt es vier Basiszustände, $|00\rangle, |01\rangle, |10\rangle, |11\rangle$. Ein 2-Qubitregister $|\psi\rangle$ ist somit durch

$$|\psi\rangle = \alpha_{00}|00\rangle + \alpha_{01}|01\rangle + \alpha_{10}|10\rangle + \alpha_{11}|11\rangle$$

gegeben. Die vier möglichen Messwerte sind daher „00", „01", „10" und „11", mit Wahrscheinlichkeiten $P(\text{"}s_1 s_0\text{"}) = |\alpha_{s_1 s_0}|^2$, wobei $i, j \in \{0, 1\}$:

$$|\psi\rangle = \alpha_0|00\rangle + \alpha_1|01\rangle + \alpha_2|10\rangle + \alpha_3|11\rangle \quad ?$$

$|\psi'\rangle = |00\rangle$ mit $P(00) = |\alpha_0|^2$

$|\psi'\rangle = |01\rangle$ mit $P(01) = |\alpha_1|^2$

$|\psi'\rangle = |10\rangle$ mit $P(10) = |\alpha_2|^2$

$|\psi'\rangle = |11\rangle$ mit $P(11) = |\alpha_3|^2$

Wird andererseits das linke Qubit ($k = 1$) gemessen, so ergibt sich einer der Werte „0" oder „1" jeweils mit der Wahrscheinlichkeit $P_1(m)$, $m \in \{0, 1\}$,

$$|\psi\rangle = \alpha_0|00\rangle + \alpha_1|01\rangle + \alpha_2|10\rangle + \alpha_3|11\rangle \quad ?$$

$|\psi'\rangle = \dfrac{\alpha_0|00\rangle + \alpha_1|01\rangle}{\sqrt{P_1(0)}}$ mit $P_1(0)$

$|\psi'\rangle = \dfrac{\alpha_2|10\rangle + \alpha_3|11\rangle}{\sqrt{P_1(1)}}$ mit $P_1(1)$

wobei $P_1(0) = |\alpha_0|^2 + |\alpha_1|^2$ und $P_1(1) = |\alpha_2|^2 + |\alpha_3|^2$.

Die Regel für Quantenregistermessungen ist grundlegend für das Quantenrechnen. Zwar eröffnet ein Quantenregister gegenüber klassischen digitalen Registern die bemerkenswerte Möglichkeit, gleichzeitig exponentiell viele Zustände zu speichern (2^n für n Qubits) und so mit einer einzelnen Quantenoperation exponentiell viele klassische Rechenschritte auszuführen, denn durch das Prinzip der Superposition kann eine einzelne Operation auf das Quantenregister tatsächlich 2^n-mal gleichzeitig ausgeführt werden. Andererseits wird dieser Vorteil von Quantenregistern gegenüber klassischen digitalen Registern beeinträchtigt durch die Tatsache, dass der Prozess der Quantenmessung *prinzipiell stochastisch* ist. Damit ist im allgemeinen ein deterministisches Auslesen des Zustands eines Quantenregisters nicht möglich, die Effizienzvorteile von Quantenrechnern werden also eher für stochastische Algorithmen zu erwarten sein.

2.2.3   Messung eines nichtnormalisierten Quantenregisters

Bislang beschränkten wir uns auf Qubitzustände wie in Gl. (2.22), d.h. auf Zustände, deren Wahrscheinlichkeitsamplituden der Bedingung

$$\sum_{j=0}^{2^n-1} |\alpha_j|^2 = 1 \qquad (2.30)$$

genügen. Solche Zustände heißen auch *normalisierte Zustände*. Wie wir sahen, können sie als komplexe Vektoren auf der Einheitshypersphäre des $\mathbb{C}^{2^n}$ betrachtet werden.

Diese Einschränkung kann jedoch fallen gelassen werden. Zwar sind zwei Quantenzustände nur dann physikalisch unterscheidbar, wenn die ihnen zugeordneten komplexen Vektoren verschiedene *Richtungen* haben, oft ist es aber bequemer, die Normalisierungsbedingung (2.30) zu missachten. Wenn wir zum Beipiel zwei 2-Qubit-Zustände $|\psi\rangle = |00\rangle$ und $|\phi\rangle = |10\rangle$ überlagern, so erhalten wir den Qubit-Zustand

$$|\psi'\rangle = \frac{1}{\sqrt{2}}\left(|\psi\rangle + |\phi\rangle\right) = \frac{1}{\sqrt{2}}\begin{pmatrix} 1 \\ 0 \\ 1 \\ 0 \end{pmatrix}.$$

(Wir werden unten sehen, dass ein spezielles Quantengatter, das Hadamard, solch eine Superposition bewirkt.) Hier lauten die Wahrscheinlichkeitsamplituden $\alpha_{00} = \alpha_{10} = 1/\sqrt{2}$ und $\alpha_{01} = \alpha_{11} = 0$, und sie genügen Gl. (2.30). Vernachlässigen wir jedoch die Normalisierungsbedingung, so können wir einfach die Vektoren addieren und erhalten

$$|\psi''\rangle = |\psi\rangle + |\phi\rangle = \begin{pmatrix} 1 \\ 0 \\ 1 \\ 0 \end{pmatrix}.$$

Unter manchen Umständen, speziell für Quantencomputersimulationen, erweist sich das als sehr viel praktischer. Natürlich hat diese Vereinfachung ihren Preis: Wir müssen darauf achten, dass bei einer Addition die beteiligten Vektoren denselben Betrag haben und die Messregeln für Quantenregister ändern.

Regel 2 (Messung eines nichtnormalisierten Quantenregisters) Die Messung eines Quantenregisters der Größe n

$$|\psi\rangle = \sum_{j=0}^{2^n-1} \alpha_j |j\rangle, \qquad \text{mit} \sum_{j=0}^{2^n-1} |\alpha_j|^2 \neq 0, \tag{2.31}$$

liefert dieselben Werte wie ein normalisiertes Register, jedoch mit den Wahrscheinlichkeiten

$$P_k(m) = \frac{1}{\langle\psi|\psi\rangle} \sum_{\substack{j \text{ mit} \\ s_k(j)=m}} |\alpha_j|^2, \qquad P(j) = \frac{|\alpha_j|^2}{\langle\psi|\psi\rangle}, \qquad \text{wo} \langle\psi|\psi\rangle = \sum_{j=0}^{2^n-1} |\alpha_j|^2. \tag{2.32}$$

Die Funktion $\langle\psi|\psi\rangle$ ist ein „Hilbertraum-Produkt" und ist mit der „Norm" des Zustands $|\psi\rangle$ durch $\||\psi\rangle\|^2 = \langle\psi|\psi\rangle$ verknüpft (Diracs „bra-ket"-Notation, siehe §C.2.3 auf S. 212).

2.3 Verschränkung

Was bedeutet eine Superposition eines Quantenregisters eigentlich? Ein Quantenregister aus drei Qubits kann beispielsweise individuelle Zahlen wie 3 oder 7 speichern, $|011\rangle = |3\rangle$, $|111\rangle = |7\rangle$. Bringen wir nun das Quantenregister in eine Superposition dieser beiden Zahlen, so erhalten wir

$$\frac{1}{\sqrt{2}}\big(|3\rangle + |7\rangle\big) = \frac{1}{\sqrt{2}}\big(|011\rangle + |111\rangle\big) = \frac{1}{\sqrt{2}}\big(|0\rangle + |1\rangle\big) \otimes |1\rangle \otimes |1\rangle. \tag{2.33}$$

Durch Superposition können also mehrere Zahlen gleichzeitig gespeichert werden. Entsprechend können wir natürlich auch die beiden Zahlen 3 und 6 speichern, also

$$\frac{1}{\sqrt{2}}\big(|3\rangle + |6\rangle\big) = \frac{1}{\sqrt{2}}\big(|011\rangle + |110\rangle\big). \tag{2.34}$$

Im Gegensatz zu der Überlagerung des ersten Zahlenpaars ($|3\rangle$, $|7\rangle$) ist die Superposition von ($|3\rangle$, $|6\rangle$) allerdings nicht als ein Tensorprodukt zweier Qubits darstellbar. Diese Eigenschaft eines speziell überlagerten Quantenregisters hat so weitreichende Konsequenzen, dass wir den folgenden Begriff einführen.

Definition 2.3.1. Ein Quantenregister der Größe $n \geq 2$ in einer konstanten Superposition von mindestens zwei der 2^n Rechenbasiszustände $|00\cdots0\rangle, |01\cdots0\rangle, \ldots, |11\cdots1\rangle$, ist in einem *verschränkten Zustand*,[5] wenn es sich nicht als ein Produkt von Qubits darstellen lässt. Die beteiligten Qubits heißen *(miteinander) verschränkt*. □

---

[5] Der Begriff der Verschränktheit wurde von Schrödinger eingeführt, auf Englisch heißt er *entanglement*.

Mit anderen Worten kann man von einem Quantenregister im verschränkten Zustand nicht mehr sagen, das erste Qubit sei in Zustand α_0, das zweite Qubit in Zustand
α_1, usw. Stattdessen lässt die Messung eines einzelnen Qubits alle mit ihm verschränkten Qubits ebenso kollabieren. Die speziellen Zustände zweier verschränkter Qubits,

$$|\Phi^{\pm}\rangle = \frac{1}{\sqrt{2}}\left(|00\rangle \pm |11\rangle\right), \qquad |\Psi^{\pm}\rangle = \frac{1}{\sqrt{2}}\left(|01\rangle \pm |10\rangle\right) \tag{2.35}$$

heißen *Bell-Zustände*, *Singlets*, oder *EPR-Paare*. In einem berühmten Artikel aus dem
Jahr 1935 [25] betrachteten Einstein, Podolsky und Rosen erstmals solche Quantenzustände und zeigten ihre weitreichenden Konsequenzen. Die vier Bell-Zustände bilden
eine Basis des Zustandsraumes $\mathbb{C}^4$ eines 2-Qubit-Registers, die *Bell-Basis*. Sie verhält
sich zur Rechenbasis ähnlich wie die „$\times$"-Basis zur „$+$"-Basis für ein einzelnes Qubit,
vgl. Abbildung 2.1 auf S. 16.

Bemerkenswerterweise ist Verschränkung von Qubit-Paaren nicht selten. So zeigt
der „Qubit-Würfel" in Abbildung 2.3, dass für $n = 2$ von den $2^2 = 4$ möglichen Zuständen eines 2-Qubit-Registers zwei der $\binom{4}{2} = 6$ möglichen Qubit-Paare verschränkt sind,
und für $n = 3$ von den $2^3 = 8$ möglichen Zuständen eines 3-Qubit-Registers acht der
$\binom{8}{2} = 28$ möglichen Qubit-Paare. Für Quantensysteme mit mehreren Teilchen bezie-

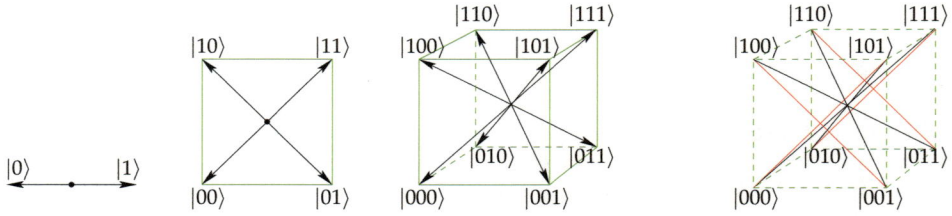

Abbildung 2.3: Die Rechenbasiszustände eines n-Qubit-Registers können durch die 2^n Ecken eines n-
dimensionalen Hyperwürfels dargestellt werden, des „Qubit-Würfels". Skizziert sind die Fälle $n = 1$ (ein-
zelnes Qubit), $n = 2$ und $n = 3$. Jede Ecke entspricht einem möglichen Wert einer Messung des Registers.
Eine gleichgewichtete Superposition aller Rechenbasiszustände wird durch die Gesamtheit der Ecken des
Hyperwürfels dargestellt. Eine Messung eines einzelnen Qubits lässt nur noch die Ecken der entsprechenden
Hyperfläche übrig: z.B. entspricht der Messwert „0" des mittleren Qubits im Falle $n = 3$ zu der vorderen
Fläche des Würfels. Für $n \geq 2$ ist die Superposition zweier sich diagonal gegenüberliegender Qubits stets
verschränkt. Rechts sind für $n = 3$ die acht verschränkten Basispaare durch ihre Verbindungsdiagonalen
gekennzeichnet.

hungsweise Zuständen ist Verschränktheit jedoch ein subtiles Phänomen. Sogar eine
Superposition aller möglichen Zustände eines Quantenregisters kann unverschränkt
sein, wie das folgende Beispiel zeigt.

Beispiel 2.3.2. *(Unverschränkte Superposition aller Qubit-Zustände)* Gegeben seien die
Zwei-Qubit-Zustände [36, Bsp. 2.11]

$$|\psi_{\pm}\rangle = \tfrac{1}{2}\left(|00\rangle \pm |01\rangle \pm |10\rangle + |11\rangle\right). \tag{2.36}$$

Beide Qubitzustände sind unverschränkt, denn $|\psi_{\pm}\rangle = \tfrac{1}{2}\left(|0\rangle \pm |1\rangle\right) \otimes \left(|0\rangle \pm |1\rangle\right)$. $\square$

Die physikalisch folgenreichste Eigenschaft verschränkter Zustände ist ihre *Nichtlokalität*: Sind beispielsweise die beiden Qubits eines Bell-Zustands räumlich sehr weit voneinander entfernt, vielleicht sogar mehrere Lichtjahre, so legt unter gewissen Umständen eine Messung des einen Qubits „gleichzeitig" den Zustand des zweiten fest. Damit liegt eine gemäß der klassischen Relativität verbotene „instantane Fernwirkung" vor. Wird beispielsweise das erste Teilchen in dem Bell-Zustand Ψ^- mit dem Messwert „0" gemessen, so *muss* eine spätere Messung des zweiten Teilchens zwangsläufig das Resultat „1" liefern. Obwohl Verschränkung eine direkte Konsequenz des grundlegenden Prinzips der Superposition ist, scheint sie bislang nicht vollständig verstanden zu sein.

Quantenverschränkung wird sich als eine wertvolle Resource der Quantenrechnung erweisen, insbesondere um die klassische Kommunikation wesentlich zu erweitern. Ironischerweise ist es jedoch gerade die Verschränkung, die die Realisierung von Quantenrechnern so schwierig macht . . . . Wir werden auf die Verschränkung später (§11) im Zusammenhang mit Dichteoperatoren näher eingehen.

2.4 Zusammenfassung

Die folgenden quantenphysikalischen Prinzipien sind für die Quantenrechnung wesentlich.

- *Qubit*: Ein Qubit ist ein Einheitsvektor in dem komplexen Vektorraum $\mathbb{C}^2$ mit der Basis $|0\rangle$ und $|1\rangle$, der Standard- oder Rechenbasis. Es ist die Grundeinheit, um Quanteninformation zu lesen und zu schreiben. Eine physikalische Implementierung ist typischerweise ein Spin-$\frac{1}{2}$-System oder ein äquivalentes Objekt, z.B. ein Zwei-Niveau-Atom oder ein polarisiertes Photon.

- *Quantenregister*: Ein Quantenregister ist ein Quantensystem von n Qubits, die Wörter der Quanteninformation in einem 2^n-dimensionalen Zustandsraum darstellen.

- *Superposition*: Eine Superposition oder Überlagerung ist die Linearkombination von mindestens zwei der 2^n Basiszustände $|j\rangle$, d.h. $|0\cdots0\rangle$, ..., $|1\cdots1\rangle$. Nach einer Berechnung ist das Quantenregister (oder der Quantenrechner) in einem Zustand

$$|\psi\rangle = \sum_{j=0}^{2^n-1} \alpha_j |j\rangle, \qquad (2.37)$$

wobei $\alpha_j \in \mathbb{C}$ und $\sum_j |\alpha_j|^2 = 1$. Die α_j heißen *Wahrscheinlichkeitsamplituden*.

- *Messung*: Eine Messung eines Quantenregisters ist eine nicht-reversible Zustandsprojektion auf die Rechenbasis $|0\cdots0\rangle$, ..., oder $|1\cdots1\rangle$. Für ein n-Qubit-Register gibt es 2^n mögliche Messwerte. Eine Messung des Registers $|\psi\rangle$ in Gl. (2.37) ergibt den Wert j mit Wahrscheinlichkeit $P(j) = |\alpha_j|^2$. Eine Veränderung der

Messapparatur transformiert das Basissystem und bewirkt damit eine Veränderung der Wahrscheinlichkeitsamplituden, also der Wahrscheinlichkeitsverteilung der Messergebnisse.

- *Verschränkung*: Eine Superposition eines Quantenregisters mit mindestens zwei Qubits, die nicht als ein Produkt dargestellt werden können, ist in einem verschränkten Zustand. Die Messung eines der verschränkten Qubits bewirkt eine gleichzeitige Einschränkung oder sogar Bestimmung aller mit ihm verschränkten Qubits, auch wenn sie Lichtjahre entfernt voneinander sind. Verschränkte Zustände sind keine seltene Erscheinung in Quantenregistern.

Aufgaben

Aufgabe 2.1. Ein allgemeines Qubit ist gegeben durch

$$|\psi\rangle = \begin{pmatrix} r_0 e^{i\varphi_0} \\ r_1 e^{i\varphi_1} \end{pmatrix},$$

wobei $r_j \in [0,1]$, $\varphi_j \in [0, 2\pi)$, und $r_0^2 + r_1^2 = 1$. Zeigen Sie, dass $|\psi\rangle$ auch geschrieben werden kann als

$$|\psi\rangle = e^{i\delta} \begin{pmatrix} e^{-i\varphi/2} \cos \frac{\vartheta}{2} \\ e^{i\varphi/2} \sin \frac{\vartheta}{2} \end{pmatrix},$$

mit den Winkeln $\vartheta \in [0, 4\pi)$, $\delta = \frac{\varphi_0 + \varphi_1}{2}$ und $\varphi = \varphi_1 - \varphi_0$.

Aufgabe 2.2. Welche Wirkung haben *zwei sukzessive* Messungen eines Qubits?

Aufgabe 2.3. Bestimmen Sie die globale und die relative Phase zweier Qubits $\frac{|0\rangle \pm |1\rangle}{\sqrt{2}}$! Was sind die Wahrscheinlichkeiten $P(0)$ und $P(1)$?

Aufgabe 2.4. Wie lauten die Zustandsvektoren der Rechenbasis eines Quantenregisters der Größe drei Qubits?

Aufgabe 2.5. (a) Listen Sie für jeden Bell-Zustand die Wahrscheinlichkeiten aller möglichen Messwerte auf.

(b) Nehmen wir an, für zwei verschränkte Qubits sei das erste (linke) Qubit gemessen worden. Welchen Messwert wird das zweite Qubit liefern?

Aufgabe 2.6. (a) Sei $|\psi\rangle$ ein Qubit wie in (2.2). Leiten Sie eine Formel für den Erwartungswert einer Messung von $|\psi\rangle$ her.

(b) Sei M die Observable aus (2.9). Berechnen Sie das Produkt $\langle \psi | M | \psi \rangle := |\psi\rangle^* \cdot M \cdot |\psi\rangle$, wobei * die Dualisierung (d.h. Matrixtransposition und komplexe Konjugation, cf. (3.37)) bedeutet, und vergleichen Sie das Ergebnis mit dem Erwartungswert in (a).

Kapitel 3

Quantenschaltungen

In diesem Kapitel führen wir in die Grundlagen der Quanteninformationsverarbeitung ein. Beschrieben werden das Modell der Quantenschaltung *(quantum circuit model)*, die wesentlichen Unterschiede zwischen Quanten- und klassischen Gattern, sowie grundlegende Quantengatter.

3.1 Das Quantenschaltungsmodell

Um einen Computer zu benutzen müssen wir ihm das zu lösende Problem übergeben können (Eingabe), die Antwort erhalten können (Ausgabe), während der Rechner seine Zustände so verändern kann, dass er die Eingabe zu einer korrekten Ausgabe umformt (Berechnung oder Verarbeitung).

$$\boxed{\text{klassische Eingabedaten}} \longrightarrow \boxed{\text{Berechnung}} \longrightarrow \boxed{\text{klassische Ausgabeinformation}}$$

Wir werden kurz Ein- und Ausgabe für das *Quantenschaltungsmodell* oder ein *Quantennetzwerk* definieren, bevor wir einen kurzen Blick auf das Schaltmodell werfen, um die Gesetzmäßigkeiten der Berechnungen eines Quantenrechners zu motivieren.

Da wir als klassische Information verarbeitende Wesen mit einem Computer klassische Probleme lösen möchten, ist die Eingabe in einen Quantenrechner stets klassische Information, d.h. sie kann als ein Binärstring

$$s = (s_k, s_{k-1}, \ldots, s_1), \qquad (s \in \{0,1\}^k)$$

der Länge k ausgedrückt werden. Dieser String muss in einen Anfangszustand des Rechners übertragen werden, also ein Einheitsvektor des $\mathbb{C}^{2^n}$ sein. Dazu füllen wir den Bitstring s mit $(n-k)$ Nullen auf und erhalten so den String $(s, 0, \ldots, 0)$ der Länge n. Der Quantenrechner wird dann durch den Zustand $|s, 0, \ldots, 0\rangle$ initialisiert:

$$\underbrace{(s_k, s_{k-1}, \ldots, s_1)}_{\text{Eingabe } s} + \underbrace{(0, \ldots, 0)}_{n-k \text{ Stellen}} \mapsto |\underbrace{s_k, \ldots, s_1}_{x\text{-Register}} \underbrace{0, \ldots, 0}_{y\text{-Register}}\rangle.$$

Die $n - k$ Nullen sind temporärer Arbeitsspeicher, der von vielen Quantenalgorithmen während der Berechnung benötigt wird. Er heißt y-Register, während der Eingabestring das x-Register genannt wird.

Nach der Berechnung ist der Quantenrechner in einem Zustand

$$|\psi\rangle = \sum_{j=0}^{2^n-1} \alpha_j |j\rangle.$$

Wird dieser Registerzustand gemessen, so wird der Wert j mit Wahrscheinlichkeit $|\alpha_j|^2$ erhalten. Da eine Quantenmessung ein stochastischer Prozess ist, muss eine Quantenberechnung nicht notwendig jedesmal eine korrekte Antwort liefern. Jedoch sollte jede Quantenberechnung eine korrekte Antwort mindestens mit einer Wahrscheinlichkeit p echt größer als $\frac{1}{2}$ liefern, d.h. $\frac{1}{2} < p \leq 1$. Mehrfache Wiederholung der Berechnung liefert dann in der Mehrheit eine korrekte Antwort.

Quantengatter müssen reversibel sein

Quantengatter unterscheiden sich von klassischen logischen Gattern darin, dass sie reversibel sein müssen. Der Grund ist, dass die zeitliche Entwicklung eines Quantensystems durch eine Reihe unitärer Transformationen beschrieben wird, die jeweils umkehrbar sind. Die Notwendigkeit der Reversibilität hat weitreichende Konsequenzen für den Entwurf von Quantengattern.

Ein Gatter ist genau dann reversibel, wenn es möglich ist, mit Kenntnis des Aufbaus des Gatters und der Ausgabe die Eingabe eindeutig zu rekonstruieren. Eine einfache Konsequenz ist, dass *ein Quantengatter genau so viele Eingabe- wie Ausgabe-Qubits hat*. Somit sind klassische Gatter wie AND und OR keine Quantengatter, sie sind nicht reversibel. Man kann jedoch reversible Äquivalente von AND und OR konstruieren, indem man die Eingabe-Bits zuätzlich mit ausgibt.

So wie man zeigen kann, dass es eine Klasse von logischen Gattern gibt, deren Elemente universell sind, d.h. dass jedes Gatter aus ihnen konstruiert werden kann, wie z.B. das NAND-Gatter (vgl. Aufgabe 3.3), so kann man auch für die Quantenrechnung zeigen, dass es eine Menge universeller Quantengatter gibt. Außerdem ist es möglich, ein NAND-Gatter als Quantenschaltung zu konstruieren und damit jede klassische logische Operation mit Hilfe von Quantengattern zu implementieren.

3.2   Quantenschaltungen und Quantengatter

Ein klassischer Schaltkreis kann stets mit den drei Gattern AND ($\wedge$), OR ($\vee$) und NOT ($\neg$) implementiert werden. Diese drei Gatter formen daher eine „universelle Menge von Gattern." Ähnlich ist eine *Quantenschaltung* eine Zusammensetzung von *Quantendrähten*, die als Kanäle jeweils ein Qubit übertragen, und von *Quantengattern*, die auf die Qubits wirken. Jeder Quantendraht ist also mit genau einem Qubit verknüpft. Ein Quantengatter wirkt dabei stets auf mindestens einen Quantendraht. Die physikalisch möglichen Transformationen eines Quantensystems sind „unitäre" Transformationen, so dass jedes Quantengatter durch eine unitäre Matrix beschrieben werden kann. Ein Quantengatter auf ein einzelnes Qubit wird damit dargestellt durch eine 2×2-Matrix, und ein Quantengatter auf zwei Qubits durch eine 4×4-Matrix. Allgemein wird ein Quantengatter auf ein Register von n Qubits durch eine $2^n \times 2^n$-Matrix dargestellt.

Definition 3.2.1. Eine *unitäre Transformation* eines Quantenregisters der Größe n ist ein linearer Operator, der mit $N = 2^n$ eineindeutig durch eine $(N \times N)$-Matrix U bestimmt ist, für die gilt $U^*U = I_N$:

$$U(N) = \{A \in M(N \times N, \mathbb{C}) : A^*A = I_N\}. \tag{3.1}$$

Hierbei ist I_N die $N \times N$-Einheitsmatrix. (Vgl. Aufgabe 3.5 auf S. 42.) Solch eine Transformation wird auch *Quantengatter* oder *U-Gatter* genannt. Die Menge aller unitären Transformationen heißt *unitäre Gruppe* [9, §2.5], [27, S. 98], [29, §6.I.2]. □

Da eine unitäre Matrix also invertierbar ist, ist die Berechnung durch ein Quantengatter stets reversibel. Beginnt man daher mit der Ausgabe und arbeitet rückwärts, so erhält man die Eingabe. Ferner ist für Quantengatter die Dimension des Ausgaberaums gleich derjenigen des Eingaberaums, so dass zu jeder Zeit während der Berechnung genau n Qubits auf n Quantendrähten übertragen werden. Insbesondere gehen in ein Quantengatter genauso viele Quantendrähte ein wie aus. Vereinigungen zweier Quantendrähte wie in klassischen Schaltkreisen („Fan-in") oder Verzweigungen eines Drahtes („Fan-out") kann es in Quantenschaltungen also nicht geben.

Üblicherweise sind Quantenschaltungen *azyklisch*, d.h. es gibt keine Schleifen oder Rückkopplungen von einem Teil der Quantenschaltung in einen anderen [46, §1.3.4].

Definition 3.2.2. Ein *Quantenrechner* oder *Quantencomputer* ist eine Quantenschaltung, die auf ein Quantenregister wirken. *Quantenrechnen* oder *Quantenrechnung* (*quantum computation*) ist definiert als eine unitäre Evolution des Registers, die einen Anfangszustand $|\psi\rangle$ („Eingabe") in einen Endzustand $|\psi'\rangle$ („Ausgabe") bringt. □

3.3 Elementare Quantengatter

Wir betrachten zwei elementare Quantengatter, das Hadamard-Gatter und das c-NOT-Gatter. Sie bilden eine „universelle Menge von Quantengattern", d.h. jedes Quantengatter kann durch sie gebildet gebildet werden. Wir werden sie hier oft auch durch ihr Schaltdiagramm wiedergeben, die ihre Drähte mit Ein- und Ausgabe-Qubits zeigt.

3.3.1 Die Hadamard-Transformation oder „Qubit-Reflektion"

Betrachten wir ein 1-Qubit-Register in der Rechenbasis $\{|0\rangle, |1\rangle\}$, wo $|0\rangle = \binom{1}{0}$ und $|1\rangle = \binom{0}{1}$. Ein sehr wichtiger Operator ist dann gegeben durch die *Hadamard-Matrix*[1]

$$H = \frac{1}{\sqrt{2}} \begin{pmatrix} 1 & 1 \\ 1 & -1 \end{pmatrix} \qquad |j\rangle \ \boxed{H} \ \frac{1}{\sqrt{2}}\left((-1)^j |j\rangle + |1-j\rangle\right) \tag{3.2}$$

---

[1] Jacques Salomon Hadamard (1865–1963), Französischer Mathematiker

(im Schaltdiagramm rechts gilt $j = 0, 1$), für die Folgendes gilt:

$$H|0\rangle = \frac{1}{\sqrt{2}}\left(|0\rangle + |1\rangle\right) =: |0'\rangle, \qquad H|1\rangle = \frac{1}{\sqrt{2}}\left(|0\rangle - |1\rangle\right) =: |1'\rangle. \qquad (3.3)$$

Die Vektoren $|0'\rangle$ und $|1'\rangle$ bilden die sogenannte *duale Basis*. Sie wird umgekehrt durch H wieder zurück transformiert in die Standardbasis. Die Hadamard-Transformation ist eine „Qubit-Reflexion". Sie ist beschreibbar als die Spiegelung an der Geraden $\varphi = \pi/8$ der von $|0\rangle$ und $|1\rangle$ aufgespannten komplexen Ebene, oder äquivalent die Spiegelung an der „$|0\rangle$"-Achse und danach einer Drehung um $\pi/4$ um den Ursprung. Vgl. dazu die „$\times$"-Basis in Gl. (2.16) und Abbildung 2.1. Das Hadamard-Gatter bringt eine radikal neue logische Operation in die Quantenberechnung, einen Wechsel der Qubit-Basis; in der klassischen Berechnung ist das Konzept eines Basiswechsels vollständig unbekannt, dort gibt es nur ein einziges absolutes Basissystem.

Eine für die Quantenberechnung wichtige Eigenschaft der Hadamard-Transformation ist die Möglichkeit, eine gleichgewichtete Superposition eines Quantenregisters in einem einzigen Schritt zu erzeugen. Bezeichnen wir mit $H^{(n)}$ dasjenige Quantengatter, das die Hadamard-Transformation auf jedes einzelne der n Qubits anwendet, so wird ein Quantenregister $|\psi_0\rangle$ der Größe n durch $H^{(n)}$ gemäß

$$H^{(n)}|\psi\rangle = \frac{1}{\sqrt{2^n}} \sum_{\phi \in \{0,1\}^n} (-1)^{\psi \cdot \phi} |\phi\rangle \qquad (3.4)$$

transformiert, wobei das Produkt der Binärstrings $\psi = (\psi_n, \ldots, \psi_1)$ und $\phi = (\phi_n, \ldots, \phi_1)$ Bit für Bit zu nehmen ist wie bei einem Vektorprodukt,

$$\psi \cdot \phi = \psi_n \phi_n + \cdots + \psi_1 \phi_1. \qquad (3.5)$$

Somit kann eine gleichgewichtete Superposition aller Rechenbasiszustände aus dem Anfangszustand $|0\rangle$ in einem einzigen Schritt gebildet werden,

$$H^{(n)}|0\rangle = \frac{1}{\sqrt{2}} \sum_{j \in \{0,1\}^n} |j\rangle. \qquad (3.6)$$

Dies ist der Anfangszustand vieler Quantenalgorithmen. Andererseits kann mit $H^{(n)}$ eine Superposition der 2^n Basiszustände in einem einzigen Schritt in einen Zustand der Rechenbasis übergehen. Eine Messung dieses Zustands ergibt dann einen Messwert mit der Wahrscheinlichkeit 1. Diese Prozedur wird oft verwendet, um klassische Information aus einer Quantenevolution zu gewinnen. Im allgemeinen jedoch bleibt der größte Teil der Quanteninformation klassisch unzugänglich.

3.3.2 Das c-NOT-Gatter

Ein weiteres zwei-Qubit-Gatter ist das kontrollierte-NOT (c-NOT). In der Rechenbasis negiert das c-NOT-Gatter das zweite (Ziel-) Qubit genau dann, wenn das erste

(Kontroll-) Qubit $|1\rangle$ ist. Genauer: Sei $n = 2$. Die Rechenbasis im $\mathbb{C}^4$ ist durch $\{|00\rangle,$ $|01\rangle, |10\rangle, |11\rangle\}$ gegeben, wobei $|ij\rangle = |i\rangle \otimes |j\rangle$ für $i, j \in \{0, 1\}$. Dann ist das *kontrollierte NOT-Gatter* oder *c-NOT* (manchmal auch *XOR-Operator* genannt) definiert durch

$$\text{c-NOT}(|ij\rangle) = |i, i \oplus j\rangle, \tag{3.7}$$

wobei „$\oplus$" die Addition modulo 2 bezeichnet, also $i \oplus j = i + j$ mod 2 oder die klassische XOR-Operation. Das erste Qubit $|i\rangle$ heißt *Kontroll-Qubit*, und das zweite $|j\rangle$ heißt *Ziel-Qubit*. Das ergibt die Wahrheitstabelle 3.1. In der Rechenbasis es durch die Matrix

$$\text{c-NOT} = \begin{pmatrix} 1 & 0 & 0 & 0 \\ 0 & 1 & 0 & 0 \\ 0 & 0 & 0 & 1 \\ 0 & 0 & 1 & 0 \end{pmatrix} \qquad \tag{3.8}$$

dargestellt, da

$$\begin{pmatrix} 1 & 0 & 0 & 0 \\ 0 & 1 & 0 & 0 \\ 0 & 0 & 0 & 1 \\ 0 & 0 & 1 & 0 \end{pmatrix} \begin{pmatrix} \alpha_{00} \\ \alpha_{01} \\ \alpha_{10} \\ \alpha_{11} \end{pmatrix} = \begin{pmatrix} \alpha_{00} \\ \alpha_{01} \\ \alpha_{11} \\ \alpha_{10} \end{pmatrix} \tag{3.9}$$

Allgemein bezeichnet ein schwarzer Punkt auf einem Quantendraht ein Kontroll-Qubit und bewirkt damit eine „bedingte Quantenoperation" (*conditional quantum operation*) auf das Ziel-Qubit bzw. die Ziel-Qubits. Verwendet man nun das rechte (niederwertige) Qubit als Kontroll-Qubit und das linke (höherwertige) Qubit als Ziel-Qubit, so erhalten wir das Gatter $c_2\text{-NOT}_1(|ij\rangle) = |i \oplus j, j\rangle$, d.h.

$$c_2\text{-NOT}_1 = \begin{pmatrix} 1 & 0 & 0 & 0 \\ 0 & 0 & 0 & 1 \\ 0 & 0 & 1 & 0 \\ 0 & 1 & 0 & 0 \end{pmatrix} \qquad \tag{3.10}$$

in der Standardrechenbasis. Das c-NOT-Gatter ist ein klassisches reversibles Gatter. Wenden wir es auf Boole'sche Daten an, in denen das Ziel-Qubit $|0\rangle$ ist und das Kontroll-Qubit entweder $|0\rangle$ oder $|1\rangle$, so bewirkt es, dass das Ziel-Qubit eine Kopie des Kontroll-Qubits wird,

$$\text{c-NOT}\,|j0\rangle = |jj\rangle \qquad (j = 0, 1). \tag{3.11}$$

Zustand $|ij\rangle$	Kontroll $\otimes$ Ziel	$i \oplus j$	c-NOT $(|ij\rangle)$
$|00\rangle$	$|0\rangle \otimes |0\rangle$	0	$|00\rangle$
$|01\rangle$	$|0\rangle \otimes |1\rangle$	1	$|01\rangle$
$|10\rangle$	$|1\rangle \otimes |0\rangle$	1	$|11\rangle$
$|11\rangle$	$|1\rangle \otimes |1\rangle$	0	$|10\rangle$

Tabelle 3.1: Die Wahrheitstabelle für den c-NOT-Operator, hier aufgeführt mit den erklärenden Werten der Kontroll- und Ziel-Qubits, sowie der Werte für die klassische logische XOR-Operation $\oplus$.

Man könnte versucht sein anzunehmen, dass man mit diesem Gatter ganze *Superpo-sitionen* wie $|\psi\rangle = \alpha_0|0\rangle + \alpha_1|1\rangle$ kopieren könnte, so dass $|\psi 0\rangle \mapsto |\psi\psi\rangle$. Das ist jedoch unmöglich! Durch die Unitarität des c-NOT-Gatters werden Superpositionen des Kontroll-Qubits in Verschränkungen von Konroll- und Ziel-Qubit überführt.

3.3.3 Erzeugen von Verschränkungen

Was geschieht, wenn man ein Hadamard- und ein c-NOT-Gatter hintereinander schaltet wie in Abbildung 3.1(a)? Zunächst bringt das Hadamard-Gatter das erste Qubit $|j\rangle$

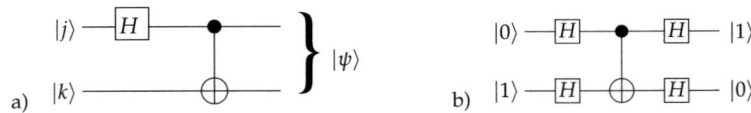

Abbildung 3.1: (a) Quantenschaltung, die einen verschränkten Bell-Zustand für $|j\rangle$, $|k\rangle \in \{|0\rangle, |1\rangle\}$ erzeugt; (b) das inverse c-NOT-Gatter.

in eine Superposition, entweder $\frac{1}{\sqrt{2}}(|0\rangle + |1\rangle)$ für $j = 0$, oder $\frac{1}{\sqrt{2}}(|0\rangle - |1\rangle)$ für $j = 1$; daher transformiert das c-NOT das Ziel-Qubit ebenfalls in eine Superposition, entweder $\frac{1}{\sqrt{2}}(|k\rangle + |1 \oplus k\rangle)$ für $k = 0$, oder $\frac{1}{\sqrt{2}}(|k\rangle - |1 \oplus k\rangle)$ für $k = 1$. Damit wirkt die Schaltung auf die Qubits $|j, k\rangle$ durch

$$|j,k\rangle \mapsto |\psi\rangle = \frac{1}{\sqrt{2}} \left(|0,k\rangle + (-1)^j |1, 1 \oplus k\rangle \right),$$

d.h. explizit für Die Zustände der Rechenbasis in $\mathbb{C}^4$,

$$|00\rangle \mapsto |\Phi^+\rangle, \quad |01\rangle \mapsto |\Psi^+\rangle, \quad |10\rangle \mapsto |\Phi^-\rangle, \quad |11\rangle \mapsto |\Psi^-\rangle, \tag{3.12}$$

mit den Bell-Zuständen (2.35).

3.3.4 Das *U*-Gatter

Jede unitäre Quantentransformation U auf $\mathbb{C}^{2^n}$ kann als ein logisches *U-Gatter* oder *Quanten-U-Gatter* mit n Eingabe- und n Ausgabe-Qubits betrachtet werden.

Satz 3.3.1. *Eine allgemeine Transformation $U \in U(2)$ eines einzelnen Qubits in $\mathbb{C}^2$ ist durch*

$$U = U(\alpha, \beta, \gamma, \delta) = e^{i\delta} \begin{pmatrix} e^{-i(\alpha+\gamma)/2} \cos\frac{\beta}{2} & -e^{i(\gamma-\alpha)/2} \sin\frac{\beta}{2} \\ e^{i(\alpha-\gamma)/2} \sin\frac{\beta}{2} & e^{i(\alpha+\gamma)/2} \cos\frac{\beta}{2} \end{pmatrix} \tag{3.13}$$

gegeben, abhängig von den vier Winkeln α, β, γ, $\delta \in [0, 2\pi)$. Alternativ kann U dargestellt werden als die Summe

$$U = e^{i\delta} (a_t \sigma_t + i a_x \sigma_x + i a_y \sigma_y + i a_z \sigma_z), \tag{3.14}$$

mit den Parametern $c_t, a_x, a_y, a_z \in \mathbb{R}$, für die $a_t^2 + a_x^2 + a_y^2 + a_z^2 = 1$ gilt, und mit den Pauli-Matrizen

$$\sigma_t = \begin{pmatrix} 1 & 0 \\ 0 & 1 \end{pmatrix}, \quad \sigma_x = \begin{pmatrix} 0 & 1 \\ 1 & 0 \end{pmatrix}, \quad \sigma_y = \begin{pmatrix} 0 & -i \\ i & 0 \end{pmatrix}, \quad \sigma_z = \begin{pmatrix} 1 & 0 \\ 0 & -1 \end{pmatrix}. \tag{3.15}$$

Beweis. [9, §2.5] und Aufgabe 3.1 auf S. 42. $\qquad\square$

Topologisch gilt $U(2) \cong S^1 \times S^3$ (Aufgabe 3.1) und $SU(2) \cong S^3$. Da $\det U = e^{2i\delta}$, folgt $U \in SU(2)$ genau dann, wenn $\delta = 0$ oder $\delta = \pi$. Die Winkel α, β, γ in Gl. (3.13) heißen *Euler-Winkel*, die Parameter $(a_t, a_x, a_y, a_z) \in S^3$ in Gl. (3.14) heißen *Euler-Rodrigues-Parameter*. Für $\delta = 0$ oder $\delta = \pi$ entspricht $U \in SU(2)$ einer eindeutigen Rotation $R(\alpha, \beta, \gamma) \in SO(3)$, gegeben durch

$$R(\alpha, \beta, \gamma) = \begin{pmatrix} \cos\alpha & -\sin\alpha & 0 \\ \sin\alpha & \cos\alpha & 0 \\ 0 & 0 & 1 \end{pmatrix} \begin{pmatrix} \cos\beta & 0 & \sin\beta \\ 0 & 1 & 0 \\ -\sin\beta & 0 & \cos\beta \end{pmatrix} \begin{pmatrix} \cos\gamma & -\sin\gamma & 0 \\ \sin\gamma & \cos\gamma & 0 \\ 0 & 0 & 1 \end{pmatrix}$$

Diese Abbildung $SU(2) \rightarrow SO(3)$, $U(\alpha, \beta, \gamma, \delta) \mapsto R(\alpha, \beta, \gamma)$, ist nicht injektiv, da sowohl $U(\alpha, \beta, \gamma)$ als auch $-U(\alpha, \beta, \gamma)$ auf dieselbe Rotation $R(\alpha, \beta, \gamma)$ abgebildet werden. Topologisch ist $SO(3) \cong SU(2)/\{\pm 1\}$, d.h. $SU(2)$ ist eine doppelte Überlagerung von $SO(3)$, vgl. [37, §9.2], [52, §§3.39, 16.2]. Die inverse Rotation zu $R(\alpha, \beta, \gamma)$ lautet $R^{-1}(\alpha, \beta, \gamma) = R(2\pi - \gamma, \pi - \beta, 2\pi - \alpha)$. Für weitere Details siehe z.B. [9, §2.6]. Ferner ist die Hadamard-Transformation mit den Pauli-Matrizen durch die Beziehungen

$$H = \frac{1}{\sqrt{2}}(\sigma_x + \sigma_z), \quad H\sigma_x H = \sigma_z, \quad H\sigma_y H = -\sigma_y, \quad H\sigma_z H = \sigma_x \tag{3.16}$$

verknüpft. Die erste Gleichung besagt, dass die Euler-Rodrigues-Parameter der Hadamard-Transformation $(0, \frac{1}{\sqrt{2}}, 0, \frac{1}{\sqrt{2}}) \in S^3$ lauten.

Bemerkung 3.3.2. Die drei Pauli-Matrizen haben jeweils die einfachen Eigenwerte $\lambda_\pm = \pm 1$ und die zugehörigen Eigenvektoren

$$s_x^\pm = \frac{|0\rangle \pm |1\rangle}{\sqrt{2}}, \quad s_y^\pm = \frac{|0\rangle \pm i\,|1\rangle}{\sqrt{2}}, \quad s_z^+ = |0\rangle, \quad s_z^- = |1\rangle. \tag{3.17}$$

Quantenzustände werden also bei Messungen bezüglich einer Pauli-Basis auf diese Eigenvektoren projiziert. Physikalisch repräsentieren sie oft Messungen von Polarisationsrichtungen. Mit dem Hadamard-Gatter und dem *Phasengatter*

$$S = \begin{pmatrix} 1 & 0 \\ 0 & i \end{pmatrix} \tag{3.18}$$

erhalten wir die Beziehungen $s_x^+ = H|0\rangle$, $s_x^- = H|1\rangle$, $s_y^+ = SH|0\rangle$, $s_y^- = SH|0\rangle$.

Als ein Diagramm besteht eine unitäre Transformation aus einem einlaufenden Qubit $|\psi\rangle$ und einem auslaufenden Qubit $|\psi'\rangle$:

$$|\psi\rangle \quad \boxed{U} \quad |\psi'\rangle$$

Entsprechend wird in einem Quantenschaltbild die Pauli-Matrix σ_x durch das *Pauli-X-Gatter* $\boxed{X}$ dargestellt, σ_y durch das *Pauli-Y-Gatter* $\boxed{Y}$ und σ_z durch das *Pauli-Z-Gatter* $\boxed{Z}$. Weitere Quantenschaltungen sind in Abbildung 3.4 und 3.1 gezeigt.

Durch Exponenzierung der Pauli-Matrizen kann man drei sehr nützliche Klassen unitärer Matrizen erhalten, die *Rotationsoperatoren* um die x-, y- und z-Achsen,

$$R_x(\varphi) = \mathrm{e}^{-\mathrm{i}\varphi X/2} = \begin{pmatrix} \cos\frac{\varphi}{2} & -\mathrm{i}\sin\frac{\varphi}{2} \\ -\mathrm{i}\sin\frac{\varphi}{2} & \cos\frac{\varphi}{2} \end{pmatrix}, \quad R_y(\varphi) = \mathrm{e}^{-\mathrm{i}\varphi Y/2} = \begin{pmatrix} \cos\frac{\varphi}{2} & -\sin\frac{\varphi}{2} \\ \sin\frac{\varphi}{2} & \cos\frac{\varphi}{2} \end{pmatrix},$$

$$R_z(\varphi) = \mathrm{e}^{-\mathrm{i}\varphi Z/2} = \begin{pmatrix} \mathrm{e}^{-\mathrm{i}\varphi/2} & 0 \\ 0 & \mathrm{e}^{\mathrm{i}\varphi/2} \end{pmatrix}. \tag{3.19}$$

Diese Operatoren stellen Quantengatter dar, die recht leicht physikalisch zu implementieren sind.

Satz 3.3.3. (Z-Y-Zerlegung einer Qubit-Operation) *Sei U eine unitäre Operation auf ein einzelnes Qubit. Dann existieren reelle Zahlen α, β, γ, $\delta \in [0, 2\pi)$, so dass*

$$U = \mathrm{e}^{\mathrm{i}\delta}\, R_z(\alpha)\, R_y(\beta)\, R_z(\gamma). \tag{3.20}$$

Beweis. Da $U \in U(2)$, existieren α, β, γ, δ gemäß Gl. (3.13). Matrixmultiplikation der Rotationsoperatoren liefert die Behauptung. $\square$

3.4   Das Mess-Symbol

Ein wichtiges in der Quantenrechnung verwendetes Element ist die Messung eines Quantenregisters oder einzelner seiner Qubits. In unseren Quantenschaltbildern werden wir eine Messung durch ein Zeigersymbol darstellen (Abbildung 3.2). Als Schnitt-

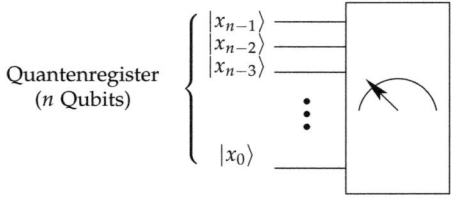

Abbildung 3.2: Das Mess-Symbol

stelle zwischen der Quantenwelt und der klassischen Welt ist eine Messung eine irreversible Operation, die Quanteninformation zerstört und sie durch klassische Information ersetzt. In sorgfältig entworfenen Fällen allerdings kann das auch anders sein, beispielsweise bei der Teleportation (Kapitel 7.1) oder in der Quanten-Fehlerkorrektur (Kapitel 8). Der subtile Grund in diesen Fällen ist, dass eine Messung reversibel sein kann, wenn sie keine klassische Information über den gemessenen Zustand offenbart. Es sind zwei Prinzipien bezüglich Messungen zu berücksichtigen.

- *Prinzip der verzögerten Messung (deferred measurement):* Messungen können stets von einem Zwischenschritt einer Quantenschaltung an das Ende der Schaltung verlegt werden. Falls die Messergebnisse in irgendeinem Zwischenschritt der Schaltung verwendet werden, können klassisch kontrollierte Operationen durch bedingte Quantenoperationen kontrolliert werden.

- *Prinzip der impliziten Messung:* Jeder nicht beendete Quantendraht am Ende einer Quantenschaltung kann als gemessen angenommen werden.

Ein Beispiel für eine durch ein Messergebnis klassisch kontrollierte Quantenschaltung werden wir bei der Teleportation in Kapitel 7.1 kennen lernen.

3.5 Zusammengesetzte Quantenschaltungen

3.5.1 Das c-U-Gatter

Eine sehr allgemeine Klasse von Quantengattern sind die kontrollierten 2-Qubit-Gatter der Form c-U (kontrolliertes U-Gatter) mit einer unitären Einzel-Qubit-Transformation U. Ist das Kontroll-Qubit im Zustand $|0\rangle$, so wendet das c-U-Gatter Identität auf das Ziel-Qubit an, ist es dagegen im Zustand $|1\rangle$, so wird die Transformation U auf das Ziel-Qubit angewandt.

$$\text{c}-U = \begin{pmatrix} I_2 & 0 \\ 0 & U \end{pmatrix} \qquad (3.21)$$

Ein spezielles und sehr gebräuchliches 2-Qubit-Gatter ist die *kontrollierte Phasenverschiebung* oder das c-$R(\varphi)$-Gatter, definiert mit $j, k = 0, 1$ als

$$\text{c-}R(\varphi) = \begin{pmatrix} 1 & 0 & 0 & 0 \\ 0 & 1 & 0 & 0 \\ 0 & 0 & 1 & 0 \\ 0 & 0 & 0 & \mathrm{e}^{\mathrm{i}\varphi} \end{pmatrix}. \qquad (3.22)$$

3.5.2 Funktionsberechnung

In diesem Abschnitt sehen wir, wie eine allgemeine Funktion $f : \mathbb{Z}_2^n \to \mathbb{Z}_2^m$ (wo $\mathbb{Z}_2^n = \{0,1\}^n$), oder äquivalent $f : \mathbb{Z}_{2^n} \to \mathbb{Z}_{2^m}$, auf einem Quantenrechner ausgewertet wird. Wir benötigen zwei Quantenregister, von denen das erste, das x-Register, n Qubits zur Speicherung der Argumente von f enthält, und das zweite, das y-Register, m Qubits zur Speicherung der Funktionswerte von f.

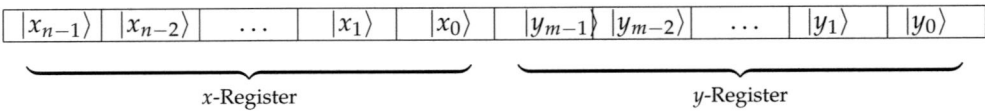

$$\underbrace{\boxed{|x_{n-1}\rangle}\ \boxed{|x_{n-2}\rangle}\ \boxed{\cdots}\ \boxed{|x_1\rangle}\ \boxed{|x_0\rangle}}_{x\text{-Register}}\quad\underbrace{\boxed{|y_{m-1}\rangle\ |y_{m-2}\rangle}\ \boxed{\cdots}\ \boxed{|y_1\rangle}\ \boxed{|y_0\rangle}}_{y\text{-Register}}$$

Definition 3.5.1. Für eine Funktion $f\colon \mathbb{Z}_2^n \to \mathbb{Z}_2^m$ heißt der Operator $U_f\colon \mathbb{Z}_2^{n+m} \to \mathbb{Z}_2^{n+m}$,

$$U_f |x\rangle|y\rangle = |x\rangle|f(x)\rangle \tag{3.23}$$

die *Funktionsberechnung (function evaluation)* von f. $\qquad\square$

Beispiel 3.5.2. Sei $f\colon \{0,1\}^2 \to \{0,1\}^3$, $f(x) = x^2 \bmod 8$. Dann folgt

$$U_f |x\rangle|0\rangle = |x\rangle|x^2 \bmod 8\rangle. \tag{3.24}$$

Genauer gilt

$$|00\rangle|000\rangle \mapsto |00\rangle|000\rangle,\quad |01\rangle|000\rangle \mapsto |01\rangle|001\rangle,$$

$$|10\rangle|000\rangle \mapsto |10\rangle|100\rangle,\quad |11\rangle|000\rangle \mapsto |11\rangle|001\rangle,$$

oder

$$|0\rangle|0\rangle \mapsto |0\rangle|0\rangle,\quad |1\rangle|0\rangle \mapsto |1\rangle|1\rangle,\quad |2\rangle|0\rangle \mapsto |2\rangle|4\rangle,\quad |3\rangle|0\rangle \mapsto |3\rangle|1\rangle.$$

Speziell der letzte Wert ergibt sich, da $3^2 \bmod 2^3 = 1$. $\qquad\square$

Das folgende Ergebnis zeigt die zunächst überraschende Tatsache, dass *jede* Boole'sche Funktion durch eine unitäre Transformation ausgewertet und ihre Funktionsberechnung somit als ein Quantengatter implementiert werden kann.

Satz 3.5.3. *Der Funktionsberechnungs-Operator U_f einer allgemeinen Funktion $f : \{0,1\}^n \to \{0,1\}^m$ kann zu einem unitären linearen Operator $\tilde{U}_f : \mathbb{C}^{2^{n+m}} \to \mathbb{C}^{2^{n+m}}$ erweitert werden. $\tilde{U}_f$ ist eindeutig auf dem Unterraum* $\mathrm{span}\,(\{0,1\}^n \times f(\{0,1\}^n))$, *wobei $f(\{0,1\}^n)$ das Bild von $\{0,1\}^n$ unter f bezeichnet.*

Beweis. Zunächst bemerken wir, dass $U_f|x\rangle|f(x)\rangle$ eine injektive Abbildung von $\{0,1\}^n \times \{0,1\}^m$ nach $\{0,1\}^n \times f(\{0,1\}^m)$ ist, da der Graph einer Funktion $(x,f(x))$ stets injektiv ist. Erweitern wir U_f zu dem Operator U_f' auf $\{0,1\}^{n+m}$ durch die Vorschrift

$$U_f'|x\rangle|y\rangle = \begin{cases} U_f|x\rangle|y\rangle, & \text{wenn } y \in f(\{0,1\}^n), \\ |x\rangle|y\rangle & \text{sonst,} \end{cases} \tag{3.25}$$

so erhalten wir eine Bijektion auf $\{0,1\}^{n+m}$. Daher kann U_f' als eine Permutationsmatrix[2] P der Basisvektoren $|x\rangle|y\rangle$ of $\mathbb{C}^{2^{n+m}}$ dargestellt werden. Also genügt der eindeutige lineare Operator $\tilde{U}_f$ der Gleichung $\tilde{U}_f^* = \tilde{U}_f^t$, d.h. $\tilde{U}_f^*\tilde{U}_f = I$, was die Unitarität beweist. $\qquad\square$

In einem Quantenschaltbild wird eine Funktionsberechnung einfach dargestellt wie in Abbildung 3.3. Die Quanten-Funktionsberechnung ist sehr wertvoll für die Quan-

---

[2] Eine *Permutationsmatrix* ist eine quadratische Matrix, deren Zeilen und Spalten jeweils nur Nullen bis auf genau eine Eins enthalten. Die Inverse einer Permutationsmatrix P ist einfach ihre Transponierte, d.h. $P^{-1} = P^t$.

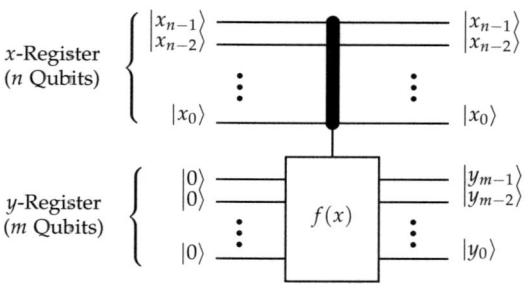

Abbildung 3.3: Funktionsberechnungs-Gatter

tenrechnung wegen ihrer Wirkung auf eine Superposition verschiedener Eingaben x,

$$\sum_{x=0}^{2^{n-1}} |x,0\rangle \mapsto \sum_{x=0}^{2^{n-1}} |x,f(x)\rangle. \tag{3.26}$$

Diese Superposition erzeugt *alle* 2^n Werte $f(x)$ in einer einzigen Operation. Allerdings können wir diese Werte als klassische Information nicht direkt erhalten, denn eine Messung des ersten Registers würde nur zufällig einen einzelnen Wert $x' \in \{0,1\}^n$ liefern, worauf das zweite Register den berechneten Wert $f(x') \in \{0,1\}^m$ annähme.

3.5.3 Logische Operationen

Mit dem Hadamard- und dem c-NOT-Gatter können alle Boole'schen Operationen, also insbesondere AND, OR oder NOT, konstruiert werden, wenn auch nur in ihrer reversiblen Version. Zum Beispiel kann die Ein-Qubit-Operation NOT mit einem c-

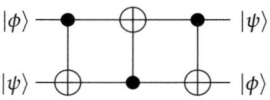

Abbildung 3.4: Quantenschaltung, die zwei Qubits vertauscht (SWAP-Operator).

NOT-Gatter ausgeführt werden, bei dem das Kontroll-Qubit auf $|1\rangle$ gesetzt ist und nur als ein Hilfsqubit gesehen wird. Oft werden NOT und SWAP (Abb. 3.4) als ein Ein-Qubit-Gatter bzw. ein Zwei-Qubit-Gatter dargestellt,

$$\mathrm{NOT} = X = \begin{pmatrix} 0 & 1 \\ 1 & 0 \end{pmatrix}, \qquad \mathrm{SWAP} = \begin{pmatrix} 1 & 0 & 0 & 0 \\ 0 & 0 & 1 & 0 \\ 0 & 1 & 0 & 0 \\ 0 & 0 & 0 & 1 \end{pmatrix} \tag{3.27}$$

vgl. (3.15) auf S. 35. Es gilt NOT $|\psi\rangle = |\psi \oplus 1\rangle$. Diese Gatter haben klassische Entsprechungen. Ihre Quadratwurzeln allerdings sind Quantengatter, die als klassische

Schaltungen nicht realisiert werden können:

$$\sqrt{\text{NOT}} = \frac{1-i}{2} \begin{pmatrix} i & 1 \\ 1 & i \end{pmatrix}, \qquad \sqrt{\text{SWAP}} = \begin{pmatrix} 1 & 0 & 0 & 0 \\ 0 & \frac{1+i}{2} & \frac{1-i}{2} & 0 \\ 0 & \frac{1-i}{2} & \frac{1+i}{2} & 0 \\ 0 & 0 & 0 & 1 \end{pmatrix} \tag{3.28}$$

(Es gilt $\frac{1\pm i}{2} = \frac{1}{\sqrt{2}} e^{\pm i\pi/4}$).

Umkehrbares UND: Toffoli-Gatter

Eine weitere logische Operation ist das *Toffoli-Gatter*, auch c^2-NOT genannt, das eine Quantenimplementierung der AND-Operation ist, also mathematisch der Boole'schen Funktion $f: \{0,1\}^2 \to \{0,1\}$, $f(x,y) = x \wedge y$. Es ist ein 3-Qubit-Quantengatter, bestimmt durch

$$U_{\text{Toffoli}} = \begin{pmatrix} 1 & 0 & 0 & 0 & 0 & 0 & 0 & 0 \\ 0 & 1 & 0 & 0 & 0 & 0 & 0 & 0 \\ 0 & 0 & 1 & 0 & 0 & 0 & 0 & 0 \\ 0 & 0 & 0 & 1 & 0 & 0 & 0 & 0 \\ 0 & 0 & 0 & 0 & 1 & 0 & 0 & 0 \\ 0 & 0 & 0 & 0 & 0 & 1 & 0 & 0 \\ 0 & 0 & 0 & 0 & 0 & 0 & 0 & 1 \\ 0 & 0 & 0 & 0 & 0 & 0 & 1 & 0 \end{pmatrix} \qquad \tag{3.29}$$

Man beachte, dass $x \wedge y = xy$ für $x, y \in \{0, 1\}$. Ist das dritte Qubit $|z\rangle$ anfänglich auf $|0\rangle$ gesetzt, so ergibt das Toffoli-Gatter das logische AND, ist es auf $|1\rangle$ gesetzt, so ist es das negierte AND, oder NAND (siehe Aufgabe 3.3).

Umkehrbares ODER

Eine weitere Operation ist das umkehrbare ODER-Gatter, die Quantenversion der ODER-Verknüpfung, also der Boole'schen Funktion $f: \{0,1\}^2 \to \{0,1\}$, $f(x,y) = x \wedge y$. Es ist das 3-Qubit-Gatter

$$U_{\text{OR}} = \begin{pmatrix} 0 & 1 & 0 & 0 & 0 & 0 & 0 & 0 \\ 1 & 0 & 0 & 0 & 0 & 0 & 0 & 0 \\ 0 & 0 & 1 & 0 & 0 & 0 & 0 & 0 \\ 0 & 0 & 0 & 1 & 0 & 0 & 0 & 0 \\ 0 & 0 & 0 & 0 & 1 & 0 & 0 & 0 \\ 0 & 0 & 0 & 0 & 0 & 1 & 0 & 0 \\ 0 & 0 & 0 & 0 & 0 & 0 & 1 & 0 \\ 0 & 0 & 0 & 0 & 0 & 0 & 0 & 1 \end{pmatrix} \qquad \tag{3.30}$$

Hier ist $X = \text{NOT}$, also $X|x\rangle = |x \oplus 1\rangle$.

Eine interessante Variante ist das folgende 3-Qubit-Gatter

$$U_{cOR} = \begin{pmatrix} 0 & 1 & 0 & 0 & 0 & 0 & 0 & 0 \\ 0 & 0 & 0 & 0 & 0 & 0 & 1 & 0 \\ 0 & 0 & 0 & 0 & 1 & 0 & 0 & 0 \\ 0 & 0 & 0 & 1 & 0 & 0 & 0 & 0 \\ 0 & 0 & 1 & 0 & 0 & 0 & 0 & 0 \\ 0 & 0 & 0 & 0 & 0 & 1 & 0 & 0 \\ 1 & 0 & 0 & 0 & 0 & 0 & 0 & 0 \\ 0 & 0 & 0 & 0 & 0 & 0 & 0 & 1 \end{pmatrix}$$

$$(3.31)$$

Bemerkenswerterweise hat das Gatter U_{cOR} die Periodizität 3, d.h. $U_{cOR}^3 = I_8$, da beispielsweise $U_{cOR}|000\rangle = |110\rangle$, $U_{cOR}^2|000\rangle = |001\rangle$, $U_{cOR}^3|000\rangle = |000\rangle$. Allgemeiner erzeugt U_{cOR} die folgenden fünf Zyklen

$$|000\rangle \to |110\rangle \to |001\rangle \to |000\rangle, \quad |010\rangle \leftrightarrow |100\rangle, \quad |011\rangle \circlearrowleft, \quad |101\rangle \circlearrowleft, \quad |111\rangle \circlearrowleft, \quad (3.32)$$

wobei "$\circlearrowleft$" bedeutet, dass der entsprechende Wert des Quantenregisters auf sich selbst abgebildet wird, also invariant unter U_{cOR} ist. In Dezimaldarstellung geschrieben lauten die fünf Zyklen

$$0 \to 6 \to 1 \to 0, \quad 2 \to 4 \to 2, \quad 3 \to 3, \quad 5 \to 5, \quad 7 \to 7. \quad (3.33)$$

Addition

Mit dem Toffoli-Gatter und dem c-NOT-Gatter können wir den *Quantenaddierer* implementieren, der auf drei Qubits wirkt und einfach zwei Qubits addiert,

$$U_{adder} = \begin{pmatrix} 1 & 0 & 0 & 0 & 0 & 0 & 0 & 0 \\ 0 & 1 & 0 & 0 & 0 & 0 & 0 & 0 \\ 0 & 0 & 1 & 0 & 0 & 0 & 0 & 0 \\ 0 & 0 & 0 & 1 & 0 & 0 & 0 & 0 \\ 0 & 0 & 0 & 0 & 0 & 0 & 1 & 0 \\ 0 & 0 & 0 & 0 & 0 & 0 & 0 & 1 \\ 0 & 0 & 0 & 0 & 0 & 1 & 0 & 0 \\ 0 & 0 & 0 & 0 & 1 & 0 & 0 & 0 \end{pmatrix}$$

$$(3.34)$$

3.6 Zusammenfassung

Die hauptsächlichen Konzepte und theoretischen Begriffe der Quantenrechnung lauten wie folgt.

- *Quantengatter*: Ein Quantengatter ist eine unitäre Quantenevolution eines Quantenregisters, die entweder den Zustand eines einzelnen Qubits verändert oder eine logische Operation auf mehrere Qubits des Registers bewirkt.

- *Quantenschaltung*: Eine Quantenschaltung ist eine Zusammenstellung mehrerer durch eine konstante Anzahl von Quantendrähten verbundene Quantengatter. Jeder Quantendraht überträgt ein Qubit. Üblicherweise ist eine Quantschaltung azyklisch.

- *Quantenrechner*: Ein Quantenrechner ist ein aus einem Quantenregister und mehreren Quantengattern bestehendes Gerät.

Aufgaben

Aufgabe 3.1. Eine allgemeine unitäre Transformation eines einzelnen Qubits ist durch Gl. (3.13) gegeben und hängt von vier Parametern ab. Was sind jeweils die Parameterwerte für die Pauli-Matrizen (3.15) und die Hadamard-Transformation (3.2)?

Aufgabe 3.2. (a) Zeigen Sie, dass $\sqrt{\text{NOT}}^2 = \text{NOT}$ und $\sqrt{\text{SWAP}}^2 = \text{SWAP}$.
(b) Listen Sie alle Ein-Qubit-Gatter auf, deren Quadrat die Identität I_2 ist.

Aufgabe 3.3. (a) Zeigen Sie unter Verwendung der De Morgan'schen Gesetze

$$\neg(x \wedge y) = \neg x \vee \neg y, \qquad \neg(x \vee y) = \neg x \wedge \neg y, \tag{3.35}$$

wie ein klassisches NOT-, AND- und OR-Gatter durch Verknüpfungen von NAND-Gattern implementiert werden können. (b) Implementieren Sie ein NAND-Gatter durch Quantengatter.

Aufgabe 3.4. Wie kann ein c-NOT-Gatter zum Kopieren eines Rechenbasiszustands verwendet werden? Zeigen Sie, dass es mit dieser Quantenschaltung jedoch nicht möglich ist, die Superposition $|\psi\rangle = \alpha_0|0\rangle + \alpha_1|1\rangle$, mit $\alpha_j \neq 0$, zu kopieren

Aufgabe 3.5. * Sei $n \in \mathbb{N}$, und sei $M(n \times n, \mathbb{C})$ die Menge der komplexen $(n \times n)$-Matrizen. Dann ist die *unitäre Gruppe $U(n)$* definiert als die Menge aller komplexen $(n \times n)$-Matrizen A mit $A^*A = I_n$,

$$U(n) = \{A \in M(n \times n, \mathbb{C}) : A^*A = I_n\}. \tag{3.36}$$

(Vgl. Gl. ((3.1).) Hier bezeichnet $I_n = \text{diag}(1, \ldots, 1)$ die $(n \times n)$-Einheitsmatrix und A^* die komplex-konjugierte Transponierte von A,

$$A = \begin{pmatrix} a_{11} & \cdots & a_{1n} \\ \vdots & \ddots & \vdots \\ a_{n1} & \cdots & a_{nn} \end{pmatrix} \implies A^* = \begin{pmatrix} \bar{a}_{11} & \cdots & \bar{a}_{n1} \\ \vdots & \ddots & \vdots \\ \bar{a}_{1n} & \cdots & \bar{a}_{nn} \end{pmatrix}. \tag{3.37}$$

Der Strich ($\bar{}$) bedeutet komplexe Konjugation, d.h. für $z \in \mathbb{C}$ mit $z = x + iy$, $x, y \in \mathbb{R}$ gilt $\bar{z} = x - iy$.

(a) Zeigen Sie, dass aus $A \in U(n)$ sofort $|\det A| = 1$ folgt.

(b) Zeigen Sie, dass es n^2 unabhängige reelle Parameter („Koordinaten") gibt, die eine unitäre Matrix $A \in U(n)$ spezifizieren. (Hinweis: Aus wie vielen reellen Parametern besteht eine unitäre Matrix, und wie viele Gleichungen schränken sie ein?)

(c) Begründen Sie toplogisch, warum jede unitäre Transformation eines Qubits durch (3.13) ausgedrückt werden kann.

Dass $U(n)$ durch n^2 reelle Parameter bestimmt ist, die stetig in einem gewissen Bereich variieren können, wird oft mit der Aussage „Die unitäre Gruppe $U(n)$ hat Dimension n^2." ausgedrückt. Tatsächlich ist sie eine der klassischen „Lie-Gruppen", die sowohl Gruppen (Algebra) als auch Mannigfaltigkeiten (Geometrie) sind.

Eine „Gruppe" ist eine mathematische Menge, in der eine Verknüpfung zweier Elemente definiert ist, die ein weiteres Element ergibt; die Verknüpfung muss assoziativ sein, es muss ein neutrales Element e geben, und zu jedem Element x muss genau eine „Inverse" x^{-1} existieren, so dass $xx^{-1} = x^{-1}x = e$. Beispiele für Gruppen:

- $(\mathbb{Z}, +)$ mit der Addition als Verknüpfung; das neutrale Element ist 0, die Inverse von $x \in \mathbb{Z}$ ist $-x$.

- $(\mathbb{Q}^*, \cdot)$ mit der Multiplikation; das neutrale Element ist 1, die Inverse von $x \in \mathbb{Q}$ ist $\frac{1}{x}$.

- $(U(n), \cdot)$ mit der Matrizenmultiplikation; das neutrale Element ist die Einheitsmatrix I_n, die Inverse von A ist die inverse Matrix $A^{-1} = A^*$. Die Verknüpfung ist nicht kommutativ.

Eine „n-dimensionale Mannigfaltigkeit" ist eine mathematische Menge von Punkten, die „lokal", also von Nahem, so aussieht wie $\mathbb{R}^n$. Lokalen Umgebungen um jeden Punkt einer Mannigfaltigkeit kann man n Koordinaten geben, d.h. eine „Karte". (Das geht jedoch nicht unbedingt für die gesamte Mannigfaltigkeit, d.h. es gibt im allgemeinen keine „globalen Karten"). Ein Beispiel einer eindimensionalen Mannigfaltigkeit ist eine glatte Kurve im Raum; „lokal" sieht sie wie eine Gerade $\mathbb{R}$ aus. Die Oberfläche S^2 einer Kugel ist eine zweidimensionale Mannigfaltigkeit; "lokal" sieht sie wie eine Ebene $\mathbb{R}^2$ aus, wie wir aus unserer Alltagserfahrung auf der Erdoberfläche wissen; es ist nicht möglich, Koordinaten für die gesamte S^2 zu finden, mindestens ein Punkt muss ausgeschlossen werden (das Koordinatensystem der geographischen Längen- und Breitengrade schließt sogar zwei Punkte aus, die beiden Pole). Als eine Mannigfaltigkeit hat $U(n)$ die Dimension n^2; speziell $U(2)$ ist also vierdimensional, topologisch ein „Torus",

$$U(2) \cong S^1 \times S^3, \tag{3.38}$$

wobei S^m die m-dimensionale Sphäre bezeichnet (S^1 ist ein Kreis, S^3 die dreidimensionale Oberfläche einer Hyperkugel, die wir uns mangels einer vierten Dimension leider nicht anschaulich vorstellen können ...).

Kapitel 4

Quanten-Fouriertransformation

Eine der wichtigsten Quantenroutinen ist die Quanten-Fouriertransformation, die sich als wesentlich für viele der Quantenalgorithmen erweisen wird, die wir betrachten werden.

4.1   Definition

Die *Quanten-Fouriertransformation* QFT$_q$ wirkt auf einem Quantenregister der Größe n und ist für eine Funktion $f \colon \{0, \dots, 2^n - 1\} \to \mathbb{C}$ und $q = 2^n$ definiert als die Abbildung QFT$_q : \mathbb{C}^{2^n} \to \mathbb{C}^{2^n}$,

$$\text{QFT}_q\left(f(x)\,|x\rangle\right) = \frac{1}{\sqrt{q}} \sum_{k=0}^{q-1} \hat{f}(k)\,|k\rangle \qquad \text{mit} \quad \hat{f}(k) = \frac{1}{\sqrt{q}} \sum_{x=0}^{q-1} f(x)\,\mathrm{e}^{2\pi \mathrm{i} k x / q}. \tag{4.1}$$

Proposition 4.1.1. *Die Quanten-Fouriertransformation ist linear und unitär.*

Beweis. Die Linearität folgt direkt aus der Definition. Da

$$\sum_{k=0}^{q-1} |\hat{f}(k)|^2 = \frac{1}{q} \sum_{k=0}^{q-1} \left| \sum_{x=0}^{c-1} f(x)\mathrm{e}^{2\pi \mathrm{i} k x / q} \right|^2 = \frac{1}{q} \sum_{k=0}^{q-1} \sum_{x=0}^{q-1} \sum_{l=0}^{q-1} f(x)f^*(l)\mathrm{e}^{2\pi \mathrm{i}(x-l)k/q} = \sum_{x=0}^{q-1} |f(x)|^2,$$

wobei die letzte Gleichung aus Gl. (B.17) folgt, bleibt die Norm eines Quantenzustands erhalten. $\qquad \square$

Da QFT unitär ist, ist sie auch reversibel: Die *inverse Quanten-Fouriertransformation* QFT$_q^{-1}$ ist definiert als QFT$_q^{-1} : \mathbb{C}^{2^n} \to \mathbb{C}^{2^n}$,

$$\text{QFT}_q^{-1}(\hat{f}(k)\,|k\rangle) = \frac{1}{\sqrt{q}} \sum_{x=0}^{q-1} f(x)\,|x\rangle. \qquad \text{mit} \quad f(x) = \frac{1}{\sqrt{q}} \sum_{k=0}^{q-1} \hat{f}(k)\,\mathrm{e}^{-2\pi \mathrm{i} k x / q}. \tag{4.2}$$

Ferner kann QFT$_{2^n}$ ausschließlich mit Quantengattern konstruiert werden, die jeweils auf einem einzelnen Qubit oder auf zwei wirken. Für ein einzelnes Qubit ($n = 1$) ergibt sich, dass QFT$_1$ äquivalent einem Hadamard-Gatter ist. Für zwei Qubits ($n = 2$) kann QFT$_4$ mit einer kontrollierten Phasenverschiebung c-$R(\pi)$, eingerahmt von zwei Hadamard-Gattern, implementiert werden. Auf diese Weise können induktiv die 3-Qubit-Transformation QFT$_8$ und die 4-Qubit-Transformation QFT$_{16}$ konstruiert werden, deren Quantenschaltbild in Abb. 4.1 gezeigt ist.

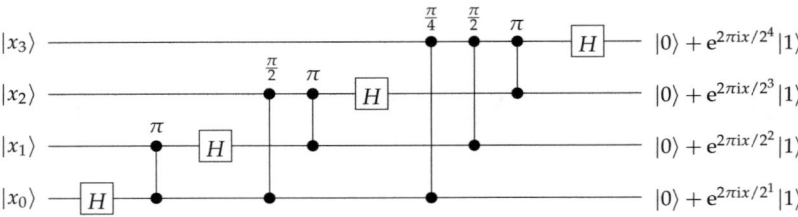

Abbildung 4.1: Quantenschaltung der Quanten-Fouriertransformation QFT$_{16}|x\rangle$ mit $|x\rangle = |x_3 x_2 x_1 x_0\rangle$ (die konstanten Normalisierungsfaktoren sind weg gelassen).

Der allgemeine Fall mit n Qubits erfordert eine offensichtliche Fortführung dieses Abfolgemusters von Hadamard-Gattern H und Phasenverschiebungen c-R. Die so konstruierte Quantenschaltung der auf n Qubits wirkenden QFT$_{2^n}$ enthält also n Hadamard-Gatter und $n(n-1)/2$ Phasenverschiebungen c-R, d.h. $n(n+1)/2$ elementare Gatter.

4.1.1   Wie wirkt eine Fouriertransformation?

Die Fouriertransformation bildet Objekte eines gegebenen Bereichs (üblicherweise eines Raum-Zeit-Bereichs) in einen anderen Bereich (üblicherweise den Frequenz- oder Impulsbereich). Bemerkenswerterweise wird eine Periode des einen Bereichs auf einzelne Werte im anderen Bereich abgebildet. Man sagt, Perioden werden auf das „Spektrum" der Frequenzen oder Impulse abgebildet. Auf genau dieser Möglichkeit der Periodenfindung beruht eine ganze Klasse von Quantenalgorithmen.

Um den Effekt zu erklären, betrachten wir zunächst die stetige Fouriertransformation $\mathscr{F} : L^1(\mathbb{C}) \to L^1(\mathbb{C})$, $\psi \mapsto \mathscr{F}[\psi]$, definiert durch

$$\hat{\psi}(f) = \mathscr{F}[\psi](f) = \int_{-\infty}^{\infty} \psi(t)\, e^{-2\pi i t f}\, dt. \tag{4.3}$$

Für ein physikalisches Signal $\psi(t)$ ordnet die Funktion $\mathscr{F}[\psi](f)$ jeder Frequenz f ihr Gewicht zu; die Menge aller Frequenzen mit nichtverschwindenden Gewichten ist das *Spektrum* des Signals ψ. Ist beispielsweise die Funktion ψ eine harmonische Schwingung in t mit der Periode f_0, also $\psi(t) = e^{2\pi i f_0 t}$, so ist die Fouriertransformierte $\mathscr{F}[\psi](f) = \delta(f - f_0)$, d.h. die Dirac'sche Deltafunktion, die überall 0 ist bis auf die Stelle $f = f_0$, wo sie einen scharfen Puls („∞") darstellt. Die inverse Fouriertransformation $\mathscr{F}^{-1}$,

$$\psi(t) = \mathscr{F}^{-1}[\hat{\psi}](t) = \int_{-\infty}^{\infty} \hat{\psi}(f)\, e^{2\pi i t f}\, df. \tag{4.4}$$

bildet umgekehrt die spektrale Verteilung $\hat{\psi}(f)$ auf ein Signal $\psi(t)$ ab. Ein scharfer Dirac-Puls für die Frequenz f_0 wird also auf die harmonische Schwingung $\psi(t) = e^{2\pi i f_0 t}$ abgebildet. Ähnlich bildet die Quanten-Fouriertransformation (die eigentlich die diskrete Fouriertransformion in modifizierter Schreibweise ist) eine periodische Reihe auf die ganzzahligen Vielfachen von $2^n/r$ ab, wobei r ihre Periode ist. Das liegt im Wesentlichen an der Endlichkeit des Registers. Damit gibt es in dem Register $\lfloor r \rfloor$ Pulse. Das Quantenregister ist nun sowohl der Zeit- als auch der Frequenzbereich.

Beispiel 4.1.2. Nehmen wir ein Quantenregister der Größe $n = 3$ Qubits an, das sich im Zustand $|\psi\rangle = \sum_{x=0}^{7} \alpha_x |x\rangle$ befindet, wobei

$$(\alpha_x) = \tfrac{1}{2}(1, 0, 1, 0, 1, 0, 1, 0). \tag{4.5}$$

Dann berechnen wir die Quanten-Fouriertransformierte $|\hat{\psi}\rangle = \mathrm{QFT}_8(|\psi\rangle)$ mit Gl. (4.1) und $f(x) = \alpha_x$ als $|\hat{\psi}\rangle = \sum_{k=0}^{7} \beta_k |k\rangle$, wobei

$$\beta_k = \frac{1}{\sqrt{8}} \sum_{x=0}^{7} e^{-\pi i k x/4} \alpha_x = \frac{1}{2\sqrt{8}}(1 + e^{-\pi i k/2} + e^{-\pi i k} + e^{-3\pi i k/2}),$$

d.h. $\beta_0 = \beta_4 = \frac{4}{2\sqrt{8}} = \frac{1}{\sqrt{2}}$, und $\beta_k = 0$ für $k \neq 0, 4$ durch Satz B.2.1 (S. 205).

$$(\beta_k) = \frac{1}{\sqrt{2}}(1, 0, 0, 0, 1, 0, 0, 0). \tag{4.6}$$

Das liefert die Wahrscheinlichkeitsverteilung $P = \frac{1}{2}(1, 0, 0, 0, 1, 0, 0, 0)$. Die einzige nichtverschwindende Komponente ist $k = 4$, die mit der Periode $r = 8/4 = 2$ zusammenhängt. Eine Messung des transformierten Registers liefert die Periode r mit Wahrscheinlichkeit $1/2$. □

Beispiel 4.1.3. Ein Quantenregister mit $n = 3$ Qubits sei in dem Zustand $|\psi\rangle = \sum_{x=0}^{7} \alpha_x |x\rangle$, wobei

$$(\alpha_x) = \frac{1}{\sqrt{2}}(1, 0, 0, 0, 1, 0, 0, 0). \tag{4.7}$$

Dann ergibt die Quanten-Fouriertransformation $|\hat{\psi}\rangle = \mathrm{QFT}_8(|\psi\rangle)$ mit

$$(\beta_k) = \tfrac{1}{2}(1, 0, 1, 0, 1, 0, 1, 0). \tag{4.8}$$

Das liefert die Wahrscheinlichkeitsverteilung $P = \frac{1}{4}(1, 0, 1, 0, 1, 0, 1, 0)$. Die einzigen nichtverschwindenden Komponenten sind $k = 2, 4$ und 6, die den möglichen Perioden $r = 4, 2$ und $3/2$ entsprechen. Eine Messung des Registers ergibt die tatsächliche Periode $r = 4$ mit Wahrscheinlichkeit $1/4$. □

Beispiel 4.1.4. Ein Quantenregister mit $n = 3$ Qubits sei in dem Zustand $|\psi\rangle = \sum_{x=0}^{7} \alpha_x |x\rangle$, mit

$$(\alpha_x) = \frac{1}{\sqrt{3}}(1, 0, 0, 1, 0, 0, 1, 0). \tag{4.9}$$

Dann lautet die Fouriertransformierte $\hat{\psi} = \mathscr{F}[\psi] = |\hat{\psi}\rangle = \sum_{k=0}^{7} \beta_k |k\rangle$, mit

$$(\beta_k) \approx (.6124, .0598(1 + i), .2041 i, .3485(1 - i), .2041, .3485(1 + i), -.2041 i, .0598(1 - i)).$$

Das liefert die Wahrscheinlichkeitsverteilung

$$P \approx (.375, .0071, .041\overline{6}, .2429, .041\overline{6}, .2429, .041\overline{6}, .0071).\tag{4.10}$$

Die erste Spitze dieser Verteilung ist bei $k = 3$, d.h. die Periode ist $8/3 = 2\frac{2}{3} \approx 3$. In der Tat müsste die „exakte" Verteilung durch $\sum_{j=0}^{2} \delta(k - 8j/3)$ bestimmt sein, d.h. ein Zustand mit scharfen Pulsen bei $x = 0, 2.\overline{6}, 5.\overline{3}$. $\square$

Satz 4.1.5. *Sei* $|x\rangle \in \mathbb{C}^{2^n}$ *ein Rechenbasiszustand, d.h.* $|x\rangle = |x_{n-1}x_{n-2}\ldots x_0\rangle$ *mit* $x_j \in \{0,1\}$. *Dann*

$$\mathrm{QFT}_{2^n}(|x\rangle) = \frac{\overbrace{(|0\rangle + e^{\pi i x}|1\rangle)}^{n-\text{tes Qubit}} \otimes \overbrace{(|0\rangle + e^{\pi i x/2}|1\rangle)}^{(n-1)-\text{tes Qubit}} \otimes \cdots \otimes \overbrace{(|0\rangle + e^{\pi i x/2^{n-1}}|1\rangle)}^{\text{erstes Qubit}}}{2^{n/2}} \tag{4.11}$$

Insbesondere superponiert die Quanten-Fouriertransformation alle Basiszustände des Quantenregisters.

Beweis. Mit elementarer Algebra folgt

$$\mathrm{QFT}_{2^n}(|x\rangle) = \frac{1}{2^{n/2}} \sum_{k=0}^{2^n-1} e^{2\pi i x k/2^n} |k\rangle = \frac{1}{2^{n/2}} \sum_{k_0=0}^{1} \cdots \sum_{k_{n-1}=0}^{1} e^{2\pi i x \left(\sum_{l=0}^{n-1} k_l/2^{l+1}\right)} |k_{n-1}\ldots k_0\rangle$$

$$= \frac{1}{2^{n/2}} \sum_{k_{n-1}=0}^{1} \cdots \sum_{k_0=0}^{1} \bigotimes_{l=0}^{n-1} e^{\pi i x k_l/2^l} |k_l\rangle = \frac{1}{2^{n/2}} \bigotimes_{l=0}^{n-1} \left[\sum_{k_l=0}^{1} e^{\pi i x k_l/2^l} |k_l\rangle \right]$$

$$= \frac{1}{2^{n/2}} \bigotimes_{l=0}^{n-1} \left[|0\rangle + e^{\pi i x/2^l} |1\rangle \right].$$

$\square$

Dieser Satz zeigt, dass die Schaltung in Abbildung 4.1 tatsächlich eine Quanten-Fouriertransformation darstellt.

Beispiel 4.1.6. Das Qubit $|\psi\rangle$ aus Beispiel 4.1.2 ist gegeben durch $|\psi\rangle = \frac{1}{2}(|0\rangle + |2\rangle + |4\rangle + |6\rangle)$. Mit Satz 4.1.5 folgt

$$\mathrm{QFT}_8(|0\rangle) = \frac{(|0\rangle + |1\rangle) \otimes (|0\rangle + |1\rangle) \otimes (|0\rangle + |1\rangle)}{2\sqrt{8}},$$

$$\mathrm{QFT}_8(|2\rangle) = \frac{(|0\rangle + e^{2\pi i}|1\rangle) \otimes (|0\rangle + e^{\pi i}|1\rangle) \otimes (|0\rangle + e^{\pi i/2}|1\rangle)}{2\sqrt{8}}$$

$$\mathrm{QFT}_8(|4\rangle) = \frac{(|0\rangle + e^{4\pi i}|1\rangle) \otimes (|0\rangle + e^{2\pi i}|1\rangle) \otimes (|0\rangle + e^{\pi i}|1\rangle)}{2\sqrt{8}}$$

$$\mathrm{QFT}_8(|6\rangle) = \frac{(|0\rangle + e^{6\pi i}|1\rangle) \otimes (|0\rangle + e^{3\pi i}|1\rangle) \otimes (|0\rangle + e^{3\pi i/2}|1\rangle)}{2\sqrt{8}}$$

d.h.

$$
\begin{aligned}
&\ \ \text{QFT}_8(|0\rangle) = \tfrac{1}{2\sqrt{8}}\big[\ (|0\rangle+|1\rangle) && \otimes\ (|0\rangle+|1\rangle) && \otimes\ (|0\rangle+|1\rangle) && \big]\\
&+\ \ \text{QFT}_8(|2\rangle) = \tfrac{1}{2\sqrt{8}}\big[\ (|0\rangle+|1\rangle) && \otimes\ (|0\rangle+e^{\pi i}|1\rangle) && \otimes\ (|0\rangle+e^{\pi i/2}|1\rangle) && \big]\\
&+\ \ \text{QFT}_8(|4\rangle) = \tfrac{1}{2\sqrt{8}}\big[\ (|0\rangle+|1\rangle) && \otimes\ (|0\rangle+|1\rangle) && \otimes\ (|0\rangle-|1\rangle) && \big]\\
&+\ \ \text{QFT}_8(|6\rangle) = \tfrac{1}{2\sqrt{8}}\big[\ (|0\rangle+|1\rangle) && \otimes\ (|0\rangle-|1\rangle) && \otimes\ (|0\rangle-e^{\pi i/2}|1\rangle) && \big]\\
\hline
&=\ \ \text{QFT}_8(|\psi\rangle) = \tfrac{1}{2\sqrt{8}}\big[\ (4\,|0\rangle+4\,|1\rangle)\otimes && 4\,|0\rangle && \otimes\ \ 4\,|0\rangle && \big]
\end{aligned}
$$

Also $|\hat\psi\rangle = \tfrac{1}{\sqrt 2}(|000\rangle+|100\rangle) = \tfrac{1}{\sqrt 2}(|0\rangle+|4\rangle)$. $\qquad\square$

4.2 Finden der Periode einer Funktion

Sei $f\colon \{0,1,\dots,2^n-1\}\to\{0,1,\dots,2^m-1\}$. Per Definition ist die Zahl m groß genug, so dass die Menge $\{0,1,\dots,2^m-1\}$ den gesamten Bildbereich von f beinhaltet. Betrachten wir die Folge aller f-Werte,

$$f(0), f(1),\dots,f(q-1),$$

wobei $q=2^n$. Wir werden den Quantenparallelismus ausnutzen, um die Periode dieser Folge zu finden. Wir beginnen mit zwei auf 0 initialisierten Quantenregistern,

$$|x,y\rangle = |x\rangle|y\rangle = |0\cdots 0\rangle|0\cdots 0\rangle,$$

dem x-Register mit n Qubits, und dem y-Register mit m Qubits. Auf das x-Regsiter wenden wir die Quanten-Fouriertransformation an und erhalten

$$\text{Schritt 1:}\qquad |0\cdots 0\rangle|0\cdots 0\rangle \mapsto \frac{1}{\sqrt q}\sum_{x=0}^{q-1}|x,0\cdots 0\rangle. \qquad (q=2^m)$$

Im nächsten Schritt wenden wir die Funktionsberechnung an

$$\text{Schritt 2:}\qquad \frac{1}{\sqrt q}\sum_{x=0}^{q-1}|x,0\cdots 0\rangle \mapsto \frac{1}{\sqrt q}\sum_{x=0}^{q-1}|x,f(x)\rangle.$$

Eine exponentiell große Anzahl klassischer Berechnungen wurde so in einer einzigen Quantenoperation ausgeführt.

Im nächsten Schritt messen wir das y-Register. Da sich das x-Register mit dem y-Register in einem verschränkten Zustand befindet, kollabiert nicht nur y-Register zu einem einzigen Wert $|y_0\rangle$, mit $y_0\in\{0,\dots,q-1\}$, sondern auch das x-Register kollabiert, nämlich in eine Superposition aller derjenigen Qubits $|x\rangle$ für die $f(x)=y_0$ gilt:

$$\text{Schritt 3:}\qquad \frac{1}{\sqrt q}\sum_{x=0}^{q-1}|x,f(x)\rangle \mapsto \frac{1}{\sqrt B}\sum_{x=0}^{q-1}\beta_x|x,y_0\rangle,\quad \text{wo } \beta_x=0 \text{ für } f(x)\neq y_0.$$

Die Konstante B ist einfach ein Normalisierungsfaktor, d.h. die aufsummierten Wahrscheinlichkeitsamplituden des x-Registers,

$$B = \sum_{x=0}^{q-1} |\beta_x|^2.$$

Normalerweise ist die Anzahl der nichtverschwindenden Koeffizienten β_x klein im Vergleich zu q.

Der letzte Rechenschritt ist wie der erste und der dritte eine rein quantenmechanische Prozedur. Wir wenden die inverse Quanten-Fouriertransformation QFT_q^{-1} auf das *erste* Register an, so dass das gesamte Register den Zustand

$$\text{Schritt 4:}\qquad \frac{1}{\sqrt{A}} \sum_{x=0}^{q-1} \beta_x |x, y_0\rangle \mapsto \frac{1}{\sqrt{qA}} \sum_{x=0}^{q-1} \sum_{k=0}^{q-1} \beta_x e^{2\pi i k x / q} |k, y_0\rangle$$

erreicht. Die Berechnung ist nun vollständig und wir kommen an ihr Ergebnis durch eine Messung des x-Registers.

Wie sieht die Ausgabe aus? Hat $f(x)$ die Periode r, so gilt $f(x+r) = f(x)$. Die Summe über x erfährt nur dann konstruktive Interferenz durch die Koeffizienten $e^{2\pi i k x / q}$, wenn k ein Vielfaches von q/r ist. Alle anderen Werte k erzeugen, mehr oder weniger, destruktive Interferenz. Das ergibt eine Wahrscheinlichkeitsverteilung für eine Messung des x-Registers wie in Abbildung 4.2.

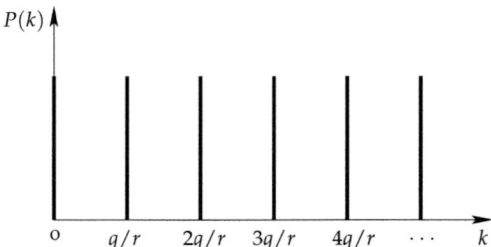

Abbildung 4.2: Wahrscheinlichkeitsverteilung für die Messergebnisse des x-Registers. Konstruktive Interferenz erzeugt enge Spitzen bei Vielfachen von q/r, wo $q = 2^n$ und r die Periode der x-Werte vor der QFT.

Ein kompletter Lauf des Algorithmusses liefert einen Zufallswert $k = jq/r$, mit $0 \leq j \leq r$, entsprechend den Spitzen der Wahrscheinlichkeitsverteilung $P(k)$. Um die Periode r selbst heraus zu finden, müssen wir die Quantenrechnung etwa $O(\log\log\frac{r}{n})$-mal wiederholen und paarweise die Werte für ggT (k, k') mit $k, k' \neq 0$ berechnen. Ist κ der ggT aller nichtverschwindenden Messwerte k, so ist die gesuchte Periode r gegeben durch $r = q/\kappa$.

Dieser Algorithmus findet also nach mehreren Läufen nur einen sehr wahrscheinlichen Wert für die Periode, jedoch kann man die Wahrscheinlichkeit durch Wiederholung beliebig an 1 annähern. Im Kern kalkuliert der Algorithmus die Periode durch massive Parallelrechnung und mit einem exponentiell von der Qubit-Größe abhängenden Speicherregister. Selbst für ein relativ kleines x-Register von etwa $n = 270$ Qubits hat der Quantenrechner mehr Funktionswerte berechnet und gespeichert ($2^{270} \approx 10^{81}$) als es Elementarteilchen im Universum gibt (10^{80}).

Aufgaben

Aufgabe 4.1. Zeigen Sie, dass die Quanten-Fouriertransformation QFT_{2^n} auf n Qubits aus $(n+1)n/2$ elementaren Quantengattern konstruiert werden kann.

Aufgabe 4.2. Der Zustand eines Quantenregisters sei durch $(\alpha_x) = (0, 1, 0, 1, 0, 1, 0, 1)$ gegeben. Wie lautet die Quanten-Fouriertransformation von $\sum_{x=0}^{7} \alpha_x |x\rangle$? Was ist die Periode von $f(x) = \alpha_x$?

Kapitel 5

QFT-Algorithmen

In diesem Kapitel lernen wir einige wichtige Quantenalgorithmen kennen. Es wird sich herausstellen, dass Quantenrechner einige Rechenprobleme sehr viel schneller lösen können als klassische Computer. Grob gesagt gibt es vier Klassen von Quantenalgorithmen, die beträchtliche Laufzeitvorteile gegenüber allen bekannten klassischen Algorithmen zeigen. Zunächst ist da die Klasse der auf der Quanten-Fouriertransformation basierenden Algorithmen, die Probleme mit verborgener Untergruppe (*„hidden subgroup problems"*) lösen. Die Fouriertransformation ist eine auch in klassischen Algorithmen oft verwendete und als „Fast Fourier Transform" (FFT) implementierte Unterroutine. Beispiele dafür sind der Deutsch-Josza-Algorithmus und der Shor-Algorithmus zur Faktorisierung und zur Berechnung des diskreten Logarithmus; der Shor-Algorithmus ist daher äußerst relevant für die üblichen Verfahren der asymmetrischen Kryptographie, da er deren Verschlüsselung effizient knacken kann. Die zweite Klasse sind Quantensuchalgorithmen, deren bekanntester der Grover-Algorithmus ist. Die dritte Klasse sind die Protokolle der räumlich voneinander getrennten verschränkten Qubits (üblicherweise EPR-Zustände) basierenden Quantenkommunikation. Algorithmen dieser Klasse gehören zu den heute experimentell am weitesten entwickelten Quantenalgorithmen, so beispielsweise die Quantenteleportation, die Quanten-Fehlerkorrektur oder die sogar bereits marktfähige Quantenkryptographie. Die vierte Klasse schließlich bilden Algorithmen zur Quantensimulation, bei der ein Quantenrechner zur Simulation eines Quantensystems eingesetzt wird. Wir werden Algorithmen dieser Klasse hier nicht präsentieren, da für sie in der Regel ein tieferes Verständnis der Physik von Quantensystemen nötig ist als durch dieses Buch abgedeckt werden kann. Zu erwähnen ist jedoch, dass Quantensimulation zum Entwurf von Quantenalgorithmen in einer neuartigen (aber noch nicht vollständig verstandenen) Weise eingesetzt werden kann [46, §6.2] und dass sie sich zukünftig vielleicht zu einer wichtigen Entwurfsmethode für Quantenalgorithmen entwickeln könnte.

Obwohl alle nachfolgend vorgestellten Quantenalgorithmen erheblich kürzere Laufzeiten als die zur Zeit bekannten klassischen Algorithmen haben, die dieselben Probleme lösen, weiß bis heute niemand, ob Quantenrechner prinzipiell schneller sind als klassische Computer, oder ob nicht jedes effizient auf einem Quantenrechner lösbare Problem nicht auch auf einem klassischen Computer effizient lösbar ist. Die Betrachtung dieser wichtigen theoretischen Frage ist ein Thema der Komplexitätstheorie in Kapitel 12.

5.1 Grundlagen

Was *ist* ein Quantenalgorithmus? Ein Quantenalgorithmus ist eine Prozedur, die eindeutig durch eine Quantenschaltung dargestellt werden kann, d.h. eine Folge von Quantengattern auf einem Quantenregister. Wie wir in Kapitel 3 sahen, muss ein Quantengatter reversibel sein, und daher ist ein Quantenalgorithmus ebenfalls stets reversibel.

Zwar konnte sich bis jetzt noch keine Standardsprache für Quantenalgorithmen etablieren, so wie etwa Pseudocode für klassische Algorithmen, jedoch sind Quantenschaltbilder zu einer üblichen Darstellungsweise für Quantenalgorithmen geworden.

5.1.1 Neue Ressourcen der Quantenalgorithmen

Da Qubits die Basis von Quanteninformationsverarbeitung bilden, liefern ihre nichtklassischen Eigenschaften vollkommen neue Ressourcen der Quantenrechnung verglichen mit der klassischen Berechnung. Wir führen sie im Folgenden noch einmal kurz auf.

Superposition. Ein Quantenregister aus n-Qubits kann in einem Zustand sein, der eine Superposition aller 2^n Basiszustände $\{|x\rangle: x \in \{0,1\}^n\}$ von $\mathbb{C}^{2^n}$ darstellt. Außerdem kann eine gleichgewichtete Superposition der Rechenbasiszustände wie in (3.6) in einem einzigen Rechenschritt aus dem Zustand $|0\ldots0\rangle$ durch die Hadamard-Transformation (3.4) erzeugt werden, und umgekehrt in einen einzelnen Rechenbasiszustand (Abschnitt 3.3.1).

Quantenparallelismus. In einem einzigen Rechenschritt einer Quantenrechnung können exponentiell viele klassische Berechnungen durchgeführt werden. Z.B. existiert für jede Funktion $f: \mathbb{Z}_2^n \to \mathbb{Z}_2^m$ eine unitäre Abbildung $U_f: \mathbb{C}^{2^n} \to \mathbb{C}^{2^n}$, $U_f(|x,0\rangle) = |x, f(x)\rangle$, die Funktionsberechnung, so dass bei Anwendung von U_f auf die Superposition

$$|\phi_0\rangle = \frac{1}{\sqrt{2^n}} \sum_{j=0}^{2^n-1} |j,0\rangle,$$

in einem einzigen Rechenschritt der Zustand

$$|\phi_f\rangle = \frac{1}{\sqrt{2^n}} \sum_{j=0}^{2^n-1} |j,f(j)\rangle$$

erreicht wird. Somit können exponentiell viele, nämlich 2^n, Werte von f gleichzeitig berechnet werden.

Verschränkung. Verschränkung ist eine wertvolle Quantenressource, durch die insbesondere Quantenkommunikation die klassische Kommunikation übertrifft. Weniger klar ist allerdings, wie wichtig Verschränkung prinzipiell für Quantenrechnung ist. (Beispielsweise scheint sie nicht wesentlich zur Effizienz der Komplexitätsklasse *BQP* beizutragen [32, §8.5]).

5.1.2 Grenzen der Quanteninformation

Durch die Quantenphysik sind der Quanteninformationsverarbeitung prinzipielle Grenzen auferlegt. Glücklicherweise sind sie nicht nur Nachteil, sondern bieten auch Chancen. Eine wichtige Eigenschaft der Quanteninformation ist der folgende Satz, der insbesondere das Kopieren eines allgemeinen Qubits verbietet.

Satz 5.1.1. (Unmöglichkeit des Quantenklonens [*No-Cloning Theorem*]) *Gibt es für zwei Qubitzustände $|\phi\rangle$, $|\psi\rangle$ eine unitäre Transformation U, die beide kopiert, d.h. $U(|\phi,s\rangle) = |\phi,\phi\rangle$ und $U(|\psi,s\rangle) = |\psi,\psi\rangle$ mit einem Anfangszustand $|s\rangle$, so sind sie entweder gleich oder orthogonal zueinander. Insbesondere gibt es keine unitäre Transformation, die ein beliebiges Qubit kopiert.*

Beweis. Wir berechnen die inneren Produkte

$$\langle s,\phi|\psi,s\rangle = \langle s|s\rangle \cdot \langle\phi|\psi\rangle = \langle\phi|\psi\rangle \qquad \text{und} \qquad \langle s,\phi|U^*U|\psi,s\rangle = \langle\phi,\phi|\psi,\psi\rangle = \langle\phi|\psi\rangle^2.$$

Da U unitär ist, sind beide gleich und somit $\langle\phi|\psi\rangle = \langle\phi|\psi\rangle^2$. D.h. $\langle\phi|\psi\rangle = 0$ oder 1. $\square$

Wäre Klonen von Qubits möglich, so könnte das Heisenberg'sche Unschärfeprinzip durch die Messung einander konjugierter Variablen bei verschiedenen Kopien eines einzelnen Quantensystems verletzt werden.

Holevo-Theorem. Das Holevo-Theorem besagt, dass in einem Quantenregister der Größe n nur n klassische Bits treu gespeichert werden können.

Auf den ersten Blick scheint ein Zustand eines Quantenregisters einen unbegrenzten Betrag an Information beinhalten zu können, da die Wahrscheinlichkeitsamplituden Zahlen mit unendlichen Dezimalentwicklungen sind. Die Quantenmessung allerdings beschränkt den Betrag an Information, der von einem Quantenzustand in die klassische Welt extrahiert werden kann.

Dekohärenz. *Dekohärenz* ist ein allgemeiner Begriff für den Kopplungsprozess eines nicht vollkommen von der Umgebung isolierten Quantensystems, durch den seine Quantenzustände durch Wechselwirkungen mit der Umgebung verändert werden. Solche Wechselwirkungen bedeuten, dass die Quantendynamik der Umgebung ebenfalls relevant für die Operationen eines Quantenrechners sind und dass seine Zustände mit denen der Umgebung verschränkt sind. Die Wirkung dieser Verschränkung kann genauso angesehen werden, als ob die Umgebung eine Messung des Systems durchgeführt hätte oder als ob die Umgebung Information über das System erlangt hätte. Dekohärenz zerstört irreversibel und auf nicht kontrollierbare Weise Information in einer Superposition von Zuständen. Dekohärenz ist daher einer der bis heute fundamentalsten Hindernisse für den Bau von Quantenrechnern. Wir gehen auf Dekohärenz näher in §11.6 ab S. 142 ein.

5.2 Der Deutsch-Algorithmus

Es sei eine unbekannte Funktion $f\colon \{0,1\} \to \{0,1\}$ gegeben, eine „Blackbox" oder ein Orakel. Dann ist *Deutschs Problem* zu entscheiden: Ist f konstant? Zunächst halten wir fest, dass f nur eine der vier Möglichkeiten $f_1, \dots, f_4$ sein kann:

x	$f_1(x)$	$f_2(x)$	$f_3(x)$	$f_4(x)$
0	0	0	1	1
1	0	1	0	1

Nur in zwei Fällen (f_2 und f_3) hängt der Funktionswert von dem Argument ab, die anderen beiden (f_1 und f_4) stellen konstante Funktionen dar. Das bedeutet, dass die Antwort auf Deutschs Problem 1 bit an Information liefert. Eine klassische Lösung allerdings erfordert *zwei* Berechnungen von f, nämlich der beiden Werte $f(0)$ und $f(1)$, und einen Vergleich. Tatsächlich wird also während des Prozesses mehr Information (2 bit) gewonnen, als eigentlich benötigt wird. Deutschs Algorithmus jedoch benötigt nur eine einzige Berechnung von f. Er arbeitet auf zwei Qubits $|xy\rangle$ im Anfangszustand $|01\rangle$, sein Ablauf ist: Wende die Hadamard-Transformation (3.2) auf beide Qubits an und führe eine Variante U_f der Funktionsberechnung aus,

$$|x\rangle|y\rangle \stackrel{U_f}{\mapsto} |x\rangle|y \oplus f(x)\rangle. \tag{5.1}$$

(Beachte, dass $|y \oplus f(x)\rangle = |f(x)\rangle$ für $|y\rangle = |0\rangle$.) Falls nun $|y\rangle$ eine Superposition der Zustände $|y\rangle = |1'\rangle = (|0\rangle - |1\rangle)/\sqrt{2}$ ist, so gilt

$$|x\rangle \left(\frac{|0\rangle - |1\rangle}{\sqrt{2}} \right) \stackrel{U_f}{\mapsto} |x\rangle \left(\frac{|0 \oplus f(x)\rangle - |1 \oplus f(x)\rangle}{\sqrt{2}} \right) = (-1)^{f(x)} |x\rangle \left(\frac{|0\rangle - |1\rangle}{\sqrt{2}} \right). \tag{5.2}$$

Der Wert von $f(x)$ ist nun in der globalen Phase des Ergebnisses kodiert, mit unveränderten Qubits. Zwar ist das für sich zunächst nicht besonders nützlich, eine Berechnung mit einem ebenfalls überlagerten ersten Qubit jedoch ergibt $|x\rangle = |0'\rangle = (|0\rangle + |1\rangle)/\sqrt{2}$,

$$\left(\frac{|0\rangle + |1\rangle}{\sqrt{2}} \right) \left(\frac{|0\rangle - |1\rangle}{\sqrt{2}} \right) \stackrel{U_f}{\mapsto} \left(\frac{(-1)^{f(0)}|0\rangle + (-1)^{f(1)}|1\rangle}{\sqrt{2}} \right) \left(\frac{|0\rangle - |1\rangle}{\sqrt{2}} \right)$$

$$= (-1)^{f(0)} \left(\frac{|0\rangle + (-1)^{f(0) \oplus f(1)}|1\rangle}{\sqrt{2}} \right) \left(\frac{|0\rangle - |1\rangle}{\sqrt{2}} \right). \tag{5.3}$$

Damit ist das erste Qubit am Ende in der Superposition $(|0\rangle \pm |1\rangle)/\sqrt{2}$, und die gewünschte Antwort ($f(0) \oplus f(1)$) ist die relative Phase der zwei Rechenbasiszustände. Zusammengefasst erhalten wir die folgende Wertetabelle:

$|\psi\rangle$	$|\psi'\rangle = H|\psi\rangle$	$U_{f_1}|\psi'\rangle$ oder $U_{f_4}|\psi'\rangle$	$U_{f_2}|\psi'\rangle$ oder $U_{f_3}|\psi'\rangle$
$|0\rangle|1\rangle$	$|0'\rangle|1'\rangle$	$\pm|0'\rangle|1'\rangle$	$\pm|1'\rangle|1'\rangle$

Wendet man die Hadamard-Transformation nun auf das erste Register an, so erhält man entweder $H(|0'\rangle) = |0\rangle$ oder $H(|1'\rangle) = |1\rangle$. Eine Messung des ersten Registers

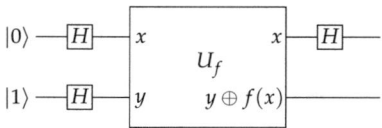

Abbildung 5.1: Quantenschaltung des Deutsch-Algorithmus.

löst daher das Problem: Ist f konstant, so ergibt sie „0", ist f ausgeglichen, dann „1". Der Wert von $f(0) \oplus f(1)$ (d.h., ob f konstant oder ausgeglichen ist) konnte also mit nur einer einzigen Funktionsberechnung bestimmt werden.

5.3 The Deutsch-Josza-Algorithmus

Etwas raffinierter ist die Lösung des *Deutsch-Josza-Problems*: Das *Versprechen* vorausgesetzt, dass eine gegebene Boole'sche Funktion $f : \{0,1\}^n \to \{0,1\}$ entweder konstant oder ausgeglichen sei (d.h. f nimmt den Wert 0 für genau $n/2$ Argumente an), ist f dann konstant oder ausgeglichen? Klassisch erfordert die Antwort im ungünstigsten Fall bis zu $2^{n-1} + 1$ Quantenberechnungen von f. Der Deutsch-Josza-Algorithmus dagegen löst das Problem mit nur einer einzigen Berechnung von f. Er arbeitet auf zwei

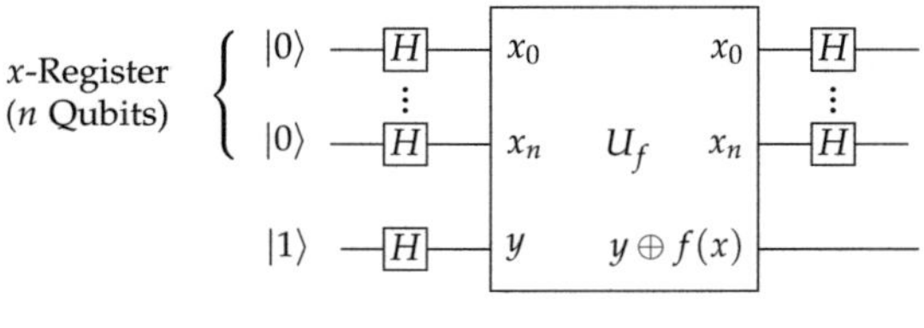

Abbildung 5.2: Quantenschaltung des Deutsch-Josza-Algorithmus.

Registern, dem x-Register aus n Qubits und dem y-Register mit einem Qubit, und läuft wie folgt ab. Ausgehend von dem Anfangszustand $|0 \cdots 0\rangle \in \mathbb{C}^{2^n}$ des x-Registers und $|1\rangle$ des y-Registers, also

$$|\psi_0\rangle = |0 \cdots 0\rangle|1\rangle \tag{5.4}$$

werden die beiden Register durch Hadamard-Transformationen in Superposition (3.6) gebracht,

$$|\psi_1\rangle = \frac{1}{\sqrt{2^{n+1}}} \sum_{x=0}^{2^n-1} |x\rangle(|0\rangle - |1\rangle). \tag{5.5}$$

Dann führt eine Anwendung der Funktionsauswertung $U_f|x,y\rangle = |x,y \oplus f(x)\rangle$ die beiden Register in den Zustand

$$|\psi_2\rangle = \frac{1}{\sqrt{2^{n+1}}} \sum_{x=0}^{2^n-1} (-1)^{f(x)} |x\rangle(|0\rangle - |1\rangle). \tag{5.6}$$

Schließlich ergibt eine Hadamard-Transformation des gesamten x-Registers mit Gl. (3.4)

$$|\psi_3\rangle = \frac{1}{2^n\sqrt{2}} \sum_{z=0}^{2^n-1} \sum_{x=0}^{2^n-1} (-1)^{x \cdot z + f(x)} |z\rangle(|0\rangle - |1\rangle). \tag{5.7}$$

($x \cdot z$ bezeichnet das bitweise Vektorprodukt modulo 2.) Eine Messung des x-Registers liefert die Lösung. Denn da

$$|z\rangle = \frac{1}{\sqrt{2}} \sum_x (-1)^{f(x)} |0\rangle = \begin{cases} \pm|0\rangle & \text{falls } f \text{ konstant,} \\ 0 \cdot |0\rangle & \text{falls } f \text{ ausgeglichen,} \end{cases} \tag{5.8}$$

folgt für die Messung „$0 \cdots 0$", dass f konstant ist, andernfalls ist f ausgeglichen.

Informationstheoretisch gesehen ist der Algorithmus sehr bemerkenswert. Der beste klassische deterministische Algorithmus erfordert im ungünstigsten Fall $2^{n-1} + 1$ Berechnungen von f, die zunächst $2^n/2$ Nullen liefert könnten, bevor die erste Eins berechnet würde, die f als ausgeglichen verriete. Nehmen wir an, dass Alice von Bob herauszufinden versucht, welche Funktion er verwendet unter der Voraussetzung, dass diese entweder konstant oder ausgeglichen ist. Dann würde sie für jede Abfrage ein Bit von Bob erhalten, also im ungünstigsten Falle $2^{n-1} + 1$ bits. Verwendet Alice jedoch ein Quantenregister mit n Qubits für ihre Abfragen und ein einzelnes Qubit für Bobs Antwort, so benötigt sie für die Lösung nur ein Qubit.

5.4 Der Shor-Algorithmus und Faktorisierung

Der Shor-Algorithmus ist der wohl bekannteste Quantenalgorithmus. Er prägte entscheidend die bisherige Entwicklung des Quantenrechnens und war der erste Quantenalgorithmus, der ein „schwieriges" Problem löste, nämlich das Jahrtausende alte Faktorisierungsproblem. Er wurde 1994 von Peter W. Shor in 1994 [58] veröffentlicht und 2001 durch eine Arbeitsgruppe bei IBM experimentell für die Faktorisierung von 15 in 3 und 5 mit einem Quantenrechner der Größe 7 Qubits [66] ausgeführt.

Das Problem besteht darin, eine gegebene Zahl N in ihre eindeutigen Primzahlfaktoren zu zerlegen. Allgemein wird das Problem als nicht effizient lösbar angesehen, d.h. es gibt mutmaßlich keinen Algorithmus mit polynomialer Laufzeit bezüglich der Dezimalstellenanzahl von N. Allerdings wurde bis heute kein exakter Beweis dafür gefunden.

Wie funktioniert der Shor-Algorithmus? Zunächst einige mathematische Vorüberlegungen. Ein wohlbekanntes Resultat aus der Zahlentheorie besagt, dass N effizient faktorisiert werden kann, wenn eine nichttriviale Lösung ($x \neq \pm 1$) der modularen quadratischen Gleichung $x^2 \equiv 1 \bmod N$ gefunden wird, und dass dies wiederum dann effizient möglich ist, wenn die Periode der Funktion

$$f(x) = a^x \bmod N \tag{5.9}$$

effizient bestimmt werden kann. Shors Quantenalgorithmus findet eine Periode dieser Funktion in durchschnittlich polynomialer Laufzeit.

Der Faktorisierungsalgorithmus von Shor besteht aus einem klassischen Rahmenalgorithmus, der den eigentlichen Quantenalgorithmus an einer bestimmten Stelle verwendet. Der Ablauf ist wie folgt.

1. Suche eine Pseudozufallszahl a mit $1 < a < N$.

2. Berechne $x = \mathrm{ggT}\,(a, N)$ mit dem Euklid'schen Algorithmus.

3. Ist $x > 1$, so ist a ein nichttrivialer Faktor von N. Gib als Ergebnis das Paar $(x, N/x)$ zurück. (Algorithmus beendet.)

4. Andernfalls verwende den periodensuchenden Shor-Algorithmus (s.u.) um r zu finden, die Periode der Funktion

$$f(x) = a^x \bmod N.$$

   (Die Periode von f ist die Ordnung von a bezüglich N.)

5. Ist r ungerade, gehe zurück nach Schritt 1.

6. Ist $a^{r/2} \bmod N = -1$, gehe zurück nach Schritt 1.

7. Andernfalls berechne $x_\pm = \mathrm{ggT}\,(a^{r/2} \pm 1, N)$ mit Hilfe des Euklid'schen Algorithmus. Dies sind Faktoren von N.

8. Gib das Paar (x_-, x_+) zurück. (Algorithmus beendet.)

Das Kernproblem ist also das Auffinden der Periode r modulo N einer Zufallszahl a. Es ist kein klassischer Algorithmus bekannt, der das effizient durchführt.

5.4.1 Shor-Algorithmus

Die eigentliche Idee des Algorithmus ist einfach, und es war Shors genialer Beitrag, den kritischen Punkt durch Anwendung der Quanten-Fouriertransformation zu überwinden. Die Idee ist: Überlagere die x- und y-Register mit allen möglichen Werten, $\sum |x, f(x)\rangle$, messe dann das y-Register, so dass nur ein y-Wert und eine Superposition aller x-Werte mit $f(x) = y$ übrig bleibt, und bestimme schließlich die Differenz dieser x-Werte (das ist die Periode). Wie dieser letzte Schritt jedoch genau aussehen könnte, war vor Shors Arbeit unbekannt. Einen ersten Überblick über den Shor-Algorithmus gibt das Quantenschaltbild in Abbildung 5.3.

Der Shor-Algorithmus arbeitet auf zwei Registern, dem x-Register mit n Qubits, wobei $n \geqq 2\lceil \log_2 N \rceil + 1$, und dem y-Register mit $m = \lceil \log_2 N \rceil$ Qubits. Definiere $q = 2^n$. Der Algorithmus läuft wie folgt ab.

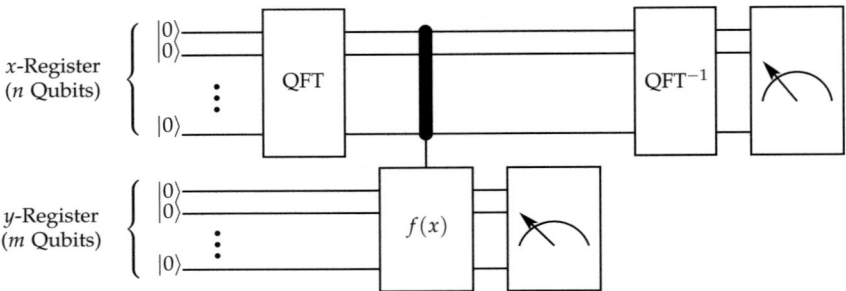

Abbildung 5.3: Quantenschaltung des Shor-Algorithmus. (Die Messung des y-Registers ist optional.)

1. Initialisiere die Register in den Zustand $|\psi_0\rangle = |0\rangle|1\rangle = |0\ldots01\rangle$.

$$\underbrace{|0\rangle\ \ldots\ |0\rangle}_{x\text{-register}}\ \underbrace{|0\rangle\ \ldots\ |0\rangle\ |1\rangle}_{y\text{-register}}$$

2. Wende die Quanten-Fouriertransformation auf das x-Register an,

$$|\psi_0\rangle \longrightarrow |\psi_1\rangle = \mathrm{QFT}_q(|0\rangle)|1\rangle = \frac{1}{\sqrt{q}}\sum_{x=0}^{q-1}|x\rangle|1\rangle.$$

3. Wende die unitäre Transformation U^x an, mit $U|y\rangle = |ay \bmod N\rangle$. (Wir benutzen hier die Konvention, dass für $N \leqq y \leqq 2^q - 1$ gerade $ay \bmod N = y$ gilt; d.h. U wirkt nur nichttrivial, wenn $0 \leqq y < N$.) Das ergibt

$$|\psi_1\rangle \longrightarrow |\psi_2\rangle = \frac{1}{\sqrt{q}}\sum_{x=0}^{q-1}|x\rangle U^x|1\rangle = \frac{1}{\sqrt{q}}\sum_{x=0}^{q-1}|x\rangle|a^x \bmod N\rangle \tag{5.10}$$

Für die ganzen Zahlen $s = 0, \ldots, r - 1$, wobei r die Ordnung von $a \bmod N$ ist, sind die Konstanten λ_s und die Zustände $|u_s\rangle$, gegeben durch

$$\lambda_s = \mathrm{e}^{2\pi\mathrm{i}s/r}, \qquad |u_s\rangle = \frac{1}{\sqrt{r}}\sum_{x=0}^{r-1}\mathrm{e}^{-2\pi\mathrm{i}sx/r}|a^x \bmod N\rangle, \tag{5.11}$$

also die Eigenwerte und ihre zugehörigen Eigenzustände von U (Lemma 5.5.3). Daher entspricht jeder Wert $y = a^x \bmod N$ einer Superposition *aller* Rechenbasiszustände,

$$|a^x \bmod N\rangle = \frac{1}{\sqrt{r}}\sum_{s=0}^{r-1}\lambda_s^x|u_s\rangle = \frac{1}{\sqrt{r}}\sum_{s=0}^{r-1}\mathrm{e}^{2\pi\mathrm{i}sx/r}|u_s\rangle, \tag{5.12}$$

und der Registerzustand (5.10) kann ausgedrückt werden als

$$|\psi_2\rangle = \frac{1}{\sqrt{qr}}\sum_{s=0}^{r-1}\sum_{x=0}^{q-1}\mathrm{e}^{2\pi\mathrm{i}sx/r}|x\rangle|u_s\rangle. \tag{5.13}$$

4. Messe das y-Register.[1] Das ergibt als Resultat eine natürliche Zahl $y \in \{0, 1, \ldots, N - 1\}$, wie im klassischen Fall. (Beachte, dass $|y\rangle$ eine Superposition der Eigenzustände $|u_s\rangle$ von U ist, da die $|u_s\rangle$ nicht die Rechenbasis darstellen.) Das x-Register kollabiert in einen Zustand $|\phi_l\rangle$ für ein gewisses $l \in \mathbb{N}$, den „Offset", wobei $y = a^l \bmod N$. $|\phi_l\rangle$ ist eine Superposition aller x-Werte mit $a^x = a^l \bmod N$. Da die Funktion $a^x \bmod N$ die (gesuchte) Periode r hat, gilt

$$a^x = a^l \bmod N \quad \text{für } x = jr + l, \quad \text{mit } j \in \left\{ 0, 1, \ldots, \left\lceil \frac{q}{r} \right\rceil - 1 \right\}, \, l \in \{0, 1, \ldots, r - 1\}.$$

Mit anderen Worten, $x = l \bmod r$, d.h. $|\phi_l\rangle = \sum_j |jr + l\rangle$. Sei

$$A = \lfloor (q - l)/r \rfloor + 1, \tag{5.14}$$

d.h. A ist die maximal ganze Zahl, so dass $l + (A - 1)r \leq q$. (Falls $r \mid q$, so gilt $A = q/r$, da $l < r$.) Daher sind die einzigen nichtverschwindenden Qubits $|x\rangle$ des x-Registers $|\phi_l\rangle$ jene, die $|x\rangle = |jr + l\rangle$ für ein $j \in \{0, \ldots, A - 1\}$ erfüllen, d.h. das gesamte Register ist in dem Zustand

$$|\psi_3\rangle = \frac{1}{\sqrt{qr}} \sum_{s=0}^{r-1} \sum_{x=0}^{q-1} e^{2\pi i s x / r} g(x) |x\rangle |u_s\rangle \quad \text{mit } g(x) = \begin{cases} \sqrt{\frac{q}{A}} & \text{für } x = jr + l, \\ 0 & \text{sonst.} \end{cases} \tag{5.15}$$

($j \in \{0, \ldots, A - 1\}$) Also ist A eine Normalisierungskonstante, die durch die Messung automatisch geliefert wird. Würden wir nun das x-Register messen, bekämen wir mit dem Messwert $jr + l$ keine Information über r, da der Wert des Offsets l unbekannt ist.

5. Nun kommt Shors Trick: Wende QFT_q^{-1} auf das x-Register an. Die inverse Fouriertransformation führt den Zustand $|\phi_{s,l}\rangle = \frac{1}{\sqrt{qr}} \sum_{x=0}^{q-1} e^{2\pi i s x / r} g(x) |x\rangle$ für festes s in den Zustand

$$|\check{\phi}_{s,l}\rangle = \text{QFT}^{-1}(|\phi_{s,l}\rangle) = \frac{1}{\sqrt{qr}} \sum_{k=0}^{q-1} \check{g}(k) |k\rangle \quad \text{mit } \check{g}(k) = \sum_{x=0}^{q-1} e^{2\pi i k x / q} g(x) \tag{5.16}$$

über. Zunächt beobachten wir

$$\sum_{j=0}^{A-1} e^{-\frac{2\pi i k (jr + l)}{q}} = e^{-\frac{2\pi i k l}{q}} \sum_{j=0}^{A-1} e^{-\frac{2\pi i k j r}{q}} = \begin{cases} A \, e^{-\frac{2\pi i k l}{q}} & \text{für } \frac{kr}{q} \in \mathbb{N}_0, \\ e^{-\frac{2\pi i k l}{q}} \, \dfrac{e^{-\frac{2\pi i A k r}{q}} - 1}{e^{-\frac{2\pi i k r}{q}} - 1} & \text{für } \frac{kr}{q} \notin \mathbb{N}_0, \end{cases} \tag{5.17}$$

denn im ersten Fall ist jeder Summand konstant, $e^{-2\pi i j k r / q} = 1$ (da jkr/q ganzzahlig ist), und der zweite Fall folgt aus der Gleichung der geometrischen Reihe.

---

[1] Dieser Schritt ist wegen des Prinzips der impliziten Messung (S. 37) *nicht notwendig* für die Korrektheit des Algorithmus. Eine Simulation des Shor-Algorithmus auf einem klassischen Computer scheint jedoch einfacher zu sein, wenn dieser Schritt auf diese Weise implementiert wird, da so die Rechenbasis verwendet werden kann und nicht die Eigenzustände $|u_s\rangle$ genommen werden müssen.

Damit erhalten wir

$$\breve{g}(k) = \frac{1}{\sqrt{qA}} \sum_{j=0}^{A-1} e^{-\frac{2\pi i k(jr+l)}{q}} = \begin{cases} \sqrt{\dfrac{A}{q}}\ e^{-2\pi i k l/q} & \text{für } \frac{k}{q} \in \mathbb{N}_0, \\[2ex] \dfrac{e^{-2\pi i k l/q}}{\sqrt{qA}} \cdot \dfrac{e^{-2\pi i Akr/q} - 1}{e^{-2\pi i kr/q} - 1} & \text{für } \frac{kr}{q} \notin \mathbb{N}_0. \end{cases} \tag{5.18}$$

Wir können nun zwei Fälle unterscheiden, einen exakt lösbaren (aber leider unmöglichen) und einen näherungsweise lösbaren:

(a) Der Fall $r \mid q$: Es gilt $A = q/r$, also $e^{2\pi i Ark/q} = e^{2\pi i rk/q}$, d.h. mit (5.17)

$$\breve{g}(k) = \begin{cases} \frac{1}{\sqrt{r}}\ e^{-2\pi i k l/q} & \text{wenn } kr/q \in \mathbb{N}_0, \\[1ex] 0 & \text{sonst.} \end{cases} \tag{5.19}$$

(Der zweite Fall bezieht sich auf die Summe aller Einheitswurzeln, Abschnitt B.2.) Da bei gegebenen r und q dann und nur dann $kr/q \in \mathbb{N}_0$ gilt, wenn k ein Vielfaches von q/r ist, d.h. $k = 0, q/r, 2q/r, \ldots, (r-1)q/r$, ist mit (5.16) $|\tilde{\phi}_{s,l}\rangle = \frac{1}{\sqrt{r}} \sum_{m=0}^{r-1} e^{2\pi i m l/r} |qm/r\rangle$. Da $\sum_{m,s} e^{2\pi i l(s-m)/r} = r\delta_{s,m}$ nach (B.17), folgt

$$\frac{1}{\sqrt{r}} \sum_{s=0}^{r-1} |\tilde{\phi}_{s,l}\rangle = \frac{1}{r} \sum_{m=0}^{r-1} \sum_{s=0}^{r-1} e^{2\pi i l(s-m)/r}|qm/r\rangle = \frac{1}{\sqrt{r}} \sum_{s=0}^{r-1} |qs/r\rangle. \tag{5.20}$$

Die Fouriertransformierte dieses Zustands ist exakt der Zustand (5.15).

(b) Der Fall $r \nmid q$: Ist q groß genug, sind die Einheitswurzeln der geometrischen Summe (5.17) um den Einheitskreis gestreut und die Koeffizienten $\breve{g}(k)$ sind nah bei den Werten in (5.18) für den Fall $r \mid q$.

Was ist der Kern? In beiden Fällen ist der störende Offset l verschwunden und hat keinen Einfluss auf eine Messung des Registers. Zusammengefasst lautet die inverse Quanten-Fouriertransformierte des Zustands $|\phi_{s,l}\rangle = \sum_j e^{2\pi i s l/r} |jr+l\rangle$ in (5.15) bei festem s einfach

$$|k_s\rangle \approx |qs/r\rangle \tag{5.21}$$

wobei k_s die n-Bit-Approximation der Zahl $qs/r = 2^n s/r$ ist, d.h. diejenige ganze Zahl $k_s \in \{0, \ldots, q-1\}$, so dass $|k_s - qs/r| \leq 1/2q = 1/2^{n+1}$. Ist $qs/r \in \mathbb{N}_0$, so gilt $k_s = qs/r$ exakt. Insgesamt ergibt sich

$$|\psi_3\rangle \longrightarrow |\psi_4\rangle = \sum_{s=0}^{r-1} |k_s\rangle|u_s\rangle = \sum_{s=0}^{r-1} e^{-2\pi i k_s/q} |k_s\rangle|a^l \bmod N\rangle. \tag{5.22}$$

(Die letzte Gleichung folgt aus der Definition des Eigenzustands $|u_s\rangle$.)

6. Messe das x-Register. Das ergibt den Messwert k_s für ein zufälliges $s \in \{0, \ldots, r-1\}$.

7. Wende den Kettenbruchalgorithmus auf die Zahl $z = k_s/q$ an, um den Wert von r zu erhalten. Da $|k_s/q - s/r| \leq 1/q^2 \leq 1/2r^2$ (denn $r \leq N \leq q$), kann der Kettenbruchalgorithmus angewandt werden [46, Theorem A4.16]. Dieser Algorithmus endet sicher, denn $z \in \mathbb{Q}$, [46, §5.3.1], [41]. Er kann auf einem klassischen Computer ausgeführt werden und ist wie folgt definiert.

```
/** Given the number z ≈ s/r as information, where 0 < s < r
 *  and where r is the order modulo N of the number a
 *  (but not knowing neither s nor r), this algorithm returns
 *  a multiple of r, or -1 if such a number could not be found.
 */
order(z, a, N) {
    x1 = z; x2 = 1/z - ⌊1/z⌋;
    q1 = 1; q2 = ⌊1/x1⌋;
    while ( x2 > 0 && x2 < 1 ) {
        x1 = x2;
        x2 = 1/x1 - ⌊1/x1⌋;
        q3 = ⌊1/x1⌋ * q2 + q1;
        q1 = q2; q2 = q3;
        if ( a^q3 mod N == 1 ) {
            return q3; // algorithm succeeds
        }
    }
    return -1; // algorithm fails
}
```

Ist $\gcd(s,r) = 1$, so ist r der gesuchte Wert. Ist $\gcd(s,r) \neq 1$, so ist der errechnete Wert r' ein Vielfaches von r. Eine Idee, dieses Problem zu umgehen, ist es, den Algorithmus zu wiederholen, der zwei Zahlen s_2' und r_2' ergibt. Haben s und s_2' keinen gemeinsamen Teiler so kann man r ermitteln durch $r = \mathrm{kgV}(r', r_2')$. Die Wahrscheinlichkeit, den korrekten Wert für r zu erhalten, ist mindestens $1/4$ [46, §5.3.1].

Beispiel 5.4.1. (*Quantenmechanische Primteilerzerlegung von* 33) Wir wenden den Shor-Algorithmus auf die Zahl 33 an. Zunächst wählen wir eine Zufallszahl, die keinen gemeinsamen Teiler mit N hat, sagen wir $a = 5$. (Was wir nicht wissen ist, dass die Ordnung von 5 modulo 33 genau $r = 10$, da $5^{10} = 1 \bmod 33$.) Als nächstes berechnen wir die Ordnung r von a modulo N mit Hilfe des periodensuchenden Quantenalgorithmus: beginnend mit dem Zustand $|0\rangle|1\rangle$ erzeugen wir die Superposition

$$\frac{1}{\sqrt{q}} \sum_{x=0}^{q-1} |x\rangle|1\rangle \tag{5.23}$$

durch die Fouriertransformation des x-Registers. Hierbei ist $q = 2^n$ mit $n \geq 12$, z.B. $q = 4094$. (Mit der Wahl dieser Größe haben wir eine Erfolgswahrscheinlichkeit von mindestens $1/4$.) Dann berechnen wir $f(x) = a^x \bmod N$ und speichern die Funktionswerte im y-Register

$$\frac{1}{\sqrt{q}} \sum_{x=0}^{q-1} |x\rangle |a^x \bmod N\rangle$$

$$= \frac{1}{\sqrt{q}} \Big(|0\rangle|1\rangle + |1\rangle|5\rangle + |2\rangle|25\rangle + |3\rangle|26\rangle + |4\rangle|31\rangle + |5\rangle|23\rangle + |6\rangle|16\rangle$$

$$+ |7\rangle|14\rangle + |8\rangle|4\rangle + |9\rangle|20\rangle + |10\rangle|1\rangle + |11\rangle|5\rangle + \dots \Big) \tag{5.24}$$

Eine Messung des y-Registers liefert zufällig eine der möglichen Funktionswerte von $f(x)$, also 1, 4, 5, 14, 16, 20, 23, 25, 26 oder 31. Nehmen wir an, wir hätten 14 gemessen (jeder andere Wert funktioniert ebenso). Damit ist der Zustand des x-Registers die Superposition $|\phi\rangle = \frac{1}{\sqrt{q}}(|7\rangle, |17\rangle, |27\rangle, \dots)$. Nach Anwendung von QFT^{-1} erhalten wir einen Zustand $\sum_k \alpha_k |k\rangle$, dessen Wahrscheinlichkeitsverteilung $\{|\alpha_k|^2\}$ Spitzen für die Qubitzustände $k \approx sq/10$ hat, $s = 0, 1, \dots, 9$. Eine abschließende Messung ergibt also Messwerte um 0, 410, 819, 1229, 1638, 2048, 2458, 2867, 3277 und 3686, jeweils mit einer Wahrscheinlichkiet fast genau $1/10$. Angenommen, wir erhalten $l = 2867$ durch die Messung; eine Berechnung des Kettenbruchs $\frac{2867}{4096} = \frac{1}{1+\frac{1}{2+\frac{1}{3}}}$ liefert $q_3 = 10$, d.h. $r = 10$

ist Ordnung von $a = 5$. Da r gerade und es gilt $a^{r/2} = 5^5 = 23 \neq -1 \bmod 33$, hat der Algorithmus funktioniert: $\gcd(a^5 - 1, 33) = \gcd(22, 33) = 11$ und $\gcd(a^5 + 1, 33) = \gcd(24, 33) = 3$ besagt $33 = 3 \cdot 11$. (Beachte, dass die obige Kettenbruchentwicklung abbrach, bevor sie vollständig war, tatsächlich gilt $\frac{2867}{4096} = \frac{1}{1+\frac{1}{2+\frac{1}{3+\frac{1}{204+\frac{1}{2}}}}}$.) $\qquad\square$

5.4.2 Zahlentheoretische Grundlagen: Ordnung einer Zahl

Eines der beiden mathematischen Standbeine des Shor-Algorithmus ist die Periode einer Zahl, die „Ordnung". Wie können wir einen Primteiler durch eine Periode erhalten, und können wir überhaupt immer eine Periode bekommen?

Sei N eine beliebige natürliche Zahl. Dann kann die Menge $\mathbb{Z}_N = \{0, 1, \dots, N-1\}$ mit der Multiplikation modulo N als eine (fast) konsistente Rechenoperation versehen werden. Offensichtlich ist das Produkt zweier Zahlen $a, b \in \mathbb{Z}_N$ modulo N wieder eine Zahl in $\mathbb{Z}_N$,

$$ab \bmod N \in \mathbb{Z}_N.$$

Das Produkt von $a = 7$ und $b = 12$ für $N = 15$ beispielsweise lautet $7 \cdot 12 \bmod 15 = 9$. Jedoch gibt es gewisse nichtverschwindende Zahlen, deren Produkt 0 gibt. Für $N = 15$ sind es beispielsweise $a = 3$ und $b = 10$, denn $3 \cdot 10 \bmod 15 = 0$. Solche Zahlen heißen „Nullteiler".

Wenn nun aber $\gcd(a, N) = 1$ für eine Zahl a gilt (a heißt dann „teilerfremd" mit N, oder „relativ prim" bezüglich N), so kann sie kein Nullteiler in $\mathbb{Z}_N$ sein. Für jede Zahl gibt es eine natürliche Zahl r so dass

$$a^r \bmod N = 1. \tag{5.25}$$

Die kleinste positive Zahl r mit dieser Eigenschaft heißt die *Ordnung* von a modulo N, bezeichnet mit $\text{ord}_N(a)$. Für $a = 7$ und $N = 15$ gilt $a^1 = 7$, $a^2 \bmod N = 4$, $a^3 \bmod N = 13$, $a^4 \bmod N = 1$; daher $\text{ord}_{15}(7) = 4$. Für $N = 15$ sind die möglichen Ordnungen in der folgenden Tabelle aufgelistet.

a	1	2	4	7	8	11	13	14	16	17	...
$\text{ord}_{15}(a)$	1	4	2	4	4	2	4	2	1	4	...

Die Punkte (...) stellen dar, dass sich die Zahlen für die Ordnung zyklisch wiederholen. (Nebenbei bemerkt sind die möglichen Odnungen modulo N die Teiler des Wertes $\lambda(N)$ der Carmichael-Funktion.) Für $N = 33$ gilt entsprechend

a	1	2	4	5	7	8	10	13	14	16	17	19	20	23	25	26	28	29	31	32	...
$\text{ord}_{33}(a)$	1	10	5	10	10	10	2	10	10	5	10	10	10	2	5	10	10	10	5	2	...

Wenn umgekehrt r die Ordnung einer Zahl a modulo N ist, so impliziert (5.25), dass N die Zahl $(a^r - 1)$ teilt, in Symbolen $N \mid (a^r - 1)$. Ist r gerade, so kann man die Zahl $a^r - 1$ durch die Binomialformel ausdrücken als

$$(a^r - 1) = (a^{r/2} - 1)(a^{r/2} + 1).$$

Da r die *kleinste* Zahhl mit $N \mid a^r$ ist, kann N den Faktor $(a^{r/2} - 1)$ nicht teilen.

Proposition 5.4.2. *Sei r eine gerade natürliche Zahl. Wenn r die Ordnung einer Zahl a bezüglich N ist und N die Zahl $(a^{r/2} + 1)$ nicht teilt, so hat N jeweils einen gemeinsamen Teiler ($\neq 1$) mit $(a^{r/2} - 1)$ und $(a^{r/2} + 1)$.*

Beweis. Seien zur Vereinfachung $u = (a^{r/2} - 1)$ und $v = (a^{r/2} + 1)$. Es gilt $N \mid uv$, also $kN = uv$ für eine natürliche Zahl k. Nehmen wir an, dass $\text{ggT}(u, N) = 1$; dann folgt $mu + nN = 1$ für zwei ganze Zahlen m und n (dies ist eine Eigenschaft des größten gemeinsamen Teilers.) Multiplikation beider Seiten mit v ergibt $mkN + nvN = v$, also $N|v$. Das ist im Widerspruch zur Voraussetzung der Proposition, also gilt $\text{ggT}(u, N) \neq 1$. Mit einem analogen Argument folgt $\text{ggT}(v, N) \neq 1$. $\square$

Damit haben wir ein Mittel, N zu faktorisieren. Ist N das Produkt zweier Primzahlen, wie in RSA-Kryptosystemen, so ist das die Faktorisierung sogar vollständig.

Proposition 5.4.3. *Für eine natürliche Zahl $N > 2$ hat $N - 1$ die Ordnung $r = 2 \bmod N$.*

Beweis. Aufgabe 5.1. $\square$

5.5 Probleme mit verborgener Untergruppe

Alle bisher diskutierten algorithmischen Probleme sind spezielle Fälle des sogenannten „Problem mit verborgener Untergruppe" HSP *(hidden subgroup problem)*.

5.5.1 Quanten-Blackbox und Phasenschätzung

In diesem Abschnitt wird eine ausgeklügelte Prozedur eingeführt, die „Phasenschätzung" oder „Eigenwertschätzung", die das Herz vieler Quantenalgorithmen darstellt. Das Ziel der Phasenschätzung einer unitären Transformation U es, die nicht direkt messbare Phase φ eines Eigenwerts $e^{2\pi i\varphi}$ von U zu schätzen. Sie verwendet einen speziellen Mechanismus namens „Blackbox" für eine unitäre Transformation U, die ein Hilfsregister in einen Eigenvektor $|u\rangle$ von U initialisiert und dann nacheinander c-U, c-U^{2^1}, c-U^{2^2}, und so weiter bis c-$U^{2^{n-1}}$ ausführt, wobei n die Größe des x-Registers ist.

Zunächst müsen wir grundlegende Begriffe der linearen Algebra klären. Was ist ein Eigenvektor und ein Eigenwert einer Transformation?

Definition 5.5.1. Sei A eine komplexe $n \times n$-Matrix. Dann ist eine komplexe Zahl $\lambda \in \mathbb{C}$ ein *Eigenwert* von A, wenn es einen Vektor $x \in \mathbb{C}^n$ gibt, der nicht der Nullvektor ist und der Gleichung

$$Ax = \lambda x \tag{5.26}$$

genügt. Der Vektor x heißt *Eigenvektor* oder *Eigenzustand* von A zum Eigenwert λ. □

(Die Definition kann auf den Fall eines möglicherweise unendlichdimensionalen Vektorraums, eines Hilbert-Raums, erweitert werden, wo A dann ein „linearer Operator" ist). Der Eigenwert λ einer unitären Transformation U ist eine komplexe Zahl vom Betrag 1, d.h. es existiert ein reeller Winkel $\varphi \in [0, 2\pi)$, so dass $\lambda = e^{i\varphi}$. Daher genügen ein Eigenwert $e^{i\varphi}$ und ein zugehöriger Eigenvektor $|u\rangle$ einer beliebigen unitären Transformation U der Gleichung

$$U|u\rangle = e^{i\varphi}|u\rangle. \tag{5.27}$$

Durch diese Gleichung wird offensichtlich, dass der Eigenvektor eine fixe Achse der Transformation U bestimmt, da er und alle seine (komplexen) Vielfachen invariant unter U bleiben.

Wir benötigen mindestens zwei Quantenregister, eines von der Größe n Qubits zur Speicherung der zu berechnenden x-Werte und ein zweites der Größe ℓ zur Speicherung eines Eigenzustands von U.

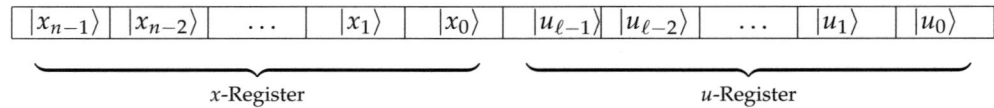

Das erste Register heißt x-Register, das zweite u-Register oder Hilfsregister.

Definition 5.5.2. Sei U ein unitärer Operator mit Eigenvektor $|u\rangle$ und Eigenwert $e^{i\varphi}$, wobei die Phase φ unbekannt sei. Sei weiter ein Quantenregister gegeben, das sich in ein x-Register der Größe n und ein u-Register der Größe ℓ aufteilt, wobei ℓ groß genug ist, dass jeder Eigenzustand $|u\rangle$ von U im u-Register gespeichert werden kann. Eine *Quanten-Blackbox* für U ist dann eine Transformation, die die ℓ Qubits des u-Registers in den Zustand $|u\rangle$ bringt und die c-U^{2^j}-Operation mit geeigneten nichtnegativen ganzen Zahlen j ausführt (Abb. 5.4). □

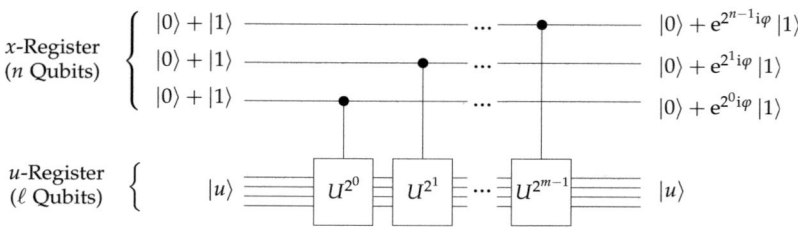

Abbildung 5.4: Eine Quanten-Blackbox für U. Die Normalisierungskonstanten $1/\sqrt{2}$ sind weg gelassen.

Das u-Register mit ℓ Qubits ist initialisiert mit einem Eigenzustand $|u\rangle$ von U und bleibt in diesem Zustand nach der Berechnung, während das y-Register sich in einen neuen Zustand entwickelt. Warum jedoch ändert sich das x-Register? Es trägt doch die Kontroll-Qubits!? Sehen wir uns das j-te Kontroll-Qubit $|x_j\rangle$ an und die Wirkung seiner c-U^{2^j}-Transformation auf das gesamte Register $|x\rangle|u\rangle$, so erkennen wir, dass für $|x_j\rangle = |1\rangle$ gilt

$$|1\rangle|u\rangle \overset{U^{2^j}}{\mapsto} |1\rangle U^{2^j}|u\rangle = e^{2^j i\varphi}|1\rangle|u\rangle, \tag{5.28}$$

Hierbei gilt die letzte Gleichung, da $e^{i\varphi}$ ein Eigenwert von U ist. Der bemerkenswerte Effekt, dass der Eigenwert des unitären Operators U plötzlich das $|x\rangle$-Register verändert, heißt *Kick-back*. Der neue Zustand des x-Registers nach Ausführung der Quanten-Blackbox ist dann

$$|x\rangle \mapsto |x'\rangle = \bigotimes_{j=1}^{n}(|0\rangle + e^{2^{n-j}i\varphi}|1\rangle) = \sum_{j=0}^{2^n-1} e^{ij\varphi}|j\rangle. \tag{5.29}$$

Lemma 5.5.3. *Für $a, N \in \mathbb{N}$ teilerfremd und $y \in \{0,1\}^{\lceil \log_2 N \rceil}$ sei $r > 0$ die Ordnung von a modulo N, d.h. die kleinste natürliche Zahl r, so dass $a^r = 1 \bmod N$. Dann hat der unitäre Operator $U : \mathbb{C}^{\lceil \log_2 N \rceil} \to \mathbb{C}^{\lceil \log_2 N \rceil}$,*

$$U|y\rangle = \begin{cases} |ay \bmod N\rangle & \text{wenn } 0 \leq y < N, \\ |y\rangle & \text{sonst}, \end{cases} \tag{5.30}$$

die Eigenzustände $|u_k\rangle$ mit den zugehörigen r Eigenwerten

$$\lambda_k = e^{2\pi i k/r}, \qquad |u_k\rangle = \frac{1}{\sqrt{r}}\sum_{x=0}^{r-1} e^{-2\pi i k x/r}|a^x \bmod N\rangle \qquad (0 \leq k < r). \tag{5.31}$$

Ferner gilt

$$\frac{1}{\sqrt{r}}\sum_{k=0}^{r-1} e^{2\pi i k x/r}|u_k\rangle = |a^x \bmod N\rangle. \tag{5.32}$$

Beweis. Direkte Rechnung ergibt

$$U|u_k\rangle = \frac{1}{\sqrt{r}}\sum_{x=0}^{r-1} e^{-\frac{2\pi i k x}{r}}|a^{x+1} \bmod N\rangle = \frac{1}{\sqrt{r}}\sum_{x=0}^{r-1}\lambda_k e^{-\frac{2\pi i k(x+1)}{r}}|a^{x+1} \bmod N\rangle = \lambda_k|u_k\rangle.$$

Die letzte Gleichung gilt, da die Summanden für $x = 0$ und $x = r$ identisch sind. Das beweist (5.31). Weiter gilt mit Gl. (B.17), dass $\sum_{k=0}^{r-1} e^{2\pi i k(x-x')/r} |a^{x'} \bmod N\rangle = r\delta_{x,x'} |a^{x'} \bmod N\rangle$, also

$$\frac{1}{\sqrt{r}} \sum_{k=0}^{r-1} e^{2\pi i k x/r} |u_k\rangle = \frac{1}{r} \sum_{x'=0}^{r-1} \sum_{k=0}^{r-1} e^{2\pi i k(x-x')/r} |a^{x'} \bmod N\rangle = |a^x \bmod N\rangle.$$

Das ist genau Gl. (5.32). $\square$

Satz 5.5.4. *Seien a, $N \in \mathbb{N}$ teilerfremd und bezeichne $\ell = \lceil \log_2 N \rceil$. Ferner sei U der durch Gl. (5.30) gegebene unitäre Operator. Dann berechnet die Quanten-Blackbox $\mathrm{QBB}_U : \mathbb{C}^\ell \to \mathbb{C}^\ell$ für U mit der u-Registergröße von ℓ Qubits die Funktion $f : \{0,1\}^\ell \to \{0,1\}^\ell$,*

$$f(x) = a^x \bmod N \tag{5.33}$$

in dem Sinne, dass

$$\mathrm{QBB}_U |x\rangle |y\rangle = |x\rangle |f(x)\, y \bmod N\rangle \qquad \text{für } 0 \leqq y < N. \tag{5.34}$$

Beweis. Nach Gl. (5.32) folgt mit $x = 0$, dass $\frac{1}{\sqrt{r}} \sum_k |u_k\rangle = |1\rangle$. Damit folgt

$$|x\rangle U^x |1\rangle = |x\rangle \frac{1}{\sqrt{r}} \sum_{k=0}^{r-1} U^x |u_k\rangle = |x\rangle \frac{1}{\sqrt{r}} \sum_{k=0}^{r-1} \lambda_k^x |u_k\rangle = |x\rangle |f(x)\rangle,$$

wobei die letzte Gleichung wieder mit (5.32) gilt. $\square$

Betrachten wir zunächst den speziellen Fall einer gegebenen, aber unbekannten Periode $\varphi = 2\pi k/2^n$, d.h. nach Gleichung (5.29) gilt $|x'\rangle = \sum_{j=0}^{2^n-1} e^{2\pi i j k/2^n} |j\rangle$. Anwendung der inversen Fouriertransformation auf das x-Register $|x'\rangle$ ergibt dann den Zustand $|k\rangle$ *exakt*, also mit Wahrscheinlichkeitsamplitude 1. Eine Messung des x-Registers liefert dann sicher den Messwert k, und damit ist die Phase $\varphi = 2\pi k/2^n$ gefunden. Im allgemeinen wird φ natürlich nicht einen solch speziellen Wert haben. Eine Quanten-Blackbox liefert dennoch die bestmögliche Approximation mit einer recht guten Wahrscheinlichkeit.

Satz 5.5.5. *Gegeben sei eine Quanten-Blackbox für eine unitäre Transformation U mit Eigenwert $e^{i\varphi}$ und dem Anfangszustand wie in Abb. 5.4. Dann liefert die inverse Fouriertransformation, angewandt auf ihren resultierenden Zustand, die Approximation $\lfloor 2^n \varphi \rfloor$ („n-Bit-Schätzwert") der Phase φ von U mit einer Wahrscheinlichkeit von mindestens $4/\pi^2 \approx 0.405$.*

Beweis. Es sei $\varphi = 2\pi(a/2^n + \delta)$, wobei $a = \lfloor 2^n \varphi/2\pi \rfloor$ der n-Bit-Schätzwert von $\varphi/2\pi$ und δ ein Konstante mit $0 \leq \delta \leq 1/2^{n+1}$ ist. Anwendung der inversen Fouriertransformation auf den Zustand in Gl. (5.29) ergibt den Zustand

$$\sum_{k=0}^{2^n-1} \sum_{j=0}^{2^n-1} e^{2\pi i j(a-k)/2^n} e^{2\pi i \delta j} |k\rangle, \tag{5.35}$$

und der δ-Koeffizient kann durch die geometrische Reihe als

$$\frac{1}{\sqrt{2}} \sum_{j=0}^{2^n-1} (e^{2\pi i\delta})^j = \frac{1}{\sqrt{2}} \left(\frac{1 - (e^{2\pi i\delta})^{2^n}}{1 - e^{2\pi\delta}} \right) \tag{5.36}$$

ausgedrückt werden. Da $|\delta| \leqq \frac{1}{2^{n+1}}$ gilt, folgt $2^n|\delta| < \frac{1}{2}$. Ferner erhalten wir mit den allgemeinen Ungleichungen $2z \leqq \sin \pi z \leqq \pi z$ für jedes $z \in [0, \frac{1}{2}]$ die Abschätzung $|1 - e^{2^{n+1}\pi i\delta}| = 2|\sin(2^n\pi\delta)| \geqq 4 \cdot 2^n|\delta|$. Ebenso $|1 - e^{2\pi i\delta}| = 2\sin(\pi\delta)| \leqq 2\pi\delta$. Damit ist die Wahrscheinlichkeit, den Wert a zu messen, ist

$$\left| \frac{1}{2^n} \left(\frac{1 - (e^{2\pi i\delta})^{2^n}}{1 - e^{2\pi i\delta}} \right) \right|^2 \geqq \left| \frac{1}{2^n} \left(\frac{4 \cdot 2^n\delta}{2\pi\delta} \right) \right|^2 = \frac{4}{\pi^2}. \tag{5.37}$$

$\square$

Die Wahrscheinlichkeit, den besten Schätzwert zu erhalten, kann auf $1 - \delta$ für jedes $0 < \delta < 1$ gebracht werden, indem der Zustand (5.29) mit $n + O(\log(1/\delta))$ Qubits erzeugt und die Antwort so zum nächstliegenden Bit gerundet wird [26, §7].

Definition 5.5.6. *(Problem mit verborgener Untergruppe [hidden subgroup problem])* Sei f eine effizient berechenbare Funktion $f : G \to X$, wo G eine endlich erzeugte Gruppe und X eine endliche Menge ist. Mit dem *Versprechen*, dass eine Untergruppe $K \subset G$ existiert, so dass f konstant auf den Restmengen *(cosets)* von K ist und verschieden auf verschiedenen Restmengen, und ist außerdem eine Quanten-Blackbox zum Ausführen einer unitären Transformation

$$U_f|g\rangle|x\rangle = |g\rangle|x \circ f(g)\rangle, \qquad \text{für } g \in G, x \in X,$$

gegeben (mit einer geeigneten binären Operation $\circ$ auf X), so besteht das *Problem mit verborgener Untergruppe* darin, eine erzeugende Menge für K zu finden. $\square$

Die Periodenbestimmung als Teil des Shor-Algorithmus ist eine von mehreren Problemen dieser Klasse. Die bekanntesten dieser Probleme sind in Tabelle 5.1 aufgelistet.

Ist G eine endliche abelsche Gruppe, so kann ein Quantenrechner ein Problem mit verborgener Untergruppe in bezüglich $\log|G|$ polynomialer Laufzeit lösen, wobei $|G|$ die Anzahl der Elemente von G bezeichnet, und einem Aufruf der Quanten-Blackbox. Ist G eine möglicherweise unendliche Gruppe mit einem endlichen Erzeuger G_0, so kann das ein Problem mit verborgener Untergruppe mit in $|G_0|$ polynomialer Laufzeit gelöst werden [46, §5.4.3 & A2.1.1].

Probleme mit verborgener Untergruppe müssen als wichtiger notwendiger Einschränkung einem Versprechen genügen, damit Quantenalgorithmen sie exponentiell schneller als ihre (bekannten) klassischen Entsprechungen lösen. Quantenrechner *können nicht* eine exponentielle Beschleunigung gegenüber klassischen Computern erlangen ohne ein Versprechen. Die Beschleunigung kann ohne ein solches Versprechen bestenfalls polynomial sein [46, §6.7, Gl. (6.65)].

Name	G, Operation	X	K	$f(x)$
Deutsch	$\{0,1\}, \oplus$	$\{0,1\}$	$\{0\}$ oder $\{0,1\}$	$K = \{0,1\}: \begin{cases} f(x) = 0 \\ f(x) = 1 \end{cases}$ $K = \{0\}: \begin{cases} f(x) = x \\ f(x) = 1 - x \end{cases}$
Simon	$\{0,1\}^n, \oplus$	endliche Menge	$\{0,s\}$ $s \in G$	$f(x \oplus s) = f(x)$
Perioden-bestimmung	$\mathbb{Z}, +$	endliche Menge	$\{0,r,2r,\ldots\}$ $r \in G$	$f(x+r) = f(x)$
Bestimmung der Ordnung	$\mathbb{Z}, +$	$\{a^j\}$ $j \in \mathbb{Z}_r$ $a^r = 1$	$\{0,r,2r,\ldots\}$ $r \in G$	$f(x) = a^x$ $f(x) = f(x+r)$
diskreter Logarithmus	$\mathbb{Z}_r \times \mathbb{Z}_r$ $+ \pmod r$	$\{a^j\}$ $j \in \mathbb{Z}_r$ $a^r = 1$	$(l, -ls)$ $l, s \in \mathbb{Z}_r$	$f(x_1, x_2) = a^{kx_1 + x_2}$ $f(x_1, x_2) = f(x_1 + l, x_2 - ls)$
Ordnung einer Permutation	$\mathbb{Z}_{2^m} \times \mathbb{Z}_{2^n}$ $+ \pmod r$	$\mathbb{Z}_{2^n}$	$\{0,r,2r,\ldots\}$ $r \in X$	$f(x,y) = \pi^x(y)$ $f(x,y) = f(x+r,y)$ $\pi = $ Permutation auf X
verborgene lineare Funktion	$\mathbb{Z} \times \mathbb{Z}, +$	$\mathbb{Z}_N$	$(l, -ls)$ $l, s \in X$	$f(x_1, x_2)$ $\pi = $ Permutation auf X
abelscher Stabilisierer	(H, X) $H = $ abelsche Gruppe	endliche Menge	$\{s \in H: f(s,x) = x \forall x \in X\}$	$f(gh, x) = f(g, f(h,x))$ $f(gs, x) = f(g, x)$

Tabelle 5.1: Probleme mit verborgener Untergruppe. Für die Funktion $f : G \to X$ gilt das Versprechen, konstant auf Restmengen einer verborgenen Untergruppe $K \subset G$ zu sein. Das Problem ist K (oder eine sie erzeugende Menge) bei gegebenem Quanten-Blackbox zu f zu finden.

Betrachten wir das allgemeine Lösungsschema für eine endliche abelsche Gruppe G. Eine wichtige Eigenschaft für ein solches G ist, dass die Fouriertransformierte $\hat{f}$ einer Funktion $f : G \to \mathbb{C}$ wohldefiniert ist und effizient ausgeführt werden kann [46, § A2.3]. Der allgemeine, die Probleme mit verborgener Untergruppe lösende Algorithmus ist eine leichte Modifikation des periodenbestimmenden Algorithmus und läuft wie folgt ab. Er wirkt auf ein x-Register der Größe $|G|$ und ein y-Register mindestens der Größe $|f(G)|$.

Schritt 1: Initialisiere die zwei Register $|x\rangle|y\rangle$. Die Register werden in den Anfangszustand $|\psi_0\rangle = |0\rangle|1\rangle$ gesetzt.

Schritt 2: Fouriertransformiere das x-Register. Der erste nichttriviale Schritt ist die Anwendung der Fouriertransformation (oder der Hadamard-Operation auf alle Qubits), um eine Superposition aller Gruppenelemente zu erreichen.

Schritt 3: Wende die Quanten-Blackbox auf das gesamte Register an. Damit gelangt das Register in den Zustand

$$\frac{1}{\sqrt{|G|}} \sum_{g \in G} |g\rangle|f(g)\rangle. \tag{5.38}$$

Schritt 4: Wende die Phasenschätzung durch Messung des x-Registers an. Wir schreiben $|f(g)\rangle$ in der Fourier-Basis

$$|f(g)\rangle = \frac{1}{\sqrt{|G|}} \sum_{l=0}^{|G|-1} e^{\frac{2\pi i l g}{|G|}} |\hat{f}(l)\rangle \ \text{ oder } \ |\hat{f}(l)\rangle = \frac{1}{\sqrt{|G|}} \sum_{g\in G} e^{-\frac{2\pi i l g}{|G|}} |f(g)\rangle, \quad (5.39)$$

wobei $e^{2\pi i l g/|G|}$ eine mit l indizierte Darstellung von $g \in G$ ist. (Die Fouriertransformation operiert zwischen Gruppenelementen und Darstellungen, und da G abelsch ist, ist jede irreduzible Darstellung eindimensional [46, § A2.3].) Der Kern ist, dass dieser Ausdruck vereinfacht werden kann, da f konstant auf jeder Restmenge der Untergruppe K ist und unterschiedliche Werte auf unterschiedlichen Restmengen hat, d.h. f nimmt $|G|/|K|$ verschiedene Werte an. Damit hat $\hat{f}(l)$ in (5.39) nahezu verschwindende Wahrscheinlichkeitsamplituden für alle Werte von l bis auf diejenigen mit

$$\sum_{k\in K} e^{-2\pi i l k/|G|} = |K|. \quad (5.40)$$

Jede endliche abelsche Gruppe G ist isomorph zu einem Produkt zyklischer Gruppen mit Primordnung, $G \cong \mathbb{Z}_{p_1} \times \cdots \times \mathbb{Z}_{p_m}$, wo jedes p_j eine Primzahl ist und $\mathbb{Z}_{p_j}$ die Gruppe $\{0, 1, \dots, p_j - 1\}$ mit Addition modulo p_j als Gruppenoperation. Wir können daher die Phase in (5.39) umschreiben zu

$$e^{-2\pi i l g/|G|} = \prod_{j=0}^{m} e^{-2\pi i l_j g_j/p_j} \quad (5.41)$$

für $g_j \in \mathbb{Z}_j$. Die Phasenschätzung ergibt dann l_j, womit wir l bestimmen können. Mit der linearen Nebenbedingung (5.40) können daher Elemente von K bestimmt werden, und da K abelsch ist, ist daraus eine erzeugende Menge der gesamten verborgenen Gruppe konstruierbar.

Aufgaben

Aufgabe 5.1. Beweise Proposition 5.4.3.

Aufgabe 5.2. Beweise Gleichung (5.29).

Kapitel 6

Quanten-Suchalgorithmen

Eine weitere wichtige Entdeckung der 1990er Jahre war Grovers Quanten-Suchalgorithmus. Er bringt zwar nicht so beeindruckende Effizienzverbesserungen entsprechender klassischer Resultate wie der Shor-Algorithmus, hat jedoch ein breiteres Anwendungsgebiet. Die Aufgabe besteht darin, ein $x \in \{0,1\}^n$ zu inden, so dass $f(x) = 1$ für ein Orakel $f: \{0,1\}^n \to \{0,1\}$ mit dem *Versprechen*, dass für genau m Argumente x gilt $f(x) = 1$, wobei $m \in \mathbb{N}$, $1 \leq m \leq n$. Für $m = 1$ erfordert das Problem offensichtlich durchschnittlich $O(n)$ klassische Abfragen, während die Quantenversion im Schnitt nur $O(\sqrt{n})$ Abfragen benötigt.

6.1   Grover-Algorithmus

6.1.1   Das Problem

Gegeben sei ein Suchraum von N Elementen, von denen jedes durch einen *Index* $x \in \{0, 1, \ldots, N-1\}$ eindeutig markiert sind. Der Einfachheit halber nehmen wir $N = 2^n$ an, so dass der Index in n Qubits gespeichert werden kann. Weiter habe das Suchproblem genau m Lösungen, mit $1 \leq m < N$, die die Lösungsmenge $S \subset \{0, \ldots, N-1\}$ mit $|S| = m$ bilden. Dann ist ein *Orakel* für S die Boole'sche Funktion $f : \{0,1\}^n \to \{0,1\}$,

$$f(x) = \begin{cases} 1, & \text{wenn } x \in S, \\ 0 & \text{sonst.} \end{cases} \tag{6.1}$$

D.h. f ist die charakteristische Funktion der Lösungsmenge S, also $f = \chi_S$. Die Bezeichnung Orakel besagt, dass wir weder Zugang zu ihrer internen Arbeitsweise noch zu allen Argument-Werte-Paaren $(x, f(x))$ haben. Wir können es sooft abfragen, wie wir wünschen, allerdings kostet jede Abfrage Rechenzeit.

Suchproblem in einer unstrukturierten Datenmenge.   Finde einen Eintrag $x \in S$ der m-elementigen Suchmenge S mit möglichst wenig Abfragen des Orakels (6.1).

Beispiel 6.1.1. *(Suche in einem Telefonbuch)* Betrachten wir ein Telefonbuch mit N Einträgen. Gesucht ist der zu der Telefonnummer $x_0 = 456\text{–}7890$ gehörende Name. Das Orakel ist dann durch

$$f(x) = \begin{cases} 1, & \text{wenn } x = x_0, \\ 0 & \text{sonst} \end{cases}$$

gegeben. Ein klassischer Algorithmus benötigt zur Lösung im Mittel $N/2$ Abfragen. $\square$

Beispiel 6.1.2. *(Known-plaintext-Angriff eines Kryptosystems durch Brute Force)* Angenommen, Sie sind auf irgendeine Weise an einen Klartext und seinen Chiffretext eines gegebenen Kryptosystems gekommen und wollen nun den Geheimschlüssel heraus finden. Bei dem Kryptosystem könnte es sich um eine symmetrische Chiffre wie AES handeln, oder um eine unsymmetrische Chiffre wie RSA [22]. Diese Kryptosysteme haben gemeinsam, dass ihre Stärke auf der Schwierigkeit beruht, den geheimen Schlüssel zu finden. Obschon im Detail durchaus verschieden, versucht ein *Brute-Force*-Angriff das Kryptosystem zu brechen, indem der geheime Schlüssel K_0 herausgefunden wird durch systematisches Abfragen der Verschlüsselungsfunktion E_K mit jedem der möglichen Schlüssel K solange, bis

$$E_K(M) = C,$$

wobei M der Klartext und C der Chiffretext. Wenn der Schlüsselraum n bits groß ist, ist $K \in \{0,1\}^n$, und somit ist das Orakel f einfach

$$f(K) = \begin{cases} 1 & \text{wenn } E_K(M) = C, \\ 0 & \text{sonst.} \end{cases}$$

Beispielsweise verwendet AES Schlüssel der Länge $n = 128$ bits, d.h. der Suchraum beinhaltet $N = 2^{128}$ Elemente. Ein klassischer Brute-Force-Angriff benötigt also im Durchschnitt $N/2 = 2^{127}$ Schritte. Da $N/2 \approx 10^{38}$, würde ein Computer mit einer Abfragefrequenz von 10 GHz eine Laufzeit von etwa dem 10^{11}-fachen des Alters des Weltalls ($\approx 2 \cdot 10^{17}$ sec) benötigen. $\square$

6.1.2 Der Algorithmus

Der Grover-Algorithmus verwendet ein einzelnes Register von n-Qubits, plus einen Arbeitsspeicher für das Orakel. Der Anfangszustand des Registers ist $|0\rangle$. Zunächst wird es mit $H^{(n)}$ in eine gleichgewichtete Superposition aller seiner Qubits gebracht,

$$|\psi_s\rangle = \frac{1}{2^{n/2}} \sum_{x=0}^{2^n-1} |x\rangle. \tag{6.2}$$

Der Algorithmus wiederholt dann nach dem in Abbildung 6.1 dargestellten Schema etwa $\lfloor \pi/(4 \arcsin\sqrt{m/N}) \rfloor \approx \lfloor \frac{\pi}{4}\sqrt{N/m} \rfloor$-mal eine Quantensubroutine, die *Grover-Iteration* oder den *Grover-Operator* G. Er besteht aus den folgenden zwei Schritten und ist in Abbildung 6.2 illustriert.

1. Frage das Orakel f und ändere das Register durch den Orakel-Operator Q_f:

$$|x\rangle \mapsto Q_f|x\rangle = (-1)^{f(x)}|x\rangle. \tag{6.3}$$

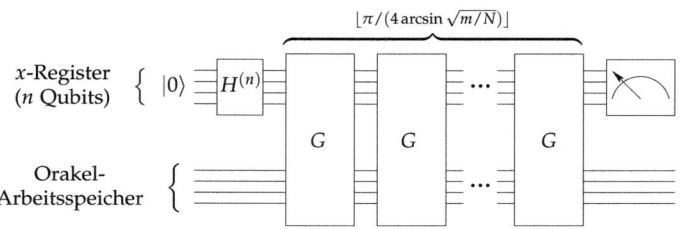

Abbildung 6.1: Quantenschaltung des Grover-Algorithmus mit wiederholten Aufrufen der Grover-Iteration G

2. Spiegele um den gleichverteilten Superpositionszustand $|\psi_s\rangle$ in Gl. (6.2), auch „Inversion um den Durchschnitt" genannt,

$$\sum_{i=0}^{N-1} \alpha_i |x\rangle \;\mapsto\; -I_{|\psi_s\rangle} = \sum_{i=0}^{N-1} (2\alpha - \alpha_i)\,|x\rangle, \tag{6.4}$$

wobei $\alpha = \frac{1}{N}\sum_i \alpha_i$ den Durchschnitt aller Wahrscheinlichkeitsamplituden von $|x\rangle = \sum_j \alpha_j |j\rangle$ ist. Die Spiegelung kann in drei Schritten durchgeführt werden:

(a) Wende das n-Qubit Hadamard-Gatter $H^{(n)}$ auf $|x\rangle$ an, $|x\rangle \mapsto H^{(n)}|x\rangle$.

(b) Wende die kontrollierte Phasenverschiebung um -1 an,

$$|x\rangle \;\mapsto\; -I_{|0\rangle} = \begin{cases} |0\rangle & \text{wenn } x = 0, \\ -|x\rangle & \text{wenn } x > 0. \end{cases} \tag{6.5}$$

(c) Wende das n-Qubit Hadamard $H^{(n)}$-Gatter auf to $|x\rangle$ an, $|x\rangle \mapsto H^{(n)}|x\rangle$.

Nach $\lfloor \pi/(4\arcsin\sqrt{m/N})\rfloor$ Wiederholungen der Grover-Iteration wird das Register gemessen und für den Messwert x_0 geprüft, ob $f(x_0) = 1$. Falls nicht, wird die Prozedur wiederholt.

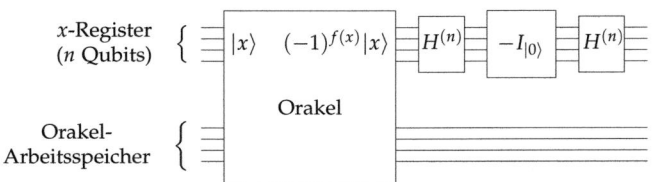

Abbildung 6.2: Quantenschaltung für die Grover-Iteration G ($N = 2^n$)

Der zweite Schritt der Grover-Iteration, die Spiegelung um $|\psi_s\rangle$, wird oft mit

$$2|\psi_s\rangle\langle\psi_s| - I = H^{(n)}\,(2|0\rangle\langle 0| - I)\,H^{(n)} \tag{6.6}$$

bezeichnet, wobei $(2|0\rangle\langle 0| - I)$ durch die $n \times n$-Matrix $V_0 = \mathrm{diag}\,(1, -1, \ldots, -1)$ dargestellt werden kann. Die Grover-Iteration kann kurz als $G = -I_{|\psi_s\rangle}Q_f$ geschrieben werden.

6.2   Geometrische Veranschaulichung

Wie funktioniert die Grover-Iteration? Eine geometrische Analyse zeigt, dass jeder der beiden Schritte der Iteration eine Spiegelung an der durch die gleichverteilte Superposition $|\psi_s\rangle$ und durch die Superposition $|\sigma\rangle$ aller Lösungen aufgespannten Ebene.

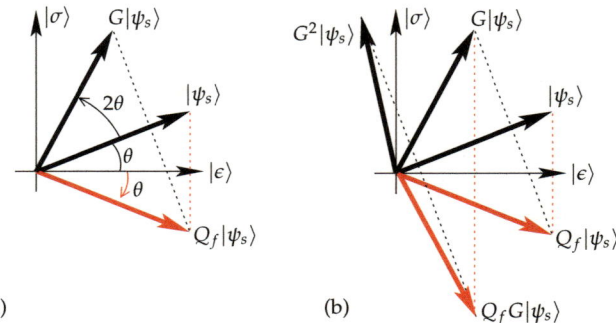

(a)   (b)

Abbildung 6.3: (a) Die beiden Spiegelungen der ersten Grover-Iteration G, die eine Rotation ergeben. Die erste Spiegelung ist an der Superposition $|\epsilon\rangle$ aller Nicht-Lösungen, die zweite an der gleichgewichteten Superposition $|\psi_s\rangle$. (Alle Vektoren sind Einheitszustände.) (b) Die ersten beiden Grover-Iterationen.

Zwei Spiegelungen jedoch sind eine Rotation. Um das einzusehen, definieren wir die Superpositionen

$$|\sigma\rangle = \sqrt{\frac{1}{N-m}} \sum_{x \in S} |x\rangle, \qquad |\epsilon\rangle = \sqrt{\frac{1}{m}} \sum_{x \notin S} |x\rangle. \tag{6.7}$$

(Zur Erinnerung: $x \in S$ dann und nur dann, wenn $f(x) = 1$, und $x \notin S$ dann und nur dann, wenn $f(x) = 0$.) Der Zustand $|\sigma\rangle$ ist also die Superposition aller Lösungen des Problems, und $|\epsilon\rangle$ ist die Superposition aller Nicht-Lösungen („errors"). Da beide Zustände normierte Superpositionen disjunkter Basiszustände sind, haben sie die Länge Eins und sind einander orthogonal, d.h. $|\sigma\rangle \perp |\epsilon\rangle$. Der Anfangszustand $|\psi_s\rangle$ kann mit dem Winkel θ ausgedrückt werden als

$$|\psi_s\rangle = \cos\theta \, |\epsilon\rangle + \sin\theta \, |\sigma\rangle, \qquad \text{where } \sin\theta = \sqrt{\frac{m}{N}} \tag{6.8}$$

(Beachten Sie, dass $\cos\theta = \sqrt{(N-m)/N}$.) Daher ist der Anfangszustand des x-Registers in der von $|\sigma\rangle$ und $|\epsilon\rangle$ aufgespannten Euklid'schen Ebene. Zur geometrischen Bedeutung von θ siehe Abbildung 6.3a.

Was ist nun die Wirkung des Orakel-Operators Q_f auf $|\psi_s\rangle$? Da $Q_f(a|\epsilon\rangle + b|\sigma\rangle) = a|\epsilon\rangle - b|\sigma\rangle$, ist Q_f eine Spiegelung an dem Vektor $|\epsilon\rangle$. Da der zweite Schritt der Grover-Iteration eine Spiegelung an $|\psi_s\rangle$ ist, ist der Operator G, als ein Produkt zweier Spiegelungen, eine Rotation in der Ebene span $(|\sigma\rangle, |\epsilon\rangle)$. Insbesondere bleibt die Iteration $G^k|\psi_s\rangle$ in dieser Ebene für alle k. Wie in Abbildung 6.3 angedeutet, ist es eine Rotation um den Winkel 2θ, und somit

$$G^k|\psi_s\rangle = \cos\big((2k+1)\theta\big) \, |\epsilon\rangle + \sin\big((2k+1)\theta\big) \, |\sigma\rangle. \tag{6.9}$$

Eine einzelne Grover-Iteration G verkleinert also die Wahrscheinlichkeitsamplitude für alle Rechenbasiszustände $|x\rangle$ mit $f(x) = 0$ und vergrößert sie andererseits für alle $|x\rangle$ mit $f(x) = 1$, solange k nicht zu groß ist.

6.2.1 Die Korrektheit des Algorithmus

Wie wir sahen, ist der Grover-Operator G eine Rotation um den Winkel 2θ, gegeben durch Gl. (6.8). Wie Abbildung 6.3 verdeutlicht, konvergiert die Iteration $G^k|\psi_s\rangle$ jedoch nicht, falls k zu groß wird, vergrößert sich der Abstand von $G^k\|\psi_s\rangle$ zum Lösungszustand' $|\sigma\rangle$ wieder. Wie oft muss also der Grover-Operator ausgeführt werden, um einen minimalen Abstand zu $|\sigma\rangle$ anzunehmen?

Nach Gl. (6.9) müssen wir das kleinste k_0 finden, so dass $\sin\big((2k_0 + 1)\theta\big)$ nah genug an 1 kommt, d.h. $(2k_0 + 1)\theta$ nah genug an $\frac{\pi}{2}$. Dann gilt

$$k_0 = \text{round}\left(\frac{\pi}{4\theta} - \frac{1}{2}\right) = \left\lfloor\frac{\pi}{4\theta}\right\rfloor,$$

d.h. mit Gl. (6.8),

$$k_0 = \left\lfloor\frac{\pi}{4\arcsin\sqrt{m/N}}\right\rfloor \approx \frac{\pi}{4}\sqrt{N/m} \qquad \text{(for } N/m \gg 0) \tag{6.10}$$

Satz 6.2.1. *Der Grover-Algorithmus findet einen von m Sucheinträgen in einer unstrukturierten Datenmenge von $N = 2^n$ Elementen mit einer Gesamtlaufzeit $T_{\text{Grover}}(N, m) = O(\sqrt{N/m}\,\log_2 N)$ und einer Irrtumswahrscheinlichkeit von $P_E \leq m/N$.*

Beweis. Die Hadamard-Transformation $H^{(n)}$ besteht aus $O(n) = O(\log N)$ Ein-Qubit-Operationen. Die Spiegelungen Q_f und $I_{|\psi\rangle}$ haben jeweils eine Laufzeit von $O(1)$. Nach Gl. (6.10) ist die Irrtumswahrscheinlichkeit, einen gesuchten Zustand zu finden,

$$P_E = \cos^2\big((2k_0 + 1)\theta\big).$$

Da $\frac{\pi}{4\theta} - 1 \leq k_0 \leq \frac{\pi}{4\theta}$, gilt $\frac{\pi}{2} - \theta \leq (2k_0 + 1)\theta \leq \frac{\pi}{2} + \theta$, also

$$\sin\theta = \cos(\tfrac{\pi}{2} - \theta) \geq \cos\big((2k_0 + 1)\theta\big) \geq \cos(\tfrac{\pi}{2} + \theta) = -\sin\theta,$$

d.h. $P_E \leq \sin^2\theta = \sin^2(\arcsin\sqrt{m/N}) = m/N$. $\qquad\square$

Ein Anwendungsfall für den Grover-Algorithmus ist das Quantenschloss, das in Abbildung 6.4 für eine 2-Bit-Kombination dargestellt und einem klassischen Kombinationsschloss gegenübergestellt wird. Anstatt der maximal 2^n Kombinationsversuche für ein klassisches n-Bit-Schloss benötigt der Grover-Algorithmus lediglich $2^{n/2}$ Versuche, also für $n = 2$ nur 2 anstatt 4 Versuche.

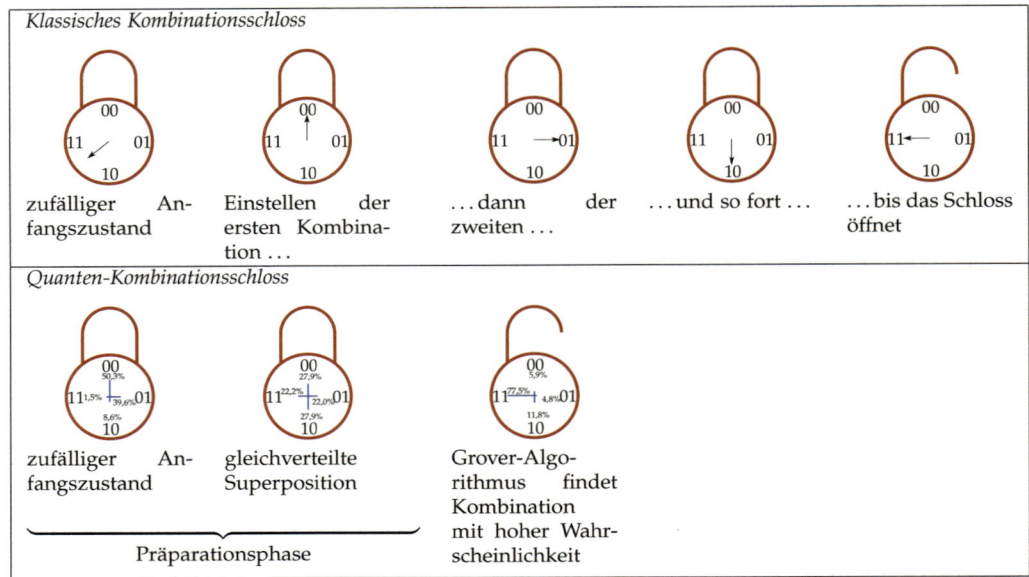

Abbildung 6.4: Klassisches und Quantenschloss mit 2-Bit-Kombinationen. Die Prozentzahlen auf dem Quantenschloss bezeichnen die Wahrscheinlichkeitsamplituden des jeweiligen Quantenzustands.

6.3   Quantenzählen

Wie schnell kann man die Anzahl m der Lösungen eines Suchproblems mit N Einträgen herausfinden, wenn sie nicht von vornherein bekannt ist? Klassisch werden $\Theta(N)$ Abfragen des Orakels benötigt, um m zu finden. Ein Quantenrechner jedoch kann mit dem *Quantenzählen* die Anzahl der Lösungen schätzen, indem die Grover-Iteration mit der Phasenschätzung kombiniert wird. Das erfordert nur $\Theta(\sqrt{N})$ Grover-Iterationen und somit $\Theta(\sqrt{N})$ Orakelaufrufe.

Das Quantenzählen hat einige wichtige Anwendungen. Erstens ist es möglich, eine Lösung zu finden, auch wenn die Anzahl der Lösungen nicht bekannt ist. Zweitens erlaubt herauszufinden, ob überhaupt eine Lösung existiert, was für einige NP-vollständige Probleme theoretische Relevanz hat.

6.3.1   Der Algorithmus

Wie im letzten Abschnitt gezeigt, ist der Grover-Operator G eine Rotation in der $(|\sigma\rangle, |\epsilon\rangle)$-Ebene um den Winkel 2θ aus Gl. (6.8). Daher kann G in dieser Ebene durch den Ausdruck

$$G = \begin{pmatrix} \cos 2\theta & -\sin 2\theta \\ \sin 2\theta & \cos 2\theta \end{pmatrix} \tag{6.11}$$

dargestellt werden. Er hat also zwei Eigenwerte $\lambda_+ = e^{2i\theta}$ und $\lambda_- = e^{2i(\pi-\theta)}$. Die Quantenschaltung der Phasenschätzung für das Quantenzählen ist in Abbildung 6.5

gezeigt. Der Algorithmus schätzt θ auf p bits Genauigkeit und mit einer Erfolgswahrscheinlichkeit von mindestens $1 - \varepsilon$, wenn das erste Register ℓ Qubits enthält, wobei ℓ durch

$$\ell = p + \left\lceil \log_2 \left(2 + \frac{1}{2\varepsilon} \right) \right\rceil \tag{6.12}$$

gegeben ist, und das zweite Register $n = \log_2 N$ Qubits enthält. Da in jeder Grover-Iteration einmal das Orakel befragt wird, benötigt die Schaltung $\sum_{j=0}^{\ell-1} 2^j = 2^\ell - 1$ Orakelabfragen insgesamt. Mit den Ergebnissen aus Abschnitt 5.5.1 gibt uns daher die

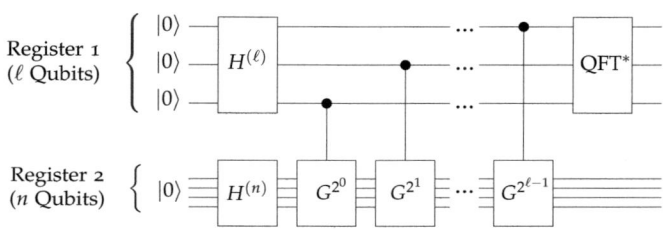

Abbildung 6.5: Quantenschaltung des Quantenzählens, das insgesamt $2^\ell - 1$ Orakelabfragen benötigt.

Quantenzählung eine Schätzung der beiden Eigenwertargumente 2θ und $2(\pi - \theta)$ mit einer Genauigkeit $|\Delta\theta| \leqq 2^{-p}$ und eine Wahrscheinlichkeit von mindestens $1 - \varepsilon$.

Lemma 6.3.1. *Wird die Anzahl m von Lösungen eines Suchproblems mit N Einträgen mit Hilfe des Quantenzählens ermittelt, so beträgt der Fehler Δm einer Schätzung θ auf p bits Genauigkeit*

$$\Delta m < 2^{1-p} \sqrt{mN} + 2^{-2p} N. \tag{6.13}$$

Beweis. Mit (6.8) und dem Schätzwert θ auf eine Genauigkeit von $\Delta\theta < 2^{-p}$ erhalten wir

$$\frac{\Delta m}{N} = |\sin^2(\theta + \Delta\theta) - \sin^2\theta| = |\sin(\theta + \Delta\theta) + \sin\theta||\sin(\theta + \Delta\theta) - \sin\theta|.$$

Aus $|\sin(\theta + \Delta\theta) - \sin\theta| < \Delta\theta$ und $|\sin(\theta + \Delta\theta)| < \sin\theta + \Delta\theta$ folgt $\frac{\Delta m}{N} < (2\sin\theta + \Delta\theta)\Delta\theta$. Ersetzen von $\sin^2\theta = M/N$ und $|\Delta\theta| < 2^{-p}$ ergibt (6.13). $\qquad\square$

Beispiel 6.3.2. Für ein Suchproblem mit $N = 2^n$ Einträgen sei eine Phasenschätzgenauigkeit von $p = \lceil n/2 \rceil + 1$ bits und eine Fehlerwahrscheinlichkeit von $\varepsilon = 1/12$ vorgegeben. Nach Gl. (6.12) benötigen wir dann $\ell = \lceil n/2 \rceil + 4$ Qubits in Register 1 sowie insgesamt $2^{\ell-2} - 1 = O(\sqrt{N})$ Orakelabfragen. Nach Gl. (6.13) wird die Anzahl der Lösungen mit einer Genauigkeit von

$$|\Delta m| < \begin{cases} \sqrt{m} + \frac{1}{4} & \text{für } n \text{ gerade,} \\ \sqrt{m/2} + \frac{1}{8} & \text{für } n \text{ ungerade,} \end{cases} \tag{6.14}$$

geschätzt, da $2^p = 2\sqrt{N}$ für n gerade und $2^p = 2\sqrt{2N}$ für n ungerade. $\qquad\square$

6.4   Zusammenfassung

- *Grovers Quantensuchalgorithmus:* Für ein Suchproblem mit m Lösungen aus $N = 2^n$ Möglichkeiten beginne mit dem Anfangszustand $|\psi_s\rangle = \sum_x |x\rangle$ und wiederhole die Grover-Iteration $G = H^{(n)} \, I_{|0\rangle} \, H^{(n)} \, Q_f$ insgesamt $O(\sqrt{N/m})$-mal, wobei Q_f die Abfrage eines Orakels ist, das $Q_f |x\rangle = -|x\rangle$ liefert, wenn x eine Lösung ist, und alle Zustände unverändert lässt, wenn nicht. Eine abschließende Messung liefert dann eine Lösung mit hoher Wahrscheinlichkeit.

- *Quantenzählen:* Gegeben sei ein Suchproblem mit einer unbekannten Anzahl m von Lösungen. Da die Grover-Iteration Eigenwerte $e^{2\pm i\theta}$ mit $\sin^2 \theta = m/N$ hat, liefert die Phasenschätzung einen Schätzwert für m mit hoher Genauigkeit bei $O(\sqrt{N})$ Orakelabfragen. Quantenzählung erlaubt also zu bestimmen, ob ein gegebenes Suchproblem überhaupt eine Lösung hat, und eine Lösung zu finden, wenn es eine gibt.

Aufgaben

Aufgabe 6.1. Berechnen Sie die Schritte des Grover-Algorithmus, der in einer Datenmenge aus $N = 8$ Einträgen den unbekannten Eintrag $|x_0\rangle = |5\rangle$ findet (d.h. $S = \{5\}$). Verwenden Sie die Tatsache, dass eine Orakelabfrage in der Vektornotation der Rechenbasis durch die 8×8-Matrix $Q_f = I_{|5\rangle} = \mathrm{diag}\,(1,1,1,1,-1,1,1,1)$ dargestellt werden kann.

Aufgabe 6.2. Wie viele Qubits werden für jedes Register der Quantenzählung für eine Schätzung der Anzahl der Lösungen eines Suchproblems mit $N = 2^n$ Einträgen benötigt, wenn wir eine Genauigkeit der Phasenschätzung von $p = \lceil n/2 \rceil + 1$ bits und eine Fehlerwahrscheinlichkeit von $\varepsilon = 1/6$ erreichen wollen? Wie hoch ist dann die Schätzgenauigkeit der Anzahl der Lösungen?

Kapitel 7

Quantenkommunikation

Die Leistungsfähigkeit der Quanteninformationsverarbeitung beruht nicht nur auf Quantenparallelismus und der Quanten-Fouriertransformation. Tatsächlich spielt Quantenverschränkung eine weitere Schlüsselrolle für das Quantenrechnen und ermöglicht qualitativ neue Kommunikationsprotokolle. So lautet beispielsweise eines der grundlegenden Probleme der mathematischen Kommunikation wie folgt. Zwei Kommunikationspartner, Alice und Bob, möchten den Wert einer vereinbarten Funktion $f(x, y)$ berechnen. Das Problem ist, dass Alice nur x kennt und Bob nur y. Was ist nun die kleinste Anzahl an auszutauschenden Bits, um den Wert von $f(x, y)$ zu erhalten? Ist beispielsweise $x, y \in \{0, 1\}^n$ und $f(x, y)$ das Paritätsbit[1] des Bitstrings xy, so reicht es, wenn Alice das Paritätsbit von x an Bob sendet, der dann $f(x, y)$ berechnen kann, d.h. ein klassisches Bit ausgetauschter Information genügt. Ist jedoch $f(x, y) = 1$ für $x = y$ und $f(x, y) = 0$ sonst, so müssen n klassische Bits ausgetauscht werden.

In gewissen Quantenkommunikationsproblemen kann die Anzahl an auszutauschenden Bits exponentiell gesenkt werden, wenn verschränkte Zustände gemeinsam genutzt werden.

7.1 Teleportation

Ein interessantes Phänomen der Quantenkommunikation ist (Quanten-) Teleportation. Ihr auf [8] zurückgehendes Protokoll wird hier als Quantenalgorithmus vorgestellt. Das Problem lautet wie folgt. Alice möchte ein unbekanntes Qubit $|\psi\rangle$ an Bob übertragen. Zum Zeitpunkt des Absendens können Alice und Bob sehr weit voneinander entfernt sein. Die Lösung ist der folgende Algorithmus, die *Teleportation*. Angenommen, Alice und Bob haben jeweils ein Qubit eines verschränkten Paares im Bell-Zustand $|\Phi^+\rangle = \frac{1}{\sqrt{2}} (|00\rangle + |11\rangle)$, und $|\psi\rangle = \alpha_0|0\rangle + \alpha_1|1\rangle$ sei das unbekannte Qubit von Alice. Mit Hilfe eines c-NOT- und eines Hadamard-Gatters verschränkt sie ihr Qubit $|\psi\rangle$ mit

---

[1] Die *Parität* eines Bitstrings is gerade, wenn seine Anzahl Einsen gerade (oder 0) ist, und ungerade sonst. Das *Paritätsbit* eines Bitstrings ist 0, wenn seine Parität gerade ist, und 1 sonst.

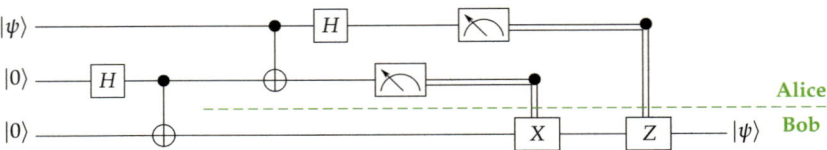

Abbildung 7.1: Quantenschaltung der Teleportation. Die doppellinigen Drähte bezeichnen klassischen Informationstransfer. Damit sind die Pauli-Gatter X und Z (S. 36) klassisch kontrolliert, d.h. sie werden nur angewendet, wenn der entsprechende Messwert "1" ergeben hat.

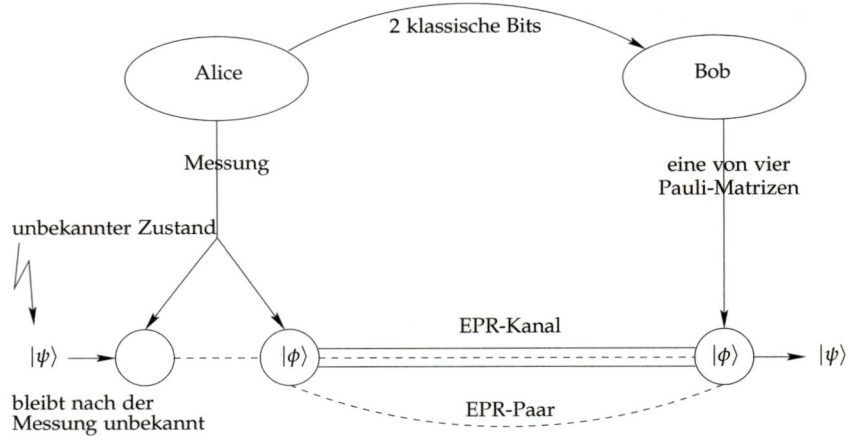

Abbildung 7.2: Teleportation als Kommunikationsprozess. Nach [32].

dem Bell-Zustand $|\Phi^+\rangle$ und erzeugt so den Zustand $|\phi\rangle = |\psi\rangle|\Phi^+\rangle$, d.h.

$$|\phi\rangle = \frac{1}{\sqrt{2}}\left(\alpha_0|000\rangle + \alpha_0|011\rangle + \alpha_1|100\rangle + \alpha_1|111\rangle\right). \tag{7.1}$$

Der wesentliche Punkt der Teleportation ist, dass der Zustand $|\phi\rangle$ bezüglich der Bell-Zustands durch

$$
\begin{aligned}
|\phi\rangle = {}& |\Phi^+\rangle \frac{1}{\sqrt{2}}\left(\alpha_0|0\rangle + \alpha_1|1\rangle\right) \;+\; |\Psi^+\rangle \frac{1}{\sqrt{2}}\left(\alpha_1|1\rangle + \alpha_0|1\rangle\right) \\
&+ |\Phi^-\rangle \frac{1}{\sqrt{2}}\left(\alpha_0|0\rangle - \alpha_1|1\rangle\right) \;+\; |\Psi^-\rangle \frac{1}{\sqrt{2}}\left(-\alpha_1|0\rangle + \alpha_0|1\rangle\right)
\end{aligned}
\tag{7.2}
$$

ausgedrückt werden kann. Wenn Alice nun die ersten beiden Qubits von $|\phi\rangle$ bezüglich der Bell-Basis misst, erhält sie einen von vier möglichen Messwerten, also zwei bits an klassischer Information. Gleichzeitig nimmt Bobs Qubit einen der vier Zustände

$$\frac{\alpha_0|0\rangle + \alpha_1|1\rangle}{\sqrt{2}}, \qquad \frac{\alpha_1|0\rangle + \alpha_0|1\rangle}{\sqrt{2}}, \qquad \frac{\alpha_0|0\rangle - \alpha_1|1\rangle}{\sqrt{2}}, \qquad \frac{-\alpha_1|0\rangle + \alpha_0|1\rangle}{\sqrt{2}} \tag{7.3}$$

an. Um ihm mitzuteilen, in welchem der vier Zustände sein Qubit ist, muss sie ihm die zwei Bits xy klassischer Information senden. Bob wendet dann auf sein verschränktes Qubit die Transformation U_{xy} an und bringt es damit in den unbekannten Zustand $|\phi\rangle = \alpha_0|0\rangle + \alpha_1|1\rangle$, wobei U_{xy} eine der vier Pauli-Matrizen (3.15) ist,

$$U_{00} = \begin{pmatrix} 1 & 0 \\ 0 & 1 \end{pmatrix}, \quad U_{10} = \begin{pmatrix} 0 & 1 \\ 1 & 0 \end{pmatrix}, \quad U_{01} = \begin{pmatrix} 1 & 0 \\ 0 & -1 \end{pmatrix}, \quad U_{11} = \begin{pmatrix} 0 & 1 \\ -1 & 0 \end{pmatrix}. \quad (7.4)$$

Das entspricht genau der Quantenschaltung in Abbildung 7.1, da U_{00} die Identität ist (das Qubit is bereits im korrekten Zustand), $U_{10} = X$, $U_{01} = Z$, und $U_{11} = \mathrm{i}XZ$. (Beachte die globale Phasenverschiebung im Falle $xy = 11$ um $\mathrm{i} = e^{\mathrm{i}\pi/2}$.)

7.1.1 Beobachtungen

- Um einen Zustand zu teleportieren, muss man ihn nicht kennen.

- Alle Quantenoperationen während der Teleportation sind lokal.

- Bobs Auswahl an Operationen ist unabhängig vom teleportierten Zustand.

- Teleportation kann durchaus als eine „reale Teleportation" angesehen werden, in der ein Objekt zunächst dematerialisiert, dann (wie ein Fax) übertragen und schließlich an einem entfernten Ort zusammen gesetzt wird — Bobs Teilchen am Ende ist ununterscheidbar von Alices zu Beginn der Teleportation. Teleportation ist eine Übertragung von Information, nicht von Materie.

- Da kein Teilchen übertragen wird und obwohl der verschränkte Zustand öffentlich bekannt ist, ist Teleportation eine perfekt sichere Übertragungsart von Quanteninformation, bei der kein Abhören möglich ist.

- Alice braucht nicht zu wissen, wo Bob sich befindet, sie muss nur wissen, wie sie ihm zwei Bits senden kann.

Teleportation wurde experimentell erstmalig 1997 realisiert durch Anton Zeilinger und seine Arbeitsgruppe in Innsbruck [12]. Inzwischen wurden eine Reihe verschiedener Teleportationschemata entwickelt, beispielsweise simultane Teleportation von Bell-Zuständen zu zwei Parteien, Teleportation von n Kopien eines unbekannten Qubits zu n verschiedenen Parteien und Teleportation mit stetigen Variablen. Ein verwandtes Kommunikationsprotokoll ist das *superdichte Kodieren*, in dem ein Qubit zur Übertragung zweier klassischer Bits verwendet wird.

7.2 Quantenkryptographie

Quantenkryptographie, oder genauer gesagt *Quanten-Schlüsselaustausch QKD (quantum key distribution)*, ist eine Klasse von Kommunikationsprotokollen, durch die zwei Kommunikationsteilnehmer mit einem EPR-Paar Geheimschlüssel erzeugen und über einen öffentlichen Kanal sicher übertragen können. Der Schlüssel kann verwendet werden, um ein perfekt sicheres klassisches symmetrisches Kryptosystem, ein sogenanntes „One-Time-Pad", zu implementieren. Wie in der Kryptographie üblich, heißen die beiden Kommunikationsteilnehmer Alice und Bob.

Die Grundidee von QKD ist die fundamentale Beobachtung, dass kein Dritter irgendeine Information aus den zwischen Alice und Bob übermittelten Qubits gewinnen kann, ohne ihren Zustand zu zerstören [46, §12].

Als Voraussetzung eines Protokolls für den quantenkryptographischen Schlüsselaustausch QKD müssen Alice und Bob jeweils eine Messapparatur besitzen, mit der sie Qubits in mindestens zwei Basen messen können, üblicherweise die „+"- und „×"-Basis (Abb. 2.1). Eine einfache Protokollklasse sind die *EPR-Protokolle*, die auf Bell-Zuständen beruhen. Das einfachste dieser Protkolle ist BBM92 [6, §11.1.4].

Das EPR-Protokoll BBM92

1. Eine Quelle erzeugt EPR-Paare, also verschränkte Qubitpaare, die sich alle in einem vorgegebenen der vier Bell-Zustände (2.35) befinden, der Alice und Bob bekannt ist. Jeweils ein Qubit jedes Paares wird an Alice und eines an Bob verschickt.

2. Sowohl Alice als auch Bob messen die Qubits unter Verwendung der Basen „+" oder „×" nach einer der beiden Varianten:

   (a) Über den unsicheren Kommunikationskanal vereinbaren sie *nach* Erhalt eines Qubits, bezüglich welcher Basis sie messen.

   (b) Beide wählen die Basis bei jedem Qubit per Zufall aus und teilen sich über den unsicheren Kommunikationskanal gegenseitig mit, bei welchem Qubit sie welche Basis verwendet haben. Sie verwenden nur die Messwerte, bei denen die Basis übereinstimmte, die anderen vergessen sie.

   Entsprechend dem festgelegten Bell-Zustand wissen daher beide genau, was der Andere gemessen hat.

3. Über den unsicheren klassischen Kanal teilen sie sich gegenseitig die Ergebnisse einiger ihrer Messungen mit. Korrelieren sie entsprechend des gegebenen Bell-Zustands exakt, so wissen sie, dass diese Qubits EPR-Paare waren und der EPR-Kanal daher nicht gestört wurde. Die Messergebnisse aller Qubits können daher als Geheimschlüssel verwendet werden.

Der so ausgetauschte Geheimschlüssel ist echt zufällig erzeugt, beliebig lang und abhörsicher übertragen. Er eignet sich daher für ein One-Time-Pad. Strenggenommen wird durch QKD also nicht nur ein Schlüssel ausgetauscht, sondern auch erzeugt.

Das EPR-Protokoll ist das allgemeinste der gängigen QKD-Protokolle. Das historisch erste BB84 wurde von Bennett und Brassard 1984 vorgestellt, ein weiteres B92 von Bennett acht Jahre später.

Die erste mit QKD verschlüsselte Banktransaktion wurde am 21.4.2004 in Wien durchgeführt, siehe *www.quantenkryptographie.at*.

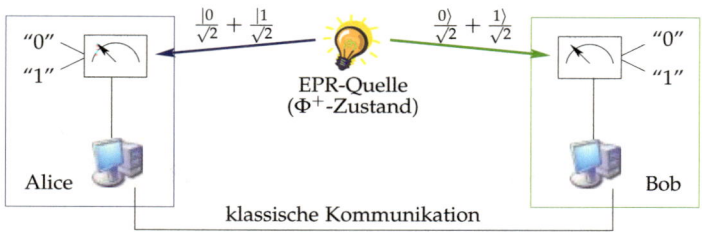

Abbildung 7.3: EPR-Protokoll zur Schlüsselerzeugung und zum Schlüsselaustausch mit Quantenteleportation. Die EPR-Quelle erzeugt hier jeweils Qubit-Paare (z.B. Photonen) im Bell-Zustand $\Phi^+ = \frac{|00\rangle + |11\rangle}{\sqrt{2}}$, von denen das erste zu Alice und das zweite zu Bob gesendet wird. Alice und Bob erhalten dann jeweils gleiche Messwerte, wenn der EPR-Zustand nicht gestört wurde.

7.3 Superdichte Kodierung

Superdichte Kodierung (superdense coding), oder *dichte Quantenkodierung*, ist ein einfaches Quantenkommunikationprotokoll, das erstaunlicherweise die Übermittlung zweier klassischer Bits mit nur einem Qubit ermöglicht.

Angenommen, Alice möchte zwei klassische Bits an Information an Bob übermitteln. Ferner seien Alice und Bob im Besitz jeweils eines Qubits eines verschränkten Bell-Zustandes, sagen wir

$$|\Phi^+\rangle = \frac{|00\rangle + |11\rangle}{\sqrt{2}}, \tag{7.5}$$

wobei Alice das erste Qubit habe und Bob das zweite, wie in Abbildung 7.3 skizziert. Für die Übermittlung von zwei Bits an Information hat Alice vier Möglichkeiten, die sie und Bob vorher gemäß der Kodiertabelle

$$\begin{array}{c|cccc}
\text{Bits} & 00 & 01 & 10 & 11 \\
\hline
\text{Bell-Zustand} & \Phi^+ & \Phi^- & \Psi^+ & \Psi^-
\end{array} \tag{7.6}$$

vereinbart haben. Alice wendet nun eine der folgenden vier Qubit-Transformationen auf ihr Qubit an, abhängig von den Bits, die sie übertragen will:

$$\begin{array}{c|cccc}
\text{Bits} & 00 & 01 & 10 & 11 \\
\hline
\text{Transformation} & I & Z & X & iY
\end{array} \tag{7.7}$$

So geht das verschränkte Qubitpaar in einen der Bell-Zustände gemäß der Kodiertabelle (7.6) über. Nun sendet Alice ihr Qubit an Bob, und Bob misst das Qubitpaar mit einer Messapparatur, die die Bell-Basis als Eigenzustände hat, d.h. er misst *mit Gewissheit*. Auf diese Weise erhält er die zwei Bits klassischer Information, die Alice ihm senden wollte, durch Übermittlung nur eines einzelnen Qubits.

So einfach superdichte Kodierung im Prinzip ist, so schwierig ist es zu realisieren. Bis heute gelang experimentell lediglich eine dichte Kodierung von einer aus *drei* Alternativen, d.h. 1,58 bits oder ein „trit" [13, p. 89].

Aufgaben

Aufgabe 7.1. Beweisen Sie, dass wenn Alice ihr Qubit gemäß der Kodiertabelle (7.7) transformiert, das Qubitpaar tatsächlich in einen Zustand entsprechend der Kodiertabelle (7.6) übergeht.

Kapitel 8

Fehlerkorrigierende Quantencodes

Wie in klassischen Computern treten auch in realen Quantenrechnern Fehler auf. So führt die Wechselwirkung mit der Umgebung zur sogenannten Dekohärenz, die wie eine Messung wirkt. Andere Störungen werden durch nicht perfekt arbeitende Quantengatter verursacht. Daher muss Quanteninformation sowohl im Quantenrechner als auch bei Übertragungen der Quantenkryptographie gegen Verlust und Fehler geschützt werden, indem sie als ein „Syndrom", also eine ein Krankheitsbild ergebende Gruppe von Symptomen, diagnostiziert und korrigiert werden.

Wie kann ein solches Syndrom diagnostiziert werden? Die Grundidee ist, Information *redundant*[1] zu speichern oder zu übertragen. Damit wird sie trotz Fehlern rekonstruierbar: Dxaher ksotet es ums lkaum Muhe, disen vollig fulsch geshcriebenen Sazt volständg (!) zu lesn. Denn in unserem Gehirn läuft eine Fehlerkorrektur ab, die die Redundanzen unserer Schrift ausnutzt.

Da man jedoch Qubits nicht kopieren kann, ist es schwierig, Redundanzen wie in den klassischen Fehlerkorrekturverfahren zu erzeugen. Der Ausweg ist, verschränkte Zustände zu erzeugen und jegliche Gewinnung klassischer Information über sie zu vermeiden. Gute Einstiege in das Thema bieten [31] oder [46, §10].

8.1 Fehlerwahrscheinlichkeit

Bei der Analyse physikalisch realisierbarer Quantenrechner müssen wir die durch die Umgebung verursachten Fehler betrachten und insbesondere die Wahrscheinlichkeit des Eintretens solcher Fehler in Abhängigkeit von der Anzahl n der beteiligten Qubits abschätzen. Wächst nämlich die Wahrscheinlichkeit $\epsilon(n)$ eines Fehlers während eines Programmlaufs exponentiell mit n, also $\epsilon = 1 - Ae^{-an}$, wobei A und a positive Konstanten sind, so kann ein Quantenalgorithmus nicht als technisch effizient angesehen

---

[1] *redundant* – (lat. „überströmend", „überflüssig") logisch überflüssig

werden, egal wie schwach die Kopplung an die Umgebung sein mag. Leider führt die Wechselwirkung zwischen Quantenrechner und Umgebung durch Dekohörenz (siehe §11.6) genau zu einem solchen Anwachsen, wie Proposition 11.6.2 auf S. 143 zeigt. Für eine physikalische Realisierung von Quantenrechnern mit großen Registern ist daher die Implementierung einer Fehlerkorrektur notwendig, um den zerstörenden Einfluss der Umgebung durch Dekohärenz zu minimieren.

8.2 Fehlerkorrigierende Codes

Die Theorie der Quantenfehlerkorrektur hat in weiten Teilen große Ähnlichkeiten mit der Theorie der klassischen Fehlerkorrektur, aber es gibt auch überraschende Unterschiede. Die Grundidee der Quantenrechnung mit Fehlerkorrektur ist wie folgt. Allgemein kann der Zustand eines Quantensystems als ein Vektor in einem Vektorraum, dem „Hilbert-Raum", betrachtet werden. Für ein einzelnes Qubit ist dies der $\mathbb{C}^2$, für ein Quantenregister mit n Qubits der $\mathbb{C}^{2^n}$. Damit ist die Quantenentwicklung eines gegebenen Zustandsauf einen spezifischen Unterraum beschränkt. Wird umgekehrt der Unterraum sorgfältig gewählt, so dass er alle Qubitzustände während der gesamten Quantenrechnung enthält, so führen alle Fehler zum Verlassen dieses Unterraums und das Register befindet sich in orthogonalen Unterräumen.

Stellen wir uns beispielsweise die Entwicklung eines Qubitzustands vor, die auf eine Ebene (also einen zweidimensionalen Unterraum) eingeschränkt sei. Tritt ein Fehler auf, so wird der veränderte Zustand die Ebene verlassen und wir können ihn gegebenenfalls in sie zurück projizieren.

Nachdem ein Quantenzustand mit der Umgebung verschränkt ist und ein Fehler passiert ist, kann man durch Messung den fehlerhaften Unterraum bestimmen, in den der Zustand gefallen ist, ohne jedoch den Zustand zu zerstören. Durch eine unitäre Transformation kann man den Fehler dann rückgängig machen.

Die Kernidee ist es, Fehlercodes zu verwenden, mit denen die Quanteninformation von k Qubits nichtlokal durch Verschränkung auf n Qubits mit $n > k$ gespreizt werden. Damit kann die Umgebung, der nur ein Teil der Qubits zugänglich ist, keine Information über den Gesamtzustand gewinnen. Die Entwicklung des Quantenzustands ist also geschützt.

Um zu verstehen, wie Quantenfehlerkorrektur prinzipiell funktioniert, müssen wir zunächst verstehen, welche Fehler überhaupt möglich sind und wie das „Syndrom" eines Fehlers gemessen werden kann, ohne den originalen Quantenzustand zu zerstören.

8.2.1 Mögliche Quantenfehler

Definition 8.2.1. Wir unterscheiden die folgenden *elementaren Quantenfehler* [46, Eq. (10.14)], die ein einzelnes Qubit erfahren kann.

- *Globalphasenfehler*: Es wird die globale Phase des Qubit verändert, d.h. es transformiert mit $\alpha_0|0\rangle + \alpha_1|1\rangle \mapsto e^{i\varphi}(\alpha_0|0\rangle + \alpha_1|1\rangle)$. In den Koordinaten der Rechenbasis

(2.1) ist dieser Fehler durch die Matrix

$$e^{i\varphi}\sigma_t = e^{i\varphi} \begin{pmatrix} 1 & 0 \\ 0 & 1 \end{pmatrix}. \tag{8.1}$$

gegeben. (Wie in der Quantenmechanik üblich wird die (2×2)-Einheitsmatrix mit σ_t bezeichnet.)

- *Bit-Flip*: Es werden 0 und 1 vertauscht, d.h. $\alpha_0|0\rangle + \alpha_1|1\rangle \mapsto \alpha_1|0\rangle + \alpha_0|1\rangle$. In den Koordinaten der Rechenbasis ist dieser Fehler gegeben durch die Pauli-Matrix

$$\sigma_x = \begin{pmatrix} 0 & 1 \\ 1 & 0 \end{pmatrix}. \tag{8.2}$$

- *Phasen-Flip*: Die relative Phase des $|1\rangle$-Qubits wird verschoben, $\alpha_0|0\rangle + \alpha_1|1\rangle \mapsto \alpha_0|0\rangle - \alpha_1|1\rangle$. In den Koordinaten der Rechenbasis ist dieser Fehler gegeben durch die Pauli-Matrix

$$\sigma_z = \begin{pmatrix} 1 & 0 \\ 0 & -1 \end{pmatrix}. \tag{8.3}$$

- *Bit-Phasen-Flip*: Eine Kombination des Bit- und des Phasen-Flips, $\alpha_0|0\rangle + \alpha_1|1\rangle \mapsto -\alpha_1|0\rangle + \alpha_0|1\rangle$. In den Koordinaten der Rechenbasis ist dieser Fehler durch die mit $-i$ multiplizierte Pauli-Matrix σ_y gegeben,

$$-i\sigma_y = \sigma_x\sigma_z = \begin{pmatrix} 0 & -1 \\ 1 & 0 \end{pmatrix} \tag{8.4}$$

$\square$

Satz 8.2.2. *Ein allgemeiner Quantenfehler eines einzelnen Qubits ist eine Komposition der elementaren Quantenfehler aus Definition 8.2.1.*

Beweis. Ein allgemeiner Quantenfehler ist durch $\alpha_0|0\rangle + \alpha_1|1\rangle \mapsto \tilde{\alpha}_0|0\rangle + \tilde{\alpha}_1|1\rangle$ gegeben, wobei $\alpha_j \neq \tilde{\alpha}_j$ für mindestens einen Index $j \in \{0, 1\}$. Wir bringen die Qubitkomponenten durch eine unitäre Matrix A in Beziehung zueinander, $\begin{pmatrix} \tilde{\alpha}_0 \\ \tilde{\alpha}_1 \end{pmatrix} = A \cdot \begin{pmatrix} \alpha_0 \\ \alpha_1 \end{pmatrix}$. Da $A \in U(2)$ dargestellt werden kann als die Summe

$$A = e^{i\varphi}(a_t\sigma_t + ia_x\sigma_x + ia_y\sigma_y + ia_z\sigma_z), \tag{8.5}$$

für spezifische Parameter $\varphi \in [0, 2\pi)$, $a_t, a_x, a_y, a_z \in \mathbb{R}$ mit $a_t^2 + a_x^2 + a_y^2 + a_z^2 = 1$ wegen Satz 3.3.1 (S. 34), folgt die Behauptung. $\square$

Ein reiner Globalphasenfehler scheint keine physikalische Bedeutung zu haben, da er nicht messbar ist (Aufgabe 8.1). Selbst die Phasenverschiebung

$$V(\varphi) = \begin{pmatrix} 1 & 0 \\ 0 & e^{i\varphi} \end{pmatrix} = e^{i\varphi/2} \begin{pmatrix} e^{-i\varphi/2} & 0 \\ 0 & e^{i\varphi/2} \end{pmatrix} \tag{8.6}$$

verändert die Beträge der Wahrscheinlichkeitsamplituden nicht. Wir bemerken, dass $V(\varphi) = e^{i\varphi/2}(\cos\frac{\varphi}{2}\sigma_t - i\sin\frac{\varphi}{2}\sigma_z)$. In der Tat ist dies die allgemeinste Form einer diagonalen unitären Matrix. Alle durch diese Matrizen $V(\varphi)$ verursachten Fehler sind physikalisch nicht messbar.

Proposition 8.2.3. *Sei $A \in U(2)$ diagonal. Dann ist die Transformation $|\psi\rangle \mapsto |\psi'\rangle = A|\psi\rangle$ eines einzelnen Qubits physikalisch nicht direkt messbar.*

Beweis. Da die Nebendiagonalelemente von A verschwinden, müssen die Koeffizienten von σ_x und σ_y in (8.5) verschwinden, d.h. $A = e^{i\varphi}(a_t\sigma_t + ia_z\sigma_z)$ mit $a_t^2 + a_z^2 = 1$. Ein Qubit $|\psi\rangle = \alpha_0|0\rangle + \alpha_1|1\rangle$ wird dann mit

$$\begin{pmatrix} \alpha_0 \\ \alpha_1 \end{pmatrix} \mapsto \begin{pmatrix} \alpha_0' \\ \alpha_1' \end{pmatrix} = \begin{pmatrix} a_t + ia_z & 0 \\ 0 & a_t - ia_z \end{pmatrix} \begin{pmatrix} \alpha_0 \\ \alpha_1 \end{pmatrix} = \begin{pmatrix} (a_t + ia_z)\alpha_0 \\ (a_t - ia_z)\alpha_1 \end{pmatrix} \tag{8.7}$$

transformiert. Da $|a_t \pm ia_z|^2 = a_t^2 + a_z^2 = 1$, folgt $|\alpha_j'|^2 = |\alpha_j|^2$. □

Eine Konsequenz dieser Proposition ist, dass Globalphasenfehler und Phasen-Flips nicht direkt messbar sind. Warum sollte man sie also überhaupt berücksichtigen? Nun, während des Ablaufs einer Quantenrechnung werden Messungen nicht ausgeführt, die Phase dagegen spielt eine oft wesentliche Rolle in Quantenalgorithmen.

8.2.2 Fehlersyndrome und Ancilla-Qubits

Ein *Fehlersyndrom* ist eine Gruppe von Qubitzuständen, die jeweils eindeutig durch einen Quantenfehler charakterisiert sind und die man durch eine „nichtlokale Messung" entdecken kann, d.h. eine Messung, bei der klassische Information über den Registerzustand lokal verborgen bleibt. *Ancilla[2]-Qubits* sind Hilfsqubits, um eine Fehlersyndromberechnung („Syndromdiagnose") durchzuführen.

Da jede direkte Messung sofort zu einem Kollaps der Qubitzustände führt, muss die Syndromdiagnose durch eine Qubitkonstellation geschehen, die Quantenfehler ohne ihre direkte Messung herausfindet. Wie kann das bewerkstelligt werden? Die beiden nächsten Beispiele zeigen das Prinzip.

Beispiel 8.2.4. [32, §8.4] Analysieren wir eine Qubitübertragung über einen verrauschten Kanal, unter Verwendung eines 3-Qubit-1-Bit-Fehlerkorrektur-Codes, siehe Abb. 8.1. Zunächst wird ein einzelnes Qubit $|\psi\rangle = \alpha_0|0\rangle + \alpha_1|1\rangle$ mit zwei c-NOT-Gattern und zwei Ancilla-Qubits im Zustan $|00\rangle$ kodiert, und zwar in den verschränkten Zustand $\alpha_0|000\rangle + \alpha_1|111\rangle$. Nehmen wir (nicht sehr realistisch) an, dass höchstens ein Bit-Flip-Fehler während der Übertragung eintritt, so sind vier Syndrome möglich:

Syndrom	Fehler
$|00\rangle$	kein Fehler
$|01\rangle$	ein Bit-Flip im dritten Qubit
$|10\rangle$	ein Bit-Flip im zweiten Qubit
$|11\rangle$	ein Bit-Flip im ersten Qubit.

---

[2]*Ancilla* - lat. Dienstmagd

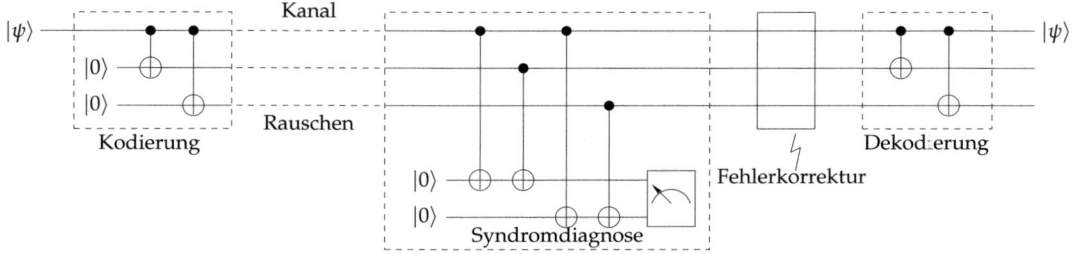

Abbildung 8.1: Qubitübertragung mit Fehlerkorrektur für Bit-Flip-Fehler.

Mit zwei weiteren Ancilla-Qubits im Zustand $|00\rangle$ und vier c-NOT-Gattern können die Fehlersyndrome bestimmt werden. Lautet das Syndrom $|00\rangle$, so muss nichts korrigiert werden, ansonsten wird das Pauli-Gatter σ_x auf das entsprechende Qubit angewendet. Das resultierende Qubit ist in jedem der vier Fälle wieder $\alpha_0|000\rangle + \alpha_1|111\rangle$, und die abschließende Dekodierung liefert den Originalzustand $\alpha_0|0\rangle + \alpha_1|1\rangle$. $\square$

Beispiel 8.2.5. [26, §11] Eine leicht modifizierte selbstkorrigierende Quantenschaltung (solange höchstens einen Bit-Flip-Fehler auftaucht!) ist die folgende. Drei Hadamard-

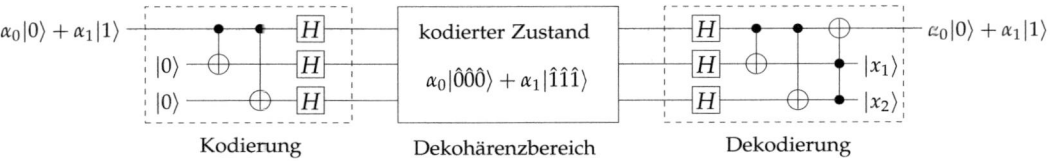

Abbildung 8.2: Fehlerkorrigierender Quantencode zur Behebung eines einzelnen Bit-Flip-Fehlers.

Gatter werden verwendet, um den drei Qubits verschränkenden Zustand $\alpha_0|\hat{0}\hat{0}\hat{0}\rangle + \alpha_1|\hat{1}\hat{1}\hat{1}\rangle$ aus den Arbeitsdaten $\alpha_0|0\rangle + \alpha_1|1\rangle$ und zwei Ancilla-Qubits $|00\rangle$ zu erhalten, wobei $|\hat{0}\rangle = \frac{1}{\sqrt{2}}(|0\rangle + |1\rangle)$ und $|\hat{1}\rangle = \frac{1}{\sqrt{2}}(|0\rangle - |1\rangle)$. Tritt ein Bit-Flip-Fehler beispielsweise im ersten der „Dach-" Qubits auf, so lautet der zu dekodierende Zustand $\alpha_0|\hat{1}\hat{0}\hat{0}\rangle + \alpha_1|\hat{0}\hat{1}\hat{1}\rangle$. Die drei Hadamard-Gatter transformieren dann das Register nach

$$\alpha_0|\hat{1}\hat{0}\hat{0}\rangle + \alpha_1|\hat{0}\hat{1}\hat{1}\rangle \overset{H \otimes H \otimes H}{\mapsto} \alpha_0|100\rangle + \alpha_1|011\rangle, \tag{8.8}$$

die beiden c-NOT-Gatter formen es gemäß

$$\alpha_0|100\rangle + \alpha_1|011\rangle \overset{2\times\text{c–NOT}}{\mapsto} \alpha_0|111\rangle + \alpha_1|011\rangle = (\alpha_0|1\rangle + \alpha_1|0\rangle)\,|11\rangle, \tag{8.9}$$

um, und das abschließende Toffoli-Gatter ergibt

$$(\alpha_0|1\rangle + \alpha_1|0\rangle)\,|11\rangle \overset{\text{Toffoli}}{\mapsto} (\alpha_0|0\rangle + \alpha_1|1\rangle)\,|11\rangle. \tag{8.10}$$

Damit ist das erste Qubit korrigiert. Das Syndrom lautet $|11\rangle$. Ausgedrückt durch den Zustand $|w\rangle$ der Umgebung bewirkt ein Bit-Flip eines der Qubits durch Dekohärenz mit der Umgebung nach Gl. (11.85) mit $\varphi = 0$, dass

$$|\hat{0}\rangle \mapsto \tfrac{1}{\sqrt{2}}(|\hat{0}\rangle|w_0\rangle + |\hat{1}\rangle|w_1\rangle), \qquad |\hat{1}\rangle \mapsto \tfrac{1}{\sqrt{2}}(|\hat{0}\rangle|w_0\rangle - |\hat{1}\rangle|w_1\rangle).$$

$\square$

Beispiel 8.2.6. [16, §2.5.2] Die folgende Quantenschaltung behebt einen Phasen-Flip-Fehler im obersten Qubit (Abb. 8.3). Durch die Anwendung der Hadamard-Gatter auf

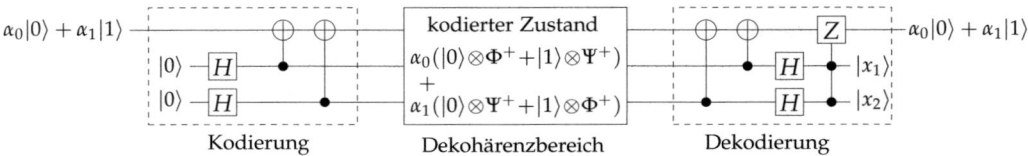

Abbildung 8.3: Fehlerkorrigierender Quantencode zur Behebung eines Phase-Flip-Fehlers.

die Ancilla-Qubits wird ein Phasen-Flip in einen Bit-Flip umgewandelt. Damit lautet das Fehlersyndrom für einen Phasen-Flip im obersten Qubit $|11\rangle$, d.h. er wird durch ein doppelt kontrolliertes Z-Gatter wieder behoben. Betrachten wir dazu den Ablauf des Algorithmus. Zunächst transformiert die Kodierung die drei Qubits gemäß

$$\alpha_0 |000\rangle + \alpha_1 |100\rangle \overset{\text{Kodierung}}{\mapsto} |\psi'\rangle = \alpha_0 (|000\rangle + |101\rangle + |110\rangle + |011\rangle)$$
$$+ \alpha_1 (|100\rangle + |001\rangle + |010\rangle + |111\rangle). \quad (8.11)$$

Als Tensorprodukt lässt sich dieser Zustand mit den Bell-Zuständen (2.35) auch schreiben als

$$|\psi'\rangle = \alpha_0(|0\rangle \otimes \Phi^+ + |1\rangle \otimes \Psi^+) + \alpha_1(|0\rangle \otimes \Psi^+ + |1\rangle \otimes \Phi^+). \quad (8.12)$$

Ein Phasen-Flip des obersten Qubits bewirkt dann

$$|\hat{\psi}'\rangle = \alpha_0 (|000\rangle - |101\rangle - |110\rangle + |011\rangle) + \alpha_1 (-|100\rangle + |001\rangle + |010\rangle - |111\rangle) \quad (8.13)$$

oder

$$|\hat{\psi}'\rangle = \alpha_0(|0\rangle \otimes \Phi^+ - |1\rangle \otimes \Psi^+) + \alpha_1(|0\rangle \otimes \Psi^+ - |1\rangle \otimes \Phi^+). \quad (8.14)$$

Die Syndromdiagnose mit den beiden c-NOT- und den Hadamard-Gattern ergibt dann

$$|\psi''\rangle = \alpha_0 |011\rangle - \alpha_1 |111\rangle = (\alpha_0 |0\rangle - \alpha_1 |1\rangle) \otimes |11\rangle. \quad (8.15)$$

Das doppelt kontrollierte Z-Gatter ergibt $|\psi'''\rangle = (\alpha_0 |0\rangle + \alpha_1 |1\rangle) \otimes |11\rangle$. $\square$

Aufgaben

Aufgabe 8.1. Zeigen Sie, dass die Messwahrscheinlichkeiten eines Qubits $|\psi\rangle$ gleich sind wie die des Qubits $|\psi'\rangle = e^{i\varphi} |\psi\rangle$, das durch eine globale Phasenverschiebung aus $|\psi\rangle$ hervorgeht.

Code	$|0_E\rangle$	$|1_E\rangle$
Shor's 9-qubit-code	$(X)(X)(X)$	$(Y)(Y)(Y)$
	$X = |000\rangle + |111\rangle$	$Y = |000\rangle - |111\rangle$
Steane's 7-qubit-code	$|0000000\rangle + |1010101\rangle$	$|1111111\rangle + |0101010\rangle$
	$+|0110011\rangle + |1100110\rangle$	$+|1001100\rangle + |0011001\rangle$
	$+|0001111\rangle + |1011010\rangle$	$+|1110000\rangle + |0100101\rangle$
	$+|0111100\rangle + |1101001\rangle$	$+|1000011\rangle + |0010110\rangle$
LMPZ's 5-qubit-code	$+|00000\rangle + |11100\rangle$	$-|00011\rangle + |11111\rangle$
	$-|10011\rangle - |01111\rangle$	$-|10000\rangle + |01100\rangle$
	$+|11010\rangle + |00110\rangle$	$+|11001\rangle - |00101\rangle$
	$+|01001\rangle + |10101\rangle$	$-|01010\rangle + |10110\rangle$

Tabelle 8.1: Historisch erste 1-Qubit-fehlerkorrigierende Quantencodes. Alle Superpositionen sind gleichgewichtet, die Amplituden sind jedoch weg gelassen.

Aufgabe 8.2. Zeigen Sie, dass eine Phasenverschiebung $V(\varphi)$ in (8.6) als eine Summe von σ_t und σ_z ausgedrückt werden kann. Ist solch eien Phasenverschiebung eines Qubits $|\psi\rangle$ direkt messbar?

Kapitel 9

Wie man Quantenrechner baut

Bislang beschäftigten wir uns mit den grundlegenden Prinzipien der Quantenrechnung und Quantenalgorithmen. Wie aber kann man einen Quantenrechner bauen? Obwohl große Anstrengungen unternommen worden sind, Quantenschaltungen, -algorithmen und -kommunikationssysteme zu realisieren, erwies sich diese Aufgabe als äußerst schwierig. In diesem Kapitel werden wir einige Leitideen und Modellsysteme physikalischer Implementierungen von Quantenrechnern vorstellen.

9.1 Physikalisch realistische Perspektiven

Im Wesentlichen gibt es zwei Arten von Qubits. Die einen verharren statisch an einem Ort und wechselwirken bereitwillig, beispielsweise Quantenzustände von Atomen, die anderen eilen durch Raum und Zeit, sind jedoch kaum in Wechselwirkung miteinander zu bringen, so wie die Photonen. Tatsächlich gibt es nur drei grundlegende Qubitdarstellungen: Spin, Ladung und Photonen.

Realistisch gesehen ist es noch ein sehr weiter Weg, bis man einen Quantenrechner in großem Maßstab bauen wird. Die folgenden praktischen Hindernisse müssen dazu überwunden werden.

- Dekohärenz und Dissipation („Energieverlust"): das Quantensystem muss genügend gegenüber der Umgebung isoliert sein.

- Eine universelle Familie unitärer Transformationen: Wie können Qubits und Quantengatter implementiert werden?

- Ein geeignetes Schema zur Zustandserkennung: Wie kann ein Quantenzustand exakt gemessen werden?

- Kopplung einer großen Anzahl von Zwei-Niveau-Quantensystemen: Zur Faktorisierung von Zahlen der Größenordnung $10^{300} \approx 2^{1000}$ mit Hilfe des Shor-Agorithmus (§5.4) benötigt man beispielsweise Quantenregister der Ordnung 10^4 Qubits.

Eine Reihe von Vorschlägen zur Quanteninformationsverarbeitung wurden bereits aus ganz verschiedenen Bereichen der Physik und der physikalischen Chemie gemacht. Die wichtigsten sind folgend aufgelistet.

1. *Ionenfalle oder Paul-Falle*: Ein wichtiges und konzeptionell einfaches System, mit einer effizienten Zustandserkennung. Eine Ionenfalle oder Paul-Falle besteht aus einem elektromagnetischen Feld, das einzelne electrisch geladene Ionen in einem sehr begrenzten Raum steuert. Ein Ion stellt Qubit dar und kann durch einen Laserstrahl manipuliert werden. 2003 gelang einer Forschungsgruppe in Innsbruck die Implementierung eines c-NOT-Gatters [56, 57, 65], 2010 konnten bereits 14 Qubits realisiert werden [44].

2. *Verschränkte Photonen*: Ein einzelnes sogenanntes „Pump-Photon" in ein nichtlineares Kristall geschossen, kann zwei verschränkte Photonen erzeugen. Diese Photonen sind raumzeitlich getrennt. Jedes für sich ist ein Qubit. Zwar ist keine direkte Photon-Photon-Wechselwirkung möglich, jedoch können sie durch zwei linear polarisierte Lichtfelder manipuliert werden.

   Als verschränkte Quantensysteme sind sie ideal zum Testen der Nichtlokalität der Quantenmechanik. Verschränkte Photonenquellen werden aktuell für Quantenkryptographie verwendet.

3. *Atome oder Ionen in optischen Kavitäten (Cavity QED)*: Solche Systeme werden möglicherweise den Transport von Quanteninformation via Photonen und ihre Speicherung durch Atome oder Ionen vereinigen [46, §7.5].

4. *NMR*: Der Begriff Kernspinresonanz NMR *(nuclear magnetic resonance)* umfasst eine ausgereifte Technologie der physikalischen Chemie, auch komplizierte Pulsfolgen sind relativ einfach zu implementieren. Die Spinzustände einer Massen-NMR (bei Zimmertemperatur) können Qubits darstellen. NMR wird viel in der physikalischen Chemie verwendet und liefert äußerst genaue Information über die Atomkerne. Bis heute ist der einzige Quantenrechner, der den Shors-Algorithmus mit 7 Qubits ausgeführt hat, ein NMR-System, experimentell demonstriert 2001 [66].

5. *Rydberg-Atome in Mikrowellenkavitäten*: Dies ist ein wichtiges und konzeptionell sehr einfaches System. Rydberg-Atome sind Atome mit einem hoch angeregten Valenzelektron. Die Zerfallszeit eines Rydberg-Atoms ist relativ lang (30 ms). Ein Strom von Rydberg-Atomen kann zwischen zwei langlebigen Valenzzuständen mit einem Laser und Mikrowellenanregung manipuliert werden.

6. *Kalte Atome in Lichtpotentialen*: Neutrale Atome können auf rein optischem Wege durch stehende Wellen von Laserlichtfelder, sogenannten „optischen Gittern", gefangen gehalten werden. Each Atom is a Qubit. Um sie zu manipulieren, muss das System sehr kalt sein (um Null Grad Kelvin). Aufgrund der hohen Anzahl parallel gefangener und steuerbarer Atome in einem optischen Gitter sind vielfältige parallele Gatter möglich.

7. *Spintronik Feldeffekt-Transistoren (Spin FETs)*: Das sind (bislang noch) hypothetische, auf magnetischen Halbleitermaterialien basierende Transistoren, die sich bewegende Elektronen abhängig von ihrem Spin durchlassen oder blockieren. Experimente mit Halbleitern (z.B. ZnSe und GaAs) zeigten[1] vergleichsweise lange Überlebenszeiten reiner Qubits kohärenter Elektronenspins.

8. *Vorschläge mit Festkörpern*: Diese Vorschläge erlauben möglicherweise eine große Anzahl von Qubits darzustellen. Die Gatteroperationen könnten sehr schnell sein verglichen mit anderen experimentellen Implementierungen. Ein Vorschlag ist, einzelne Phosphoratome (^{31}P) in eine Kristalloberfläche hochreinen Silikons zu implantieren: die Phosphoratome könnten die Qubits in ihrem Kernspin tragen; die Qubits könnten durch eine Stromspannung von im Kristall platzierter Elektroden manipuliert werden, oder alternativ durch optische Mittel.

Keine dieser Kandidaten scheinen den Anforderungen eines Quantenrechners in großem Maßstab in der nächsten Zukunft zu genügen.[2]

9.2 Mach-Zehnder-Interferometer

Ein Prototyp und zugleich grundlegendes theoretisches Modell eines Quantenrechners ist das *Mach-Zehnder-Interferometer*. Allgemein ist ein Interferometer ein Instrument, durch das Licht, oder ein anderer Teilchenstrahl, in zwei oder mehrere Strahlen geteilt wird, die später wieder vereinigt werden. Es ermöglicht sehr genau Interferenzen von Wellen, also Superpositionen, zu messen.

Das Mach-Zehnder-Interferometer wurde unabhängig voneinander von Ludwig Mach und Ludwig Zehnder 1891/92 entwickelt. Es funktioniert wie folgt. Ein Teilchen, üblicherweise ein Photon, fällt auf einen halbreflektierenden Spiegel, einen Strahlteiler (BS_1), ein und schreitet mit gegebenen Wahrscheinlichkeiten über zwei verschiedene Wege zu einem weiteren Strahlteiler (BS_2) fort, der das Teilchen in einen von zwei Detektoren leitet (Abb. 9.1). Entlang beiden Wegen zwischen den Strahlteilern befinden sich Phasenschieber (PS). Ein *Phasenschieber* für optische Photonen ist einfach eine Platte aus einem transparenten Medium mit einem Brechungsindex n, der sich von demjenigen des freien Raums, n_0, unterscheidet. Da Licht sich in einem Medium mit größerem Brechungsindex verlangsamt, braucht ein Photon die Zeit $\Delta t = (n - n_0)L/c$ länger als im Vakuum, um eine Entfernung L in dem Medium zurückzulegen. Hier bezeichnet c die Lichtgeschwindigkeit im Vakuum. Beispielsweise hat normales Borosilikatglas einen Brechungsindex $n \approx 1.5\, n_0$ bei optischen Wellenlängen. Daher erfährt ein mit der Frequenz ω durch das Medium fortschreitendes Photon eine Phasenverschiebung von $e^{i(n-n_0)L\omega/c}$, d.h.

$$\varphi = \omega\Delta t = (n - n_0)L\omega/c, \tag{9.1}$$

[1]siehe David D. Aschwalom, Michael E. Flatté and Nitin Samarth, 'Mit Spintronik auf dem Weg zum Quantenrechner', *Spektrum der Wissenschaft* 8, 28–34, 2002

[2]Ferdinand Schmidt-Kaler, *Experimente zur Quanteninformationsverarbeitung*, Habilitationsschrift Leopold-Franzens-Universität Innsbruck (2000)

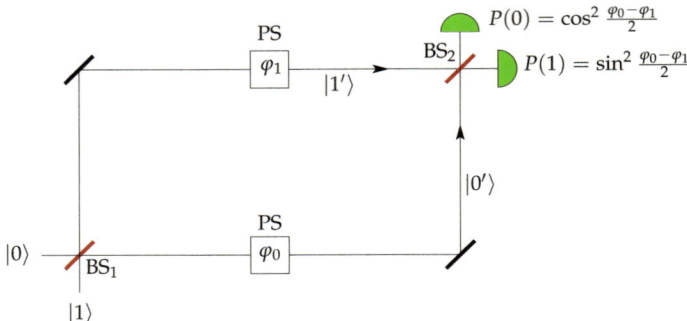

Abbildung 9.1: Das Mach-Zehnder-Interferometer. 'BS' bezeichnet einen Strahlteiler *(beam splitter)*, 'PS' einen Phasenschieber *(phase shifter)*.

verglichen mit einem Photon, das dieselbe Distanz durch den freien Raum zurücklegt. In einem Mach-Zehnder-Interferometer implemetiert ein Phasenschieber eine Rotation $R_z(\varphi) = \mathrm{e}^{-\mathrm{i}\varphi\sigma_z/2}$.

Ein *Spiegel* reflektiert ein Photon und bewirkt im allgemeinen eine Phasenverschiebung um μ, d.h. die Wahrscheinlichkeitsamplitude eines Photon wird mit $\pm\mathrm{e}^{\mathrm{i}\mu}$ multipliziert. Da Phasenverschiebungen durch die Spiegel eines Mach-Zehnder-Interferometers stets durch geeignete Adjustierung der Phasenschieber neutralisiert werden können, nehmen wir der Einfachheit halber an, dass sie verschwinden, d.h. $\mu = 0$.

Ein *Strahlteiler* ist ein halb versilbertes Stück Glas, das einen Bruchteil R des einfallenden Lichts reflektiert und $T = \sqrt{1 - R^2}$ durchlässt. Im Labor werden üblicherweise Strahlteiler verwendet, die aus zwei Prismen mit einer dünnen metallischen Schicht dazwischen bestehen. Es ist vorteilhaft, die Winkel θ, κ, δ_R und δ_T eines Strahlteilers B zu definieren durch $\cos\theta = R$ und durch die Beziehungen

$$a_{\mathrm{out}} = a_{\mathrm{in}}\mathrm{e}^{\mathrm{i}(\kappa+\delta_T)}\cos\theta - b_{\mathrm{in}}\mathrm{e}^{\mathrm{i}(\kappa-\delta_R)}\sin\theta, \quad b_{\mathrm{out}} = a_{\mathrm{in}}\mathrm{e}^{\mathrm{i}(\kappa+\delta_R)}\sin\theta + b_{\mathrm{in}}\mathrm{e}^{\mathrm{i}(\kappa-\delta_T)}\cos\theta,$$

wo a und b die ein- und auslaufenden elektromagnetischen Strahlungsfelder an den beiden „Ports", d.h. den Flächen der Prismen bedeuten [6, §3.7]. Der Winkel θ spezifiziert also die Reflektion und Transmission des Strahlteilers, die anderen Winkel drücken die Phasenverschiebung aus, die das Photon erfährt. Es gilt $|a_{\mathrm{out}}|^2 + |b_{\mathrm{out}}|^2 = |a_{\mathrm{in}}|^2 + |b_{\mathrm{in}}|^2$. In dem speziellen Fall eines 50/50-Strahlteilers gilt $\theta = 45°$. Als ein Operator wirkt der Strahlteiler B auf Qubit-Basiszustände also durch

$$B = \mathrm{e}^{\mathrm{i}\kappa}\left(\begin{array}{cc} \mathrm{e}^{\mathrm{i}\delta_T}\cos\theta & -\mathrm{e}^{-\mathrm{i}\delta_R}\sin\theta \\ \mathrm{e}^{\mathrm{i}\delta_R}\sin\theta & \mathrm{e}^{-\mathrm{i}\delta_T}\cos\theta \end{array}\right). \tag{9.2}$$

Gebräuchlich sind 50/50-Strahlteiler, die mit der Phasenverschiebung $\frac{\pi}{2}$ reflektieren und ohne Phasenverschiebung transmittieren. Sie sind durch die Winkel $\delta_T = \kappa = 0$ und $2\theta = \delta_R = \frac{\pi}{2}$ bestimmt, d.h. [13, Eqs. (74), (75)]

$$|0\rangle \;\mapsto\; \frac{1}{\sqrt{2}}\left(|0\rangle + \mathrm{i}|1\rangle\right), \qquad |1\rangle \;\mapsto\; \frac{\mathrm{i}}{\sqrt{2}}\left(|0\rangle - \mathrm{i}|1\rangle\right). \tag{9.3}$$

Bis auf die Phasen $\pm\frac{\pi}{4}$ ist ein solcher Strahlteiler also genau das $\sqrt{\text{NOT}}$-Gatter aus Gl. (3.28). Ein weiterer gebräuchlicher Strahlteiler bewirkt eine Phasenverschiebung um π im Falle einer Reflektion und ist durch die Winkel $\delta_T = \kappa = 0$, $\delta_R = \pi$ bestimmt, d.h. $B = e^{i\theta\sigma_y} = R_y(-2\theta)$. Er wirkt also auf ein Qubit als eine Rotation um die y-Achse. Ist er ein 50/50-Strahlteiler, d.h. $\theta = \frac{\pi}{4}$, so folgt

$$|0\rangle \mapsto \frac{1}{\sqrt{2}}\left(|0\rangle + |1\rangle\right), \qquad |1\rangle \mapsto \frac{1}{\sqrt{2}}\left(|0\rangle - |1\rangle\right). \tag{9.4}$$

Sei nun ein Mach-Zehnder-Interferometer gegeben mit 50/50-Strahlteilern der oben erwähnten gebräuchlichen Arten, d.h. $\delta_T = \kappa = 0$, $\theta = \frac{\pi}{4}$, und $\delta_R = \frac{\pi}{2}$ oder π in Gl. (9.2). Ist dann das einfallende Teilchen anfangs in dem Zustand $|0\rangle$, so erfährt es die folgende Abfolge von Transformationen.

$$
\begin{aligned}
|0\rangle \quad &\overset{B}{\mapsto} \quad \frac{1}{\sqrt{2}}\left(|0\rangle - e^{-i\delta_R}|1\rangle\right) \\
&\overset{PS}{\mapsto} \quad \frac{|0'\rangle + |1'\rangle}{\sqrt{2}} = \frac{e^{i\varphi_0}|0\rangle - e^{i(\varphi_1 - \delta_R)}|1\rangle}{\sqrt{2}} \\
&= \quad \frac{e^{i(\varphi_0+\varphi_1)/2}}{\sqrt{2}}\left(e^{i(\varphi_0-\varphi_1)/2}|0\rangle - e^{-i[(\varphi_0-\varphi_1)/2 + \delta_R]}|1\rangle\right) \\
&\overset{B}{\mapsto} \quad e^{-i(\varphi_0+\varphi_1-\delta_R)/2}\left(i\sin\frac{\varphi_0 - \varphi_1 + \delta_R}{2}|0\rangle + \cos\frac{\varphi_0 - \varphi_1 + \delta_R}{2}|1\rangle\right) \tag{9.5}
\end{aligned}
$$

Die globale Phasenverschiebung $\frac{\varphi_0+\varphi_1+\delta_R}{2}$, die den Faktor $e^{i(\varphi_0+\varphi_1+\delta_R)/2}$ ergibt, ist physikalisch irrelevant und das Interferenzmuster hängt nur von der Differenz ($\varphi_0 - \varphi_1 + 2\delta_R$) zwischen den Phasenverschiebungen in den verschiedenen Armen des Interferometers ab, bis auf die Phasenverschiebung δ_R des reflektierten Strahls des Strahlteilers. Die Phasenschieber in den beiden Wegen können so abgestimmt werden, dass sie jede vorgegebene relative Phasenverschiebung $\varphi = \varphi_0 - \varphi_1$ bewirken. Mit $\delta_R = \pi$ ist der resultierende Zustand $e^{i(\varphi_0+\varphi_1)}(\cos\frac{\varphi}{2} + i\sin\frac{\varphi}{2})$, d.h. das Teilchen zielt auf die Detektoren „0" und „1" jeweils mit den Wahrscheinlichkeiten

$$P(0) = \cos^2\frac{\varphi}{2} = \frac{1}{2}(1 + \cos\varphi), \quad P(1) = \sin^2\frac{\varphi}{2} = \frac{1}{2}(1 - \cos\varphi). \tag{9.6}$$

Arbeiten die Phasenschieber mit derselben Phase, so gilt $\varphi = 0$ und das Interferometer wirkt wie ein einfacher Spiegel, d.h. als Qubit-Transformation ist es die Identität. Die Rollen der einzelnen Elemente des Interferometers sind wie folgt. Der erste Strahlteiler bewirkt die gleichgewichtete Superposition der möglichen Wege, die Phasenschieber modifizieren die Quantenphasen auf den beiden Wegen, und der zweite Strahlteiler vereint die Wege (einhergehend mit einer Vernichtung der „welcher Weg"-Information, d.h. welchen Weg das Teilchen genommen haben könnte).

Interferenzexperimente einzelner Teilchen sind nicht auf Photonen beschränkt. Man kann genauso gut auf eine andere „Hardware" setzen und Interferometer für Elektronen, Neutronen, Atome, sogar Moleküle einsetzen. Sind Atome oder Moleküle im Spiel, so können sowohl externe als auch interne Freiheitsgrade verwendet werden.

Welche Quantenschaltung kann das Mach-Zehnder-Interferometer darstellen? Eine Möglichkeit ist es als eine Schaltung von drei Quantengatter zu sehen. Für $\delta_R = \pi$ können die Strahlteiler jeweils als ein Hadamard-Gatter darstellen, und die Phasenschieber jeweils Phasenverschiebungsgatter. Insgesamt also,

$$
\begin{array}{c}
\underline{\quad}\boxed{H}\underline{\quad}\bullet\underline{\quad}\boxed{H}\underline{\quad} \;=\; \underline{\quad}\boxed{H}\underline{\quad}\boxed{R_z(-\varphi)}\underline{\quad}\boxed{H}\underline{\quad} \\
\varphi
\end{array}
\tag{9.7}
$$

Für Strahlteiler mit $\delta_R \neq \pi$ kann ein Hadamard-Gatter leicht durch Einbau weiterer Phasenschieber an den geeigneten Ports implementiert werden, vgl. [13, §6] oder [46, S. 292].

9.2.1 Funktionsberechnung mit Interferometern

Um Funktionen berechnen zu können, werden wir nun eine alternative Konstruktion des Phasenverschiebungsgatter beschreiben. Diese Konstruktion „berechnet" eine Phasenverschiebung φ über ein c-U-Gatter mit Hilfe eines Hilfsqubits in einem vorgegebenen Zustand $|u\rangle$ mit $U|u\rangle = \mathrm{e}^{\mathrm{i}\varphi}|u\rangle$.

$$
\begin{array}{l}
|0\rangle \underline{\quad}\boxed{H}\underline{\quad}\bullet\underline{\quad}\boxed{H}\underline{\quad} \\
\qquad\qquad | \\
|u\rangle \underline{\qquad\qquad}\boxed{U}\underline{\qquad\quad}|u\rangle
\end{array}
\tag{9.8}
$$

In unserem Beispiel erhalten wir die folgende Abfolge von Transformationen mit den zwei Eingabe-Qubits $|0, u\rangle = |0\rangle|u\rangle$.

$$
\begin{aligned}
|0, u\rangle &\overset{H}{\mapsto} \frac{1}{\sqrt{2}}\left(|0\rangle + |1\rangle\right)|u\rangle \overset{c-U}{\mapsto} \frac{1}{\sqrt{2}}\left(|0\rangle + \mathrm{e}^{\mathrm{i}\varphi}|1\rangle\right)|u\rangle \\
&\overset{H}{\mapsto} \left(\cos\tfrac{\varphi}{2}|0\rangle + \mathrm{i}\sin\tfrac{\varphi}{2}|1\rangle\right)|u\rangle
\end{aligned}
\tag{9.9}
$$

Der Zustand des Hilfsqubits $|u\rangle$ (ein Eigenzustand der Transformation U) wird nicht verändert während der Schaltung, obwohl sein Eigenwert $\mathrm{e}^{\mathrm{i}\varphi}$ durch einen „Kick-back" als Faktor vor die $|1\rangle$-Komponente im ersten Qubit gesetzt wird. Die Sequenz (9.9) ist eine exakte Simulation des Mach-Zehnder-Interferometers und der Kern vieler Quantenalgorithmen.

Einige der c-U-Operationen stellen Quantenfunktionsberechnungen dar, beispielsweise eine unitäre Evolution mit $f\colon \{0, 1\}^n \to \{0, 1\}^m$,

$$
|x, y\rangle \mapsto |x, y + f(x) \bmod 2^m\rangle.
\tag{9.10}
$$

Die unitäre Transformation des zweiten Registers ist spezifiziert durch den Ausdruck $|y\rangle \mapsto |y + f(x) \bmod 2^m\rangle$ und hängt von x ab, dem Zustand des ersten Registers — die beiden Register sind verschränkt.

Proposition 9.2.1. *Gegeben sei die unitäre Evolution (9.10). Wird der Anfangszustand des zweiten Register*

$$
|u\rangle = \frac{1}{\sqrt{2^m}} \sum_{y=0}^{2^m-1} \mathrm{e}^{2\pi\mathrm{i}y/2^m}|y\rangle = \frac{1}{\sqrt{2^m}} \sum_{y=0}^{2^m-1} \mathrm{e}^{\pi\mathrm{i}y/2^{m-1}}|y\rangle,
\tag{9.11}
$$

durch Anwendung der QFT auf den Zustand $|11\cdots1\rangle$ gesetzt, so bewirkt die Funktionsberechnung eine Phasenverschiebung des ersten x-Registers, die den Funktionswert beinhaltet,

$$|x\rangle|u\rangle \mapsto \frac{1}{\sqrt{2^m}}\,\mathrm{e}^{-\pi\mathrm{i}f(x)/2^{m-1}}\,|x\rangle|u\rangle \tag{9.12}$$

Beweis. Die Funktionsberechnung erzeugt

$$
\begin{aligned}
|x\rangle|u\rangle &= \frac{1}{\sqrt{2^m}}\,|x\rangle\sum_{y=0}^{2^m-1}\mathrm{e}^{\pi\mathrm{i}y/2^{m-1}}\,|y\rangle\\[2mm]
&= \frac{1}{\sqrt{2^m}}\,|x\rangle\sum_{y=0}^{2^m-1}\mathrm{e}^{\pi\mathrm{i}y/2^{m-1}}\,|f(x)+y\rangle\\[2mm]
&= \frac{1}{\sqrt{2^m}}\,\mathrm{e}^{-\pi\mathrm{i}f(x)/2^{m-1}}\,|x\rangle\sum_{y=0}^{2^m-1}\mathrm{e}^{\pi\mathrm{i}(f(x)+y)/2^{m-1}}\,|f(x)+y\rangle\\[2mm]
&= \frac{1}{\sqrt{2^m}}\,\mathrm{e}^{-\pi\mathrm{i}f(x)/2^{m-1}}\,|x\rangle\sum_{y=0}^{2^m-1}\mathrm{e}^{\pi\mathrm{i}y/2^{m-1}}\,|y\rangle \quad \text{(Umindizierung, da $f(x)$ konstant)}\\[2mm]
&= \frac{1}{\sqrt{2^m}}\,\mathrm{e}^{-\pi\mathrm{i}f(x)/2^{m-1}}\,|x\rangle|u\rangle. \tag{9.13}
\end{aligned}
$$

$\square$

Die Auflösung in der Phasenverschiebung $\varphi(x) = \pi f(x)/2^{m-1}$ ist durch die Größe m des zweiten Registers bestimmt. Für $m = 1$, beispielsweise, gilt einfach $\varphi(x) = \pi f(x)$, d.h. die Phasenfaktoren sind $(-1)^{f(x)}$. Dies wird im Deutsch-Josza-Algorithmus ausgenutzt.

9.3 Optische Photonenquantenrechner

Ein attraktives physikalisches System zur Darstellung eines Qubits ist das optische Photon. Photonen sind ladungsfreie Teilchen, die kaum mit anderen Photonen oder mit Materie wechselwirken. Sie können mit Hilfe optischer Fasern über weite Distanzen geleitet, durch Phasenschieber verzögert und durch Strahlteiler verknüpft werden.

Eine Möglichkeit zur Erzeugung einzelner Photonen im Labor ist die Dämpfung eines Laserstrahls. Ein Laser erzeugt Licht in einem sogenannten kohärenten Zustand $|\alpha\rangle$, definiert als

$$|\alpha\rangle = \mathrm{e}^{-|\alpha|^2/2}\sum_{n=0}^{\infty}\frac{\alpha^n}{\sqrt{n!}}\,|n\rangle, \tag{9.14}$$

wobei $|n\rangle$ ein Energie-Eigenzustand der n Photonen ist. Getriebene Oszillatoren wie Laser strahlen naturgegeben kohärente Zustände aus, wenn sie hoch genug gepumpt werden. Die mittlere Energie ist $\langle\alpha|n|\alpha\rangle = |\alpha|^2$. Durch Dämpfung kann ein kohärenter

Zustand soweit abgeschwächt werden, dass er mit hoher Wahrscheinlichkeit nur noch ein Photon enthält.

Um Photonen zu synchronisieren, wird spontane parametrische Abwärtskonversion *(spontaneous parametric down-conversion)* verwendet. Unter anderem werden dabei Photonen der Frequenz ω_0 in ein nichtlineares optisches Medium wie z.B. KH_2PO_4 gesendet, um Photonenpaare der Frequenzen $\omega_1 + \omega_2 = \omega_0$ zu erlangen. Impulserhaltung liefert $k_1 + k_2 = k_0$, so dass man bei einer zerstörenden Messung eines einzelnen ω_2-Photons die Existenz eines einzelnen ω_1-Photons kennt.

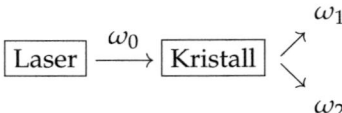

Koppelt man dies an ein Gatter, das nur öffnet, wenn ein einzelnes isoliertes Photon gemessen wird, und verzögert passend die Abstrahlungen der multiplen Abwärtskonversions-Quellen, so kann man, zumindest im Prinzip, mehrere einzelne, innerhalb der Zeitauflösung des Detektors und des Gatters zeitlich synchron fortschreitende Photonen erhalten.

Zusätzlich zu Phasenschiebern, Spiegeln und Strahlteilern wird eine weitere Komponente zur Implementierung von Gattern mehrerer Qubits durch die nichtlineare Optik geliefert. Ein Material, dessen Brechungsindex n proportional zur Gesamtintensität I des es durchlaufenden Lichts ist, also

$$n(I) = n_K + n_2 I, \tag{9.15}$$

heißt *nichtlineares Kerr-Medium*, und seine Wirkung ist der *Kerr-Effekt*. Er tritt, wenn auch schwach, sogar bei Glas oder Zuckerwasser auf. In getrübtem Glas reicht n_2 von 10^{-14} bis 10^{-7} cm^2/W, und in Halbleitern von 10^{-10} bis 10^2 cm^2/W. Laufen dabei zwei Lichtstrahlen gleicher Intensität gemeinsam durch ein Kerr-Medium der Länge L, so erfährt jeder Strahl eine Phasenverschiebung um $e^{in_2 IL\omega/c}$ verglichen mit dem Fall nur eines Strahls, d.h.

$$\varphi = n_2 IL\omega/c. \tag{9.16}$$

Idealerweise ist die Länge L beliebig groß, jedoch sind die meisten Kerr-Medien leider hochabsorbierend oder streuen Licht aus der gewünschten räumlichen Wellenmode. Tatsächlich ist diese durch den Koeffizient n_2 bestimmte Phasenverschiebung eine Wechselwirkung zwischen Photonen, vermittelt durch Atome des Kerr-Mediums. Durch Kombination von Kerr-Medien und Strahlteilern kann man auf folgende Weise ein c-NOT-Gatter konstruieren. Für einzelne Photonenzustände der Frequenz ω wirkt ein Kerr-Medium der Länge L als ein Operator K, der gegeben ist durch die Abbildung

$$K|00\rangle = |00\rangle, \qquad K|01\rangle = |01\rangle, \qquad K|10\rangle = |10\rangle, \qquad K|11\rangle = e^{i\chi L}|11\rangle \tag{9.17}$$

wobei $\chi = n_2 I\omega/c$. Setzen wir $\chi L = \pi$, so gilt $K|11\rangle = -|11\rangle$, und wir können K einfach als die Matrix $K = \text{diag}(1,1,1,-1)$ darstellen. Da c-NOT $= (I \otimes H)\, K\, (I \otimes H)$

mit der Hadamard-Transformation H gilt, folgt

$$\underbrace{\begin{pmatrix} 1 & 0 & 0 & 0 \\ 0 & 1 & 0 & 0 \\ 0 & 0 & 0 & 1 \\ 0 & 0 & 1 & 0 \end{pmatrix}}_{\text{c-NOT}} = \underbrace{\frac{1}{\sqrt{2}} \begin{pmatrix} 1 & 1 & 0 & 0 \\ 1 & -1 & 0 & 0 \\ 0 & 0 & 1 & 1 \\ 0 & 0 & 1 & -1 \end{pmatrix}}_{I \otimes H} \cdot \underbrace{\begin{pmatrix} 1 & 0 & 0 & 0 \\ 0 & 1 & 0 & 0 \\ 0 & 0 & 1 & 0 \\ 0 & 0 & 0 & -1 \end{pmatrix}}_{K} \cdot \underbrace{\frac{1}{\sqrt{2}} \begin{pmatrix} 1 & 1 & 0 & 0 \\ 1 & -1 & 0 & 0 \\ 0 & 0 & 1 & 1 \\ 0 & 0 & 1 & -1 \end{pmatrix}}_{I \otimes H} \cdot$$

$$(9.18)$$

Das c-NOT-Gatter kann also durch ein Kerr-Medium, Strahlteiler und Phasenschieber implementiert werden. K selber implementiert ein „kontrolliertes Phasen-Flip-Gatter".

Da jede Einzelqubit-Operation als eine Kombination der Rotationen R_y und R_z realisiert werden kann [46, §4.2] und ferner Strahlteiler als R_y-Rotationen und Phasenschieber als R_z-Rotationen wirken, kann auch jede Einzelqubit-Operation durch sie implementiert werden. Da außerdem das c-NOT-Gatter durch Kombinationen von Kerr-Medien und Hadamard-Gattern realisiert werden kann, kann man mit diesen optischen Komponenten einen Quantenrechner bauen.

9.4 Ionenfallen

Neben optischen Realisierungen von Quantenrechnern sind Qubitdarstellungen auf Basis atomarer und nuklearer Zustände möglich. Insbesondere Elektronen- oder Kernspins ergeben potenziell gute Realisierungen von Qubits. Da allerdings die Energiedifferenz zwischen zwei unterschiedlichen Spinzuständen typischerweise sehr klein im Vergleich zu anderen Energien wie beispielsweise zur kinetischen Energie der Atome bei Zimmertemperatur ist, sind Spinzustände schwer zu beobachten und erst recht zu steuern. Eine Möglichkeit, diese Schwierigkeiten zu umgehen, ist es, die Isolierung und das Einfangen eine kleine Anzahl geladener Atome in elektromagnetischen Fallen zu isolieren und einzufangen und sie dann soweit abzukühlen, dass ihre kinetische Energie viel kleiner als ihre Spinenergie ist. Einfallendes monochromatisches Licht kann dann so eingestellt werden, dass es selektiv Übergänge zwischen bestimmten Spinzuständen bewirkt. Im Prinzip kann man so mit Ionenfallen Quantenrechnungen durchführen.

9.4.1 Spin- und Energieniveaus

Spin ist ein merkwürdiges Phänomen, siehe §1.2.2 (p. 11) oder Bemerkung 2.14 (p. 19). Besitzt ein Teilchen einen Spin, so hat es einen magnetischen Impuls, als ob es ein zusammengesetztes Teilchen mit einem umlaufenden Strom wäre. Allerdings sind Elektronen elementare Teilchen, und auch die kernbildenden Quarks scheinen keinen Spin durch Bahnbewegung zu erzeugen. Der Spin S ist gegeben durch eine reine Zahl s gegeben, die das Vielfache der Planck'schen Konstante $\hbar$ bezeichnet, d.h. $S = \hbar s$. Üblicherweise wird diese Zahl einfach als Spin bezeichnet.

Der Spin s eines Teilchens ist entweder ganz- oder halbzahlig, d.h. $2s \in \mathbb{Z}$. Teilchen mit ganzzahligem Spin heißen *Bosonen* und umfassen das Photon und die die

Kernkräfte austauschenden Teilchen. Das Photon hat lediglich zwei Spins, $s = \pm 1$, die zwei Polarisationszustände. Teilchen mit halbzahligem Spin heißen *Fermionen*. Das sind z.B. das Elektron, das Proton und das Neutron. Sie sind „spin-$\frac{1}{2}$"-Teilchen, und ihre Spinkomponente kann entweder $s = +\frac{1}{2}$ (Spin „up") oder $s = -\frac{1}{2}$ (Spin „down").

Die energetischen Eigenzustände eines Atoms umfassen den Spin und die Kombination multipler Spins. Beispielsweise hat der Kern von ^{9}Be den Spin $s = \frac{3}{2}$. Den

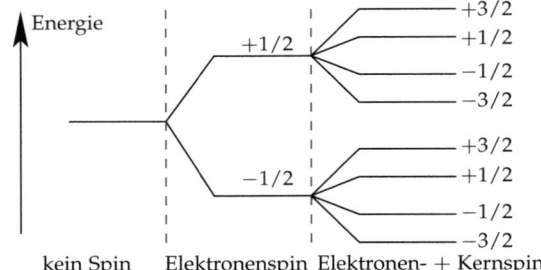

Abbildung 9.2: Spinbeiträge zu den Energieniveaus eines Atoms mit Spin-$\frac{3}{2}$-Kern, ihre Feinstruktur (unter Berücksichtigung des Elektronenspins) und ihre Hyperfeinstruktur (unter Berücksichtigung von Elektronenspin + Kernspin)

Beitrag des Spins zu den Energieniveaus eines Atoms wird durch Abbildung 9.2 illustriert und bestimmt die „Hyperfeinstruktur". Durch genaue Frequenzeinstellung eines einstrahlenden Lasers kann jede dieser Energieniveaus erreicht werden, solange Erhaltungsgesetze erfüllt bleiben. Absorbiert ein Atom insbesondere ein Photon, so muss aufgrund der Impulserhaltung der Anfangszustand sich um eine Spineinheit vom Endzustand unterscheiden.

Anders als stetige Observablen wie Ort und Impuls ergeben Spinzustände gute Qubitdarstellungen, da sie nicht künstlich eingeschnürt werden müssen, sondern in einem endlichen Zustandsraum leben.

9.4.2 Physikalische Apparatur

Ein Ionenfallen-Quantenrechner besteht hauptsächlich aus Ionen und einer elektromagnetischen Falle mit Lasern und Photodetektoren. In der Hauptsache besteht der experimentelle Apparat aus einer elektromagnetischen Falle aus vier zylindrischen Elektroden (Abbildung 9.3). Die Endsegmente der Elektroden sind mit einer anderen Spannung U_0 als die Mitte versehen, so dass sie Ionen axial auf das statische Potenzial[3] Φ_{dc} entlang der z-Achse angeordnet sind. Ein fundamentales Resultat, bekannt als Earnshaw'sches Theorem, besagt, dass eine Ladung in drei Dimensionen nicht durch statische Potenziale gefangen gehalten werden kann. Um die Ladungen räumlich zu stabilisieren, werden zwei Elektroden geerdet und die anderen zwei durch eine mit einer hohen Frequenz Ω_T erzeugten Spannung versehen, d.h. $U(t) = V_0 \cos \Omega_T t + U_-$.

---

[3]$\Phi_{\mathrm{dc}} = \kappa U_0 \left(z^2 - (x^2 + y^2) \right) / 2$, wobei κ ein geometrischer Faktor ist.

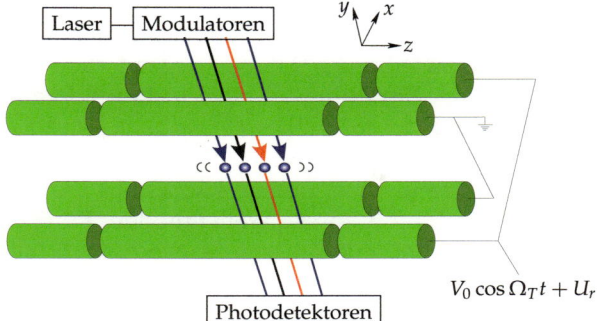

Abbildung 9.3: Schema eines Ionenfallen-Quantenrechners, in dem vier Ionen im Zentrum eines von vier Elektroden erzeugten Potenzials gefangen sind.

Somit entsteht ein Potenzial[4] Φ_{rf} im Radiofrequenzbereich (RF). Die Elektrodensegmente sind kapazitativ gekoppelt, so dass das RF-Potenzial quer zu ihnen konstant ist. Die Kombination des statischen Potenzials Φ_{dc} und des RF-Potenzials Φ_{rf} erzeugt im Mittel ein harmonisches Potenzial in x, y und z. Daher oszillieren die Ionen mit den Frequenzen ω_x, ω_y und ω_z bezüglich der drei Raumrichtungen. Typischerweise gilt $\omega_x, \omega_y \gg \omega_z$ nach Konstruktion, so dass die Ionen alle in einer linearen Kette entlang der z-Achse aufgereiht sind. Ist allerdings die Ionenanzahl sehr groß, so kann die geometrische Konfiguration der Ionen sehr kompliziert werden und Zickzack-Linien oder andere Muster bilden.

Der Effekt der Abkühlung der Ionen in der Ionenfalle ist im Wesentlichen die Reduzierung der kinetischen Bewegungsenergie $k_B T$ der Ionen, so dass $k_B T \ll \hbar \omega_z$. Damit ist das System näherungsweise ein „harmonischer Oszillator" [46, §7.6.1].

Eine weitere Bedingung an die Ionenfalle ist, dass die Längenskala einer Ionenoszillation in der Falle klein sein sollte verglichen mit der Wellenlänge λ des einstrahlenden Lichts. Das ist das *Lambs-Dicke-Kriterium*. Sei genauer m_{ion} die Masse eines einzelnen Ions und n die Anzahl Ionen in der Falle. Dann ist $z_0 = \sqrt{\hbar / 2 n m_{ion} \omega_z}$ die charakteristische Längenskala des Abstands zwischen den Ionen in der Falle. Das Lambs-Dicke-Kriterium besagt dann, dass der *Lambs-Dicke parameter* $\eta = 2\pi z_0 / \lambda$ der Beziehung $\eta \ll 1$ genügt; damit eine Ionenfalle als Quantenrechner arbeiten kann, sollte allerdings mindestens $\eta \approx 1$ gelten, da nur so die individuellen Ionen durch verschiedene Laserstrahlen aufgelöst werden können, ohne die optische Anregung ihres Bewegungszustands für logische Operationen zu schwierig zu machen.

9.4.3 Zwei-Niveau-Atome

Die elektronischen Energie-Eigenzustände eines Atoms können sehr kompliziert sein, für unsere Zwecke allerdings reicht ein näherungsweises Modell eines Atoms mit nur zwei Zuständen aus, ein *Zwei-Niveau-Atom*. Es gilt annähernd, da wir es mit monochromatischen Licht zu tun haben. In diesem Falle sind die einzigen relevanten Energieni-

---

[4]$\Phi_{rf}(t) = U(t)\big(1 + (x^2 - y^2)/R^2\big)/2$, wobei R ein geometrischer Faktor ist.

veaus jene, deren Energiedifferenz der Energie der einstrahlenden Photonen entspricht und deren Symmetrien („Auswahlregeln") den Übergang nicht verbieten. Diese beiden Bedingungen entstehen durch Erhaltungsgesetze. Insbesondere die Energieerhaltung ist nichts weiter als die Bedingung $\hbar\omega = E_2 - E_1$, wobei E_2 und E_1 zwei Eigenenergien des Atoms sind und ω die Frequenz des wechselwirkenden Photons.

In der Realität ist Licht nie ideal monochromatisch. Es wird von einer Quelle wie einem Laser erzeugt, in dem longitudonale Wellenmoden, Pumprauschen und andere Störquellenveine endliche Linienbreite $\Delta\omega$ verursachen. Auch hat ein an eine externe Welt gekoppeltes Atom keine perfekt definierten energetischen Eigenzustände. Kleine Störungen, wie nahe fluktuierende elektrische Potenziale oder sogar Vakuumwechselwirkungen, bewirken, dass jedes Energieniveau ein wenig verschmiert und so eine Energieverteilung mit endlicher Linienbreite verursacht. Dennoch kann man durch sorgfältige Auswahl von Atom und Anregungsenergie (und durch Ausnutzen der Auswahlregeln) Umstände zu schaffen, so dass die Näherung des Zwei-Niveau-Atoms gut funktioniert.

9.4.4 Phononen und Spin

Die Energieniveaus der Ionen in einem Ionenfallen-Computer sind gleichweit auseinander, und zwar um $\Delta E = \hbar\omega_z$. In der Ionenfalle mit n Ionen stellen diese energetischen Eigenzustände unterschiedliche Schwingungsmoden der *gesamten* Ionenkette als sich einheitlich bewegender Körper dar, mit Masse $m_{tot} = nm_{Ion}$, wo m_{Ion} die Masse eines einzelnen Ions ist. Sie heißen *Massenzentrumsmoden*. Jedes Quantum $\Delta E = \hbar\omega_z$ Schwingungsenergie heißt *Phonon*. Es kann als ein Teilchen betrachtet werden, genau wie ein Quantum elektromagnetischer Strahlung ein Photon ist. Ein Phonon wird erzeugt, wenn ein Ion ein Photon der Frequenz ω_z absorbiert, und ein Phonon wird vernichtet, wenn ein Ion ein Photon der Frequenz ω_z abstrahlt. Da alle Ionen in der Falle dieselben Phononen teilen, werden sie in einem Ionenfallen-Computer „Phononenbus-Qubits" genannt.

Die internen, für das gefangene Ion relevanten atomaren Zustände ergeben sich aus der Kombination F des Elektronenspins S und des Kernspins I, und zwar einfach $F = S + I$. Ein einzelnes mit einem Atom wechselwirkendes Photon kann eine Einheit des Drehmoments $\hbar$ aufnehmen oder abgeben. Wie in Abbildung 9.2 dargestellt verändert ein Photon mit geeigneter Frequenz ω die Energie des Ions um den Betrag $\Delta E = \hbar\omega$.

Wechselwirkt ein elektromagnetisches Feld mit passender Frequenz ω mit dem Ion, so können durch die physikalischen Eigenschaften der Kopplung zwischen seinem Bewegungs- und seinem Spinzustand vier Übergänge verursacht werden, zwei ‚Ups' und zwei ‚Downs', rote und blaue Seitenbänder genannt (Abbildung 9.4). Die Bewegungsübergänge zwischen den blauen Seitenbändern treten ein, wenn $\omega = \omega_0 + \omega_z$, diejenigen zwischen den roten Seitenbändern, wenn $\omega = \omega_0 - \omega_z$. Entsprechend verändert sich der interne Spinzustand, wenn $\omega = \omega_0$.

Auf diese Weise repräsentiert ein Ion ein Quantenregister aus zwei Qubits, von denen das erste durch den internen Spinzustand und das zweite durch die Phononenanzahl bestimmt ist. Eine Einzelqubit-Operation U_k auf das erste Qubit des k-ten Ions, d.h. auf seinen internen Spinzustand, kann dann durch Photonen der Frequen-

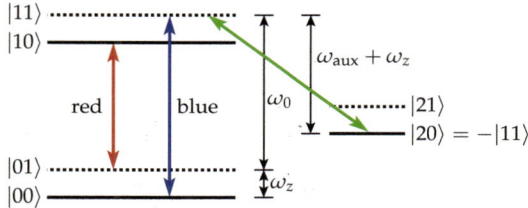

Abbildung 9.4: Energieniveaus eines Drei-Niveau-Atoms in einem gefangenen Ion mit jeweils zwei Phononzuständen, abgebildet mit den Bewegungsübergängen zwischen den roten und blauen Seitenbändern, die einer Erzeugung oder Vernichtung eines einzelnen Phonons entsprechen. Die Zustände sind mit $|n, m\rangle$ bezeichnet, wobei n den Spinzustand und m die Phononenanzahl darstellt. Der $|20\rangle \leftrightarrow |11\rangle$-Übergang (auf dem „Phononenbus-Qubit") wird zur Ausführung eines kontrollierten Phasen-Flip-Gatters verwendet.

zen $\omega = \omega_0$ oder $\omega = \omega_0 + \omega_z$ durchgeführt werden, wobei der Laser mit geeigneter Phasenverschiebung versehen wird. Ein kontrollierter Phasen-Flip $C_k(Z)$ des k-ten Ions wird realisiert, indem ein Laser auf die Frequenz $\omega = \omega_{\text{aux}} + \omega_z$ eingestellt wird. Das bewirkt einen Übergang zwischen den Zuständen $|20\rangle$ und $|11\rangle$, also gerade die unitäre Transformation $|11\rangle \mapsto -|11\rangle$. Wegen der Eindeutigkeit dieser Frequenz werden keine anderen Übergänge angeregt.

Da Einzelqubit-Operationen nur auf den internen Spinzustand des Ions wirken, also nur auf das linke Qubit, benötigen wir noch eine Operation SWAP_k, um Qubits zwischen Spinzustand und Phononenzustand auszutauschen. Dies geschieht durch Einstrahlen von Laserlicht der Frequenz $\omega = \omega_0 - \omega_z$, wodurch ein roter Seitenbandübergang durchgeführt wird.

Ein c-NOT-Gatter c-NOT$_{jk}$, wo das j-te Ion das Kontroll-Qubit und das k-te Ion das Ziel-Qubit trägt, wird durch die Operationenfolge

$$\text{c-NOT}_{jk} = H_k \, \overline{\text{SWAP}_k} \, C_j(Z) \, \text{SWAP}_k \, H_k, \tag{9.19}$$

konstruiert (die Zeit läuft hier von rechts nach links, wie üblich bei Matrizen), wobei H_k Hadamard-Gatter auf das Ion k ist.

Ein prinzipieller Nachteil von Ionenfallen-Quantenrechner ist die Spin-Spin-Kopplungstechnik über das Phonon. Phononen haben nur eine kurze Lebenszeit und sind anfällig für Dekohärenz, also Störungen durch die Umgebung. Um diese Einschränkung zu umgehen, können Moleküle anstatt einzelner Atome gefangen werden, da der magnetische Dipol und Wechselwirkungen des mit Elektronen übertragenen Fermi-Kontakts zwischen benachbarten Kernen eine starke natürliche Kopplung ergeben. Allerdings sind einzelne Moleküle mit ihren vielen Schwingungsmoden schwer zu fangen und zu kühlen, und so konnten Kernspins bis auf spezielle Umstände bislang nicht gesteuert oder erkannt werden.

Außerdem sind Ionen schwer in ihren Bewegungsgrundzustand zu bringen.

9.5   NMR-Computer

Kernspinsysteme gehören zu den natürlichsten Darstellungen von Quantenrechnern, wenngleich Spin-Spin-Kopplungen nur klein und schwer zu steuern sind. Verwendet man jedoch Moleküle anstatt einzelner Atome, so bewirken die Kernkräfte eine vergleichsweise starke Spin-Spin-Kopplung. Direkte Steuerung und Erkennung von Kernspins ist mit elektromagnetischen Wellen im Radiofrequenzbereich möglich, mit der sogenannten *magnetischen Kernspinresonanz (nuclear magnetic resonance)* (NMR). NMR-Techniken sind üblich in der physikalischen Chemie, um beispielsweise Eigenschaften von Flüssigkeiten, Festkörpern und Gasen zur Bestimmung von Molekülstrukturen zu messen, sogar von Strukturen biologischer Systeme mit tausenden von Kernen.

Wie das Elektron, so haben auch Protonen und Neutronen einen Spin, der die Werte $s = +\frac{1}{2}$ und $s = -\frac{1}{2}$ annehmen kann. Im Atomkern können Protonen paarweise mit antiparallelen Protonen auftreten, ähnlich wie Elektronen paarweise in einer chemischen Bindung auftreten. Dasselbe gilt für Neutronen. Der gesamte Spin zweier Teilchen, von denen das ein positiven und das andere negativen Spin hat, ist Null. Ein Kern mit einer ungeraden Massenzahl hat als Quantenzahlbeitrag den Gesamtspin $s = \frac{1}{2}$. Ist $s \neq 0$, so hat der Kern einen Spin-Drehimpuls und ein zugeordnetes, von der Spinrichtung abhängiges magnetisches Moment. Genau dieses magnetische Moment wird in Kernspin-Experimenten manipluliert.

In einem NMR-Computer werden Qubits durch den Spin eines Atomkerns dargestellt. Zwei Probleme ergeben sich, wenn man die traditionellen Kernspintechniken für Quantenrechnung verwendet. Zunächst benötigt man wegen des geringen magnetischen Kernspinmoments eine große Anzahl ($\gtrsim 10^8$) von Molekülen, um ein messbares Induktionssignal zu erzeugen. Zwar gibt ein Molekül ein gutes Konzept für einen Quantenrechner ab, aber wie kann das für ein Ensemble von Molekülen gelten? Insbesondere ist das Ergebnis einer Kernspinmessung ein *Durchschnittswert* aller Molekülsignale. Für Quantenrechnung ist solch ein Signal bedeutungslos. Ferner wird Kernspinresonanz auf Systeme angewendet, die sich bei Zimmertemperatur im Gleichgewicht befinden, so dass die Spinenergie $\hbar\omega$ viel kleiner ist als $k_B T$; somit ist der Anfangszustand der Spins vollkommen zufällig.

9.5.1   Physikalische Apparatur

Wir konzentrieren uns hier auf ein „gepulstes NMR-System für Flüssigkeitsproben". Seine Hauptteile sind die Probe und das Kernspinspektrometer. Ein Molekül aus der Probe enthält eine Anzahl n von Protonen mit Spin $\frac{1}{2}$, mögliche Kerne können sein ^{13}C, ^{19}F, ^{15}N und ^{31}P.[5] Ein solches Molekül repräsentiert ein Quantenregister mit n Qubits. Die Protonen erzeugen in einem Magnetfeld von 11,7 Tesla ein Kernspinresonanzsignal bei etwa 500 MHz, mit einer Schwankung um 1 ... 100 kHz aufgrund chemischer Abschirmungseffekte der lokalen Magnetfelder. Typischwerweise sind die Moleküle in einem Lösungsmittel gelöst, dessen Konzentration soweit reduziert wird, so dass intermolekulare Wechselwirkungen vernachlässigbar sind.

---

[5]*http://www.webelements.com*

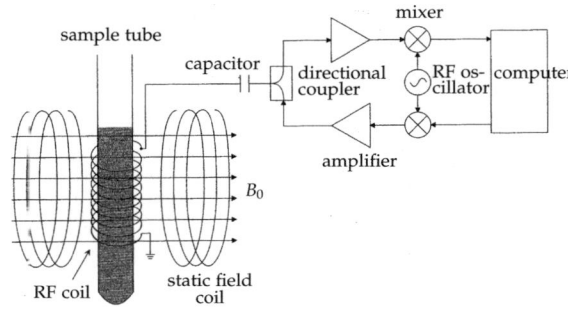

Abbildung 9.5: Schema eines Kernspinresonanz-Apparats. Abbildung aus [46].

Das Spektrometer besteht aus Radiofrequenz- (RF) Elektronik und einem großem supraleitenden Magnet, in dessen Zentrum eine Probe in einer Glasröhre gehalten wird (Abbildung 9.5). Dort befindet sich ein z-orientiertes Magnetfeld B_0, so sorgfältig eingestellt, dass es bis auf $1 : 10^9$ uniform über etwa 1 cm^3 ist. Orthogonale Sattel- oder Helmholtz-Spulen in der transversalen Ebene erlauben die Anwendung kleiner oszillierender Magnetfelder entlang der x- und y-Richtung. Diese Felder können sehr schnell an- und ausgepulst werden, um Kernspinzustände zu manipulieren. Dieselben Spulen sind ebenso Teil abgestimmter Schaltkreise, die zum Empfangen des durch die fortschreitenden Kerne erzeugten RF-Signals verwendet werden, ähnlich wie ein rotierender Magnet einen Wechselstrom in einer nahen Spule erzeugt.

Ein typisches Experiment beginnt mit einer langen Warteperiode, in der die Kerne in einen Gleichgewichtszustand thermalisiert werden, was für wohlpräparierte Flüssigkeitsproben einige Minuten beanspruchen kann. Gesteuert von einem klassischen Computer werden dann RF-Pulse erzeugt, die die gewünschte Transformation des Zustands der Kerne bewirken. Die Hochleistungs-Pulsverstärker werden dann schnell ausgeschaltet und ein empfindlicher Vorverstärker ermöglicht die Messung des Endzustands der Spins. Dieses Ergebnis, der *freie Induktionsabfall*, wird Fourier-transformiert und liefert ein Frequenzspektrum mit Spitzen, deren Orte Funktionen der Spinzustände sind.

Es gibt eine Reihe praktischer Effekte, die zu beobachtbaren Unreinheiten führen. So verursachen beispielsweise räumliche Inhomogenitäten in dem statischen Magnetfeld, dass Kerne in unterschiedlichen Teilen des Feldes mit unterschiedlichen Frequenzen präzedieren, so dass die Spektrallinien breiter werden. Ein weiteres Problem ist die Homogenität des durch eine Spule orthogonal zu dem B_0-Feld erzeugten RF-Feldes. Diese geometrische Einschränkung, so wie die gleichzeitig erforderliche Aufrechterhaltung einer hohen Homogenität des B_0-Feldes, zwingt dem RF-Feld Inhomogenitäten auf, und da es durch eine kleine Spule erzeugt wird, führt dies zu einer ungenauen Steuerung des Kernsystems. Zudem sind die zeitliche Regulierung und Stabilität von Leistung, Phase und Frequenz wichtige Punkte. Anders als in Ionenfallen lässt sich eine Steuerung dieser Parameter wegen der niedrigen Frequenzen allerdings gut durchführen.

9.5.2   Operationen am einzelnen Qubit: Spinresonanz

Transformationen eines einzelnen Qubits basieren auf der Einzelspindynamik eines zweiwertigen Spinzustands eines Moleküls in dem Magnetfeld. Zunächst ist das auf ein Molekül wirkende Magnetfeld durch

$$\boldsymbol{B} = (B_1 \cos \omega t, B_1 \sin \omega t, B_0)^T, \tag{9.20}$$

gegeben, wo B_0 durch die statische Feldspule erzeugt wird, und B_1 durch die RF-Spule, so dass ein oszillierendes Magnetfeld mit Frequenz ω entsteht. Das B_1-Feld ist mehrere Größenordnungen schwächer als B_0. Der Zustand $|\psi\rangle$ des Moleküls ist dann zeitabhängig und es gilt [46, §7.7.2]

$$|\psi(t)\rangle = R_z\big((\omega_k - \omega)\, t\big)\, R_x(2\mu_p B_1 t)\, |\psi(0)\rangle, \tag{9.21}$$

wo ω_k die Spinpräzessionsfrequenz[6] eines einzelnen Spins des k-ten Atoms aufgrund des B_0-Feldes ist und μ_p das magnetische Moment des Protons. (Da $|\psi\rangle$ ein System mit zwei Zuständen darstellt, ist es ein zweidimensionaler Vektor, d.h. ein Spinor oder äquivalent ein Qubit.) Bezüglich der Zeit t entspricht dieser Zustand also einer Oszillation in x- und z-Richtung (im Bezugssystem des Magnetfeldes). Das Produkt der beiden Rotationen kann als eine Qubitrotation $R_v(\alpha(t))$ um die Achse v und den Winkel $\alpha(t)$ betrachtet werden, gegeben durch

$$v = \Big(z + \frac{2\mu_p B_1}{\omega_k - \omega}\, x\Big) \Big/ \sqrt{1 + \Big(\frac{2\mu_p B_1}{\omega_k - \omega}\Big)^2}, \qquad \alpha(t) = t \cdot \sqrt{\frac{(\omega_k - \omega)^2}{4} + \mu_p^2 B_1^2}. \tag{9.22}$$

Ist $|\omega_k - \omega| \gg 0$, so wird der Spin vernachlässigbar durch das B_1-Feld, und die Rotationsachse ist nahezu parallel zu z. Ist andererseits $\omega_k \approx \omega$, so kommt das Molekül in *Resonanz* mit dem B_1-Feld, und der Beitrag des B_0-Feldes wird vernachlässigbar [30, §16.3]. In diesem Fall kann das schwache B_1-Feld plötzlich große Änderungen des Spinzustands des Moleküls bewirken, entsprechend den Rotationen um die x-Achse. Dieser Effekt heißt *Kernspinresonanz (nuclear magnetic resonance)*.

Auf diese Weise implementiert ein RF-Puls der Dauer t, Frequenz ω und Phase φ_0 eine Qubitrotation auf Kern k gemäß

$$R_v\big(\alpha(t)\big) \approx \begin{cases} R_z\big(\frac{|\omega - \omega_k|}{2}\, t\big) & \text{wenn } |\omega - \omega_k| \gg 0, \\ R_x(\mu_p B_1\, t) & \text{wenn } \omega \approx \omega_k \text{ und } \varphi_0 = 0, \\ R_y(\mu_p B_1\, t) & \text{wenn } \omega \approx \omega_k \text{ und } \varphi_0 = \pi/2. \end{cases} \tag{9.23}$$

Das bedeutet für ω nahe der durch das starke B_0-Feld verursachten Spinpräzessionsfrequenz ω_k des Kerns k, dass Kernsinresonanz auftritt und eine Qubitrotation R_x oder R_y abhängig von der Phase ausgeführt wird, während für ω weit entfernt von ω_k eine Qubitrotation R_z geschieht, die annähernd der ungestörten B_0-Präzession („freier B_0-Hamilton-Operator") gleicht und daher vernachlässigt werden kann. Der Winkel

---

[6]Die Präzessionsfrequenz ist die „Larmor-Frequenz" minus einem durch chemische Abschirmung gegebenen Term, der durch die Wechselwirkung des Kernspins mit den umgebenden Elektronen entsteht.

α jeder Rotation kann durch die Dauer des RF-Pulses gesteuert werden, $\alpha = \mu_p B_1 t$. Der relevante Frequenzbereich für ω_k beträgt 10–1000 MHz (RF) in Magnetfeldern von 1–20 T, und 10–300 GHz (Mikrowelle) in Feldern von 0.1–20 kT.

Im Allgemeinen kann für das k-te Atom der Hamiltonoperator H_k^{mag} (eine 2×2-Matrix) wegen der zwei Magnetfelder B_0 und B_1 in zwei Teile aufgespalten werden, $H_k^{\text{mag}} = H_k^{B_0} + H^{\text{RF}}$, mit

$$H_k^{B_0} = \hbar\omega_k I_{zk}\sigma_z \qquad \text{und} \qquad H_k^{\text{RF}} = \hbar\omega_k(I_{xk}(t)\sigma_x + I_{yk}(t)\sigma_y), \qquad (9.24)$$

wo $\boldsymbol{I}_k = (I_{xk}, I_{yk}, I_{zk}) \cdot \boldsymbol{\sigma}$ der Kernspin des k-ten Atoms ist. ($\sigma = (\sigma_x, \sigma_y, \sigma_z)^T$.) $H_k^{B_0}$ ist der Energieoperator, der auf die durch das statische B_0-Feld verursachte Spinpräzession zurückgeht, und H_k^{RF} ist der Energieoperator des RF-Feldes.

Bislang betrachteten wir nur einen Kernspin in einem Molekül. Die RF-Felder werden jedoch ebenso durch die anderen Kernspins in einem Molekül erfahren. Das kann zu Problemen führen, wenn nur ein bestimmter Kernspin, der „Zielspin", in einem Molekül rotiert werden soll. Zwei von den Präzessionsfrequenzen der nicht anvisierten Spins abhängige Fälle müssen dazu betrachtet werden. Kernspins verschiedener Isotope sowie anderer Atomarten haben normalerweise Präzessionsfrequenzen, die sich um viele MHz bei 11,7 T voneinander unterscheiden. Ein mit dem Zielspin resonanter Puls hat dann nur geringen Einfluss auf die anderen Spins, da in deren rotierenden Bezugssystemen das Magnetfeld des Pulses nicht konstant, sondern schnell rotierend ist, und so die Leistung eines typischen Pulses bei einer einzelnen Rotation klein ist und sich über mehrere Rotationen ausmittelt. Das trifft jedoch nicht zu für Spins desselben Isotops wie der Zielspin. Zwar führen Variationen in ihren chemischen Umgebungen zu Frequenzunterschieden, aber diese sind sehr gering, oft nur wenige kHz. Die Periode einer 1kHz-Rotation ist 1ms, während „harte" RF-Pulse nur Dauern von der Größenordnung 10 μs benötigen, um typische 90°- oder 180°-Rotationen auszuführen. Daher ist auch im rotierenden Bezugssystem eines Nicht-Zielspins ein harter RF-Puls während seiner Dauer fast konstant, so dass ein solcher Spin durch den Puls eine ähnliche Rotation erfährt wie der Zielspin. Um dennoch einen bestimmten Kernspin inmitten anderer Kernspins mit ähnlichen Präzessionsfrequenzen zu rotieren, kann man schwächere, länger andauernde „weiche" Pulse verwenden.

9.5.3 Spin-Spin-Kopplungen

Bisher betrachteten wir die Wirkung eines äußeren Magnetfeldes auf ein einzelnes Atom mit Spin $\frac{1}{2}$. Um einen NMR-Quantenrechner zu bauen, benötigen wir jedoch ebenso die Effekte auf ein ganzes Molekül. Nehmen wir zwei Atome an, bezeichnet mit j und k, jedes mit Spin $\frac{1}{2}$, wie z.B. ^{1}H, ^{13}C, ^{19}F, oder ^{15}N. Dann wechselwirken ihre Spins durch zwei dominante Mechanismen. Zunächst ist da die *dipolare Kopplung*. Sie hat eine Energie

$$H_{jk}^{\text{D}} = g_{jk}^{\text{D}}(\boldsymbol{B})/r_{jk}^3 \qquad (9.25)$$

wo g_{jk}^{D} eine von dem Magnetfeld $\boldsymbol{B}$ abhängige Funktion und r_{jk} der Abstand der beiden Atomkerne ist. Zum zweiten gibt es die *skalaren Wechselwirkungen* oder *J-Kopplungen*, die indirekte, über die chemisch gebundenen Elektronen übertragene Wechselwirkungen sind. Das auf den einen Atomkern wirkende Magnetfeld wird durch den Zustand seiner Elektronenwolke gestört, die mit der Elektronenwolke des anderen Atomkerns über den „Fermi-Kontakt" wechselwirkt. In der Näherung für Flüssigkeiten und schwache Kopplungen, die für unsere Zwecke ausreicht, hat die Kopplung die Energie

$$H_{jk}^{J} \approx \frac{\hbar}{4} J_{jk} I_j I_k, \tag{9.26}$$

wo J_{jk} eine konstante Frequenz ist („J-Kopplungskonstante"), die von den Kernen j und k abhängt, und I_j, I_k jeweils der Spin des Kerns j bzw. k sind. (I_k ist eine 2×2-Matrix, die eine Linearkombination der Pauli-Matrizen ist.)

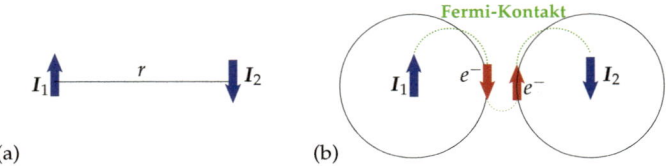

Abbildung 9.6: Spin-Spin-Kopplung unterschiedlicher Atomkerne in einem Molekül. (a) Dipolare Kopplung: langreichweitige direkte Kernspinkopplung, bestimmt die dreidimensionale Struktur der Moleküle. (b) J-Kopplung: kurzreichweitige Spin-Kopplung via Elektronen, ist beobachtbar im Spektrum (gepunktete Linie: Fermi-Kontakt).

Im einfachsten Fall von zwei Atomkernen sind die Energieniveaus gespalten wie in Abbildung 9.7. Hier ist der Hamilton-Operator des Gesamtsystems (eine 4×4-Matrix)

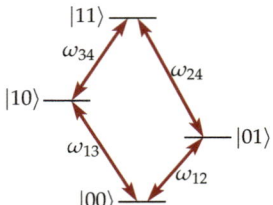

Abbildung 9.7: Energieniveaus eines einfachen zweiatomigen Moleküls mit zwei wechselwirkenden Spins und den Übergangsfrequenzen ω_{mn}. Bei $|ij\rangle$ bezeichnet i den Zustand des ersten Spins, j den des zweiten (0 = „up", 1 = „down").

gegeben durch $H = -\omega_1 I_1 - \omega_2 I_2 + 2d I_1 I_2$, und die Übergangsfrequenzen lauten

$$\omega_{12} = \omega_2 - d, \qquad \omega_{13} = \omega_1 - d, \qquad \omega_{24} = \omega_1 + d, \qquad \omega_{34} = \omega_2 + d. \tag{9.27}$$

9.5.4   Quantenrechnung

Der Energieoperator H eines Moleküls in der Probenröhre eines Kernspinresonanz-Apparats ist gegeben durch

$$H = \sum_k H_k^{B_0} + 2 \sum_{j<k} H_{jk}^{J} + \sum_k H_k^{RF} + 2 \sum_{j<k} H_k^{D} \tag{9.28}$$

(unter Vernachlässigung der zu Dekohärenz führenden Wechselwirkungen mit der Umgebung). Der erste Term ist die freie Präzession der Spins in dem umgebenden Magnetfeld aus Gl. (9.24), H^J ist the J-Kopplung aus Gl. (9.26), H^{RF} beschreibt die Wirkung des angewandten äußeren Radiofrequenz-Magnetfelder aus Gl. (9.24), und H^D ist die magnetische dipolare Kopplung aus Gl. (9.25).

9.5.5 Refokussierung und c-NOT-Gatter

Eine faszinierende Atomkernoperation in der NMR-Technologie ist die *Refokussierung*. Gegeben sei der zwei Qubits darstellende Hamilton-Operator $H = -\omega_1 I_1 - \omega_2 I_2 + 2d I_1 I_2$. Führen wir zwei 180° RF-Pulse mit Frequenz ω_1 durch, so treten die Rotationen $R_{x1}(\pi)$ ein, d.h.

$$e^{-iHt/\hbar} R_{x1}(\pi) e^{-iHt/\hbar} R_{x1}(\pi) = e^{-2iI_2 t/\hbar}. \tag{9.29}$$

Da $R_{y2}(\pi/2) e^{iH/2\hbar J} R_{x2}(\pi/2) = $ c-NOT, kann so ein c-NOT-Gatter implementiert werden.

9.6 Zusammenfassung

- Die vier grundlegenden Erfordernisse für die physikalische Realisierung eines Quantenrechners sind: (1) Darstellung von Qubits, (2) Manipulation der Zustände, (3) Präparation der Anfangszustände der Qubits, und (4) Messung der Endzustände der Qubits.

- Folgende Implementierungen betrachteten wir im Detail.

Quantenrechner	Qubitdarstellung	Manipulation	Anfangszustand	Messung	Nachteile
Photon	Ort eines Photon zwischen zwei Moden oder Polarisation	via Phasenschieber und Strahlteiler	erzeuge einzelne Photonen, z.B. durch Laserdämpfung	Messung des Photons	Kopplung mehrerer Photonen ist schwierig
Ionenfalle	Hyperfeinzustände und Phononen (Schwingungsmoden) gefangener Ionen	durch Laserpulse (Jaynes-Cummings-Wechselwirkung), Qubitwechselwirkung via gemeinsamer Phononen	kühle die Atome in ihren Bewegungsgrundzustand	Messung der Population der Hyperfeinzustände	kurze Lebenszeit der Phononen, schwierige Präparation der Ionen in ihren Bewegungsgrundzusand
NMR	Spin des Atomkerns	durch elektromagnetische Pulse, Qubitwechselwirkung durch chemische Bindung (dipolare und J-Kopplung)	Spinpolarisation bei Raumtemperatur	Messung des Spannungssignals durch präzedierendes magnetisches Moment	Initialisierung schwierig

Kapitel 10

Simulation eines Quantenrechners

Bis heute gelang die physikalische Realisierung von Quantenrechnern lediglich für vergleichsweise kleine Register, das bislang größte mit 14 Qubits 2010 [44]. Um jedoch Quantenalgorithmen zu entwickeln oder zu analysieren, ist es hilfreich, Simulationen von Quantenrechnern zu verwenden, die auf klassischen Computern ablaufen.

Allerdings übersteigt schon die Simulation eines Quantenrechners mit nur einigen Dutzend Qubits die Ressourcen der größten klassischen Supercomputer. Eine einfache Beispielrechnung mag das verdeutlichen. Nehmen wir ein Quantenregister mit 20 Qubits an. Die Darstellung seiner Zustände erfordert $2^{20} \approx 10^6$ komplexe Amplituden. Werden die Real- und Imaginärteile der Amplituden mit einer Genauigkeit von nur 4 Bytes (wie z.B. für den Datentyp `float` in Java) gespeichert, so werden 8 Byte je Amplitude benötigt, also insgesamt 8 MB an Information. Das ist ohne weiteres auf einem konventionellen klassischen Computer implementierbar. Eine Genauigkeit von 8 Byte (also dem Datentyp `double` gemäß IEEE 754) jeweils für den Real- und Imaginärteil einer Amplitude erfordert entsprechend etwa 16 MB für 20 Qubits.

Wo ist also das Problem? Wollten wir ein Quantenregister von 50 Qubits simulieren und die komplexen Amplituden jeweils mit einer Genauigkeit von 16 Bytes speichern, so hätten wir es mit $2^{50} \approx 10^{15}$ Amplituden zu tun, was $16 \cdot 10^{15}$ Bytes an Information erforderte, oder 16 000 Terabytes.

Tatsächlich wird weithin angenommen, dass ein klassischer Computer zwar einen Quantenrechner simulieren kann, aber niemals *effizient* (§12). Allerdings gibt es eine wichtige Klasse von Quantengattern, die nach dem bemerkenserten Satz von Gottesman-Knill auf einem klassischen Computer effizient simuliert werden können.

Allgemein lauten die Anforderungen an einen Quantenrechner-Simulator wie folgt.

- *(Universalität)* Der Simulator muss universell sein, d.h. beliebige auf einem Quantenrechner lauffähige Quantenalgorithmen müssen auf ihm realisierbar sein.

- *(Abbildungstreue)* Die Simulation muss die physikalischen Prinzipien eines Quantenrechners genau genug widerspiegeln.

- *(Hohe Performanz)* Die Laufzeit des Simulators sollte schnell genug sein, um auch komplexe Probleme analysieren zu können.

- *(Open-Source)* Sowohl Ergebnisse als auch Zugang einer Simulation müssen nachvollziehbar sein, um eine wissenschaftliche Analyse zu erlauben. Insbesondere muss der Quelltext des Simulators öffentlich sein.

Die Simulation eines Quantenrechners muss vor allem vier grundsätzliche Probleme lösen: Wie wird das Quantenregister implementiert? Wie verändern Quantengatter das Register? Wie werden Verschränkungen implementiert? Wie wird das Register gemessen und so in einen klassischen Zustand gebracht?

Ein Quantenrechner-Simulator, der die obigen Anforderungen erfüllt, ist z.B. die libquantum C-Bibliothek von Butscher and Weimer [16]. Wir werden im Folgenden einen möglichen Grobentwurf eines Quantenrechner-Simulators kurz beschreiben.

10.1   Implementierung des Registers

Der physikalische Zustand $|\psi\rangle$ eines Quantenregisters mit n Qubits zu einem gegebenem Zeitpunkt kann mathematisch durch einen 2^n-dimensionalen komplexen Vektor

$$|\psi\rangle = \sum_{j=0}^{2^n-1} \alpha_j |j\rangle = \alpha_0|0\rangle + \alpha_1|1\rangle + \cdots + \alpha_{2^n-1}|2^n-1\rangle = \begin{pmatrix} \alpha_0 \\ \vdots \\ \alpha_{2^n-1} \end{pmatrix} \tag{10.1}$$

beschrieben werden, siehe Abschnitt 2.2. Hier gilt für die Koeffizienten $\alpha_j \in \mathbb{C}$, $\sum |\alpha_j|^2 \neq 0$. Der Zustand muss nicht notwendig normalisiert sein, wenn man am Ende die Messregel für nichtnormalisierte Zustände (Section 2.2.3) verwendet.

Es gibt zwei naheliegende Datenstrukturen, die diesen Vektor implementieren können, ein Array der Größe 2^n mit komplexen Einträgen α_j, (oder, falls kein elementarer Datentyp für komplexe Zahlen verfügbar ist, je ein Array für die Real- und Imaginärteile), oder eine Liste der nichtverschwindenden Amplituden α_j, wobei zusätzlich der Index j gespeichert werden muss. Man könnte argumentieren, dass die zweite Datenstruktur effizienter wäre, da zumindest zu Beginn eines Quantenalgorithmus die meisten Amplituden in der Regel Null sind. In den meisten Algorithmen jedoch ist einer der ersten Schritte die Initialisierung des x-Registers in eine Superposition aller Basiszustände, so dass sich diesbezüglich kein Nachteil bei Verwendung eines Arrays ergibt.

10.2   Implementierung von Quantengattern

Jedes Quantengatter kann durch eine unitäre Transformationsmatrix U dargestellt werden, und seine Anwendung auf ein Quantenregister ist einfach die Matrizenmultiplikation der Matrix mit dem aus den Wahrscheinlichkeitsamplituden bestehenden Zustandsvektor bezüglich der Basiszustände. Nach Anwendung des Gatters ist das Register $|\psi\rangle$ in dem Zustand $|\psi'\rangle = U|\psi\rangle$.

Eine Implementierung eines Quantengatters als eine unitäre Matrix ist jedoch aus zwei Gründen nicht praktisch realisierbar. Einerseits ist es schwierig, die Operationsmatrix für mehrere Qubits herzuleiten, wenn nur die Matrix für ein einzelnes Qubit gegeben ist. Andererseits sind die meisten Matrixeinträge Null, so dass andere Implementierungen viel effizienter sind.

Im Folgenden werden mögliche Implementierungen einiger grundlegender Quantengatter beschrieben.

10.2.1 Das Hadamard-Gatter

Da das Hadamard-Gatter nur auf ein einzelnes Qubit wirkt, ist es recht einfach zu implementieren. Als eine Funktion benötigt sie nur einen Parameter, die Nummer j des zu transformierenden Qubits, $1 \leq j \leq n$, wobei n die Größe des Quantenregisters ist.

10.2.2 Das c-NOT-Gatter

Das c-NOT-Gatter hängt von zwei Qubits ab, dem Kontroll- und dem Zielqubit. Insbesondere müssen verschränkte Zustände beachtet werden. Für jeden mit dem „0"-Zustand des j-ten Qubits verschränkten Qubitzustand $|m\rangle$ gilt $(m \,\&\, 2^j) = 0$, für jeden mit dem „1"-Zustand des j-ten Qubits verschränkten Zustand $[(m + 2^{j-1}) \,\&\, 2^j] = 0$. Hierbei ist & der bitweise AND-Operator.

10.3 Implementierung von Verschränkungen

Um eine Messung oder alle unitären Transformationen korrekt zu simulieren, wird eine Datenstruktur zur Speicherung von Verschränkungen benötigt. Dies könnte beispielsweise eine verkettete Liste sein, in der für jedes Qubit die verschränkten Zustände angehängt werden.

10.4 Implementierung einer Messung

Ein Quantenalgorithmus transformiert einen Anfangszustand $|\psi\rangle$ eines Quantenregisters in einen Endzustand $|\psi'\rangle$. Um das Ergebnis des Algorithmus zu erlangen, muss eine Messung des Quantenregisters durchgeführt werden, so dass ein („klassischer") Basiszustand $|j\rangle$ für ein $j \in \{0, 1, \ldots, 2^n - 1\}$ eingenommen wird, wo n die Größe des Quantenregisters ist. Das Register „kollabiert" dann in den klassischen Zustand $|j\rangle$. Die Wahrscheinlichkeit P, den klassischen Zustand $|j\rangle$ zu erlangen, ist $P = |\alpha_j|^2$, wo α_j die Wahrscheinlichkeitsamplitude des Basiszustands $|j\rangle$ ist.

Eine Möglichkeit, eine Messung des gesamten Quantenregisters zu simulieren, ist es, eine gleichmäßig verteilte Zufallszahl f mit $0 \leq f < 1$ auszuwählen und dann sukzessiv die Wahrscheinlichkeiten der einzelnen Qubitzustände zu subtrahieren, beginnend mit dem ersten Qubitzustand $|0\rangle$, solange bis f negativ wird. Das erste Qubit $|j\rangle$, das den Vorzeichenwechsel verursachte, ergibt dann den gemessenen Wert „j".

Manchmal wird eine zweite Art von Messung benötigt, die Messung eines einzelnen Qubits, sagen wir des j-ten Qubits. Eine solche Quantenmessung lässt das gemessene Qubit zufällig nach „0" oder „1" kollabieren, abhängig von den Wahrscheinlichkeitsamplituden aller Zustände $|m\rangle$, für die m entweder eine „0" oder eine „1" an Position j hat. Hier ist die Wahrscheinlichkeit für einen Kollaps in den Wert „0" durch die Quadrate der Beträge der Wahrscheinlichkeitsamplituden α_m gegeben, für die m eine 0 an Position j hat.

Alle Qubits in dem Register verschwinden, wenn sie mit dem Qubitzustand verschränkt sind, der *nicht* gemessen wurde: falls „0" gemessen wurde, sind dies die Zustände $|m\rangle$ mit $(m \,\&\, 2^{j-1}) = 0$, wenn „1" gemessen wurde, sind dies $|m\rangle$ mit $m \,\&\, 2^{k-1} > 0$. Die Wahrscheinlichkeitsamplituden der übrigen Zustände müssen normalisiert werden, so dass das gesamte Register sich in einem Einheitszustand befindet.

Eine weitere Möglichkeit, einen zufälligen Kollaps zu implementieren, ist die Auswahl einer Zufallszahl f mit $0 \leqq f < 1$. Gilt

$$f < \sum_{\substack{m \\ \text{mit } m \,\&\, 2^{j-1}=0}} |\alpha_m|^2, \tag{10.2}$$

so ist der gemessene Wert „0", ansonsten ist er „1".

10.5   Effiziente Simulationen (Satz von Gottesman-Knill)

Es gibt einen wichtigen Satz von Gottesman und Knill, der angibt, welche Quantenschaltungen effizient auf einem klassischen Computer simuliert werden können. Um ihn zu formulieren, benötigen wir die Pauli-Gruppe und die Clifford-Gruppe.

Definition 10.5.1. Die allgemeine auf n Qubits wirkende *Pauli-Gruppe* $\mathscr{P}_n$ ist durch alle n-fachen Tensorprodukte der Pauli-Matrizen (3.15) erzeugte multiplikative Gruppe. In Symbolen lautet sie $\mathscr{P}_n = \{\pm 1, \pm i\} \cdot \{I, X, Y, Z\}^{\otimes n}$. $\qquad\square$

Beispielsweise besteht die Pauli-Gruppe $\mathscr{P}_1$ eines einzelnen Qubits aus 16 Elementen:

$$\mathscr{P}_1 = \{\pm I, \pm iI, \pm X, \pm iX, \pm Y, \pm iY, \pm Z, \pm iZ\}. \tag{10.3}$$

Die multiplikativen Faktoren ± 1 und $\pm i$ werden dabei benötigt, um $\mathscr{P}_1$ multiplikativ abzuschließen; beispielsweise ist $ZX = -XZ = iY$. In der Tat wird die Pauli-Gruppe durch die beiden Gatter X und Z erzeugt, in Symbolen $\mathscr{P}_1 = \langle X, Z \rangle$. Damit gilt $\mathscr{P}_n = \mathscr{P}_1^{\otimes n}$.

Definition 10.5.2. Die *Clifford-Gruppe* $\mathscr{C}_n$ auf n Qubits ist definiert als der Normalteiler [38, §2] der Pauli-Gruppe $\mathscr{P}_n$, i.e.,

$$\mathscr{C}_n = \{U \in SU(2^n) : UPU^* \in \mathscr{P}_n \quad \forall P \in \mathscr{P}_n\}. \tag{10.4}$$

Eine Clifford-Gruppe besteht also aus Hadamard-, Phasen-, c-NOT- und Pauli-Gattern. Für $n \geq 2$ kann die Clifford-Gruppe $\mathscr{C}_n$ mit drei elementaren Quantengattern erzeugt werden, nämlich dem Hadamard-Gatter H, dem $\frac{\pi}{4}$-Gatter S und dem c-NOT-Gatter (oder alternativ dem kontrollierten Z-Gatter c-Z) [2].   □

Satz 10.5.3 (Gottesman-Knill 1998). *Besteht eine Quantenschaltung lediglich aus Qubit-präparationen in Rechenbasiszuständen, Gattern der Clifford-Gruppe und Messungen von Observablen in der Pauli-Gruppe (mit Messungen in der Rechenbasis als Spezialfall), so kann sie effizient auf einem klassischen Computer simuliert werden.*

Beweis. [46, §10.5.4], [2]. Der Beweis des Satzes basiert auf der Tatsache, dass Quantengatter, die Elemente der Clifford-Gruppe sind, die Menge bestimmter Zustände, der „Stabilisatorzustände", auf sich selbst abbildet. Genauer gesagt bezeichnet man einen n-Qubit-Zustand $|\psi\rangle$ als *Stabilisatorzustand*,[1] wenn er der eindeutige Eigenzustand zum Eigenwert $+1$ von n kommutierenden multilokalen Pauli-Operatoren P_j ist, den *Stabilisator-Erzeugern*; insbesondere gilt

$$P_j|\psi\rangle = |\psi\rangle, \qquad P_j \in \mathscr{P}_n, \qquad (j = 1, \ldots, n). \tag{10.5}$$

Die n Operatoren P_j erzeugen eine Abel'sche Gruppe, den *Stabilisator*, von 2^n Pauli-Operatoren, die alle die Stabilisierungsgleichung (10.5) erfüllen. Nun sind Rechenbasiszustände spezielle Stabilisatorzustände, und jedes Quantengatter U der Clifford-Gruppe bildet einen Stabilisatorzustand $|\psi\rangle$ auf einen anderen Stabilisatorzustand $U|\psi\rangle$ mit den Erzeugern $UP_jU^* \in \mathscr{P}_n$ ab.   □

Der Satz von Gottesmann-Knill zeigt damit, wie subtil die Grenze zwischen Quantenrechnen und klassischem Rechnen verläuft. Selbst solche Quantenrechnungen mit hochgradig verschränkten Zuständen wie beispielsweise Quantenteleportation oder das superdichte Kodieren können effizient auf einem klassischen Computer simuliert werden. Allerdings gehört das $\frac{\pi}{8}$-Gatter *nicht* nicht zur Clifford-Gruppe, und damit auch nicht das Toffoli-Gatter [46, Fig. 4.9]. Da die Quanten-Fouriertransformation eines Registers mit mehr als zwei Qubits das Rotationsgatter mit Phase $2\pi/q$ für $q \geq 8$ enthält, gehört sie ebenfalls nicht zur Clifford-Gruppe.

Beispiel 10.5.4. Um zu zeigen, dass das c-NOT-Gatter in der Clifford-Gruppe ist, betrachten wir die Pauli-Gruppe $\mathscr{P}_2 = \langle X_1, X_2, Z_1, Z_2 \rangle$, erzeugt von den Gattern auf das j-te Qubit wirkenden X_j, Z_j, $j = 1, 2$. Mit der Bezeichnung $U = \text{c-NOT}_2^1$ mit Qubit 1 als Kontroll-Qubit und Qubit 2 als Ziel-Qubit, erhalten wir

$$UX_1U^* = \begin{pmatrix} 1 & 0 & 0 & 0 \\ 0 & 1 & 0 & 0 \\ 0 & 0 & 0 & 1 \\ 0 & 0 & 1 & 0 \end{pmatrix} \begin{pmatrix} 0 & 0 & 1 & 0 \\ 0 & 0 & 0 & 1 \\ 1 & 0 & 0 & 0 \\ 0 & 1 & 0 & 0 \end{pmatrix} \begin{pmatrix} 1 & 0 & 0 & 0 \\ 0 & 1 & 0 & 0 \\ 0 & 0 & 0 & 1 \\ 0 & 0 & 1 & 0 \end{pmatrix} = \begin{pmatrix} 0 & 0 & 0 & 1 \\ 0 & 0 & 1 & 0 \\ 0 & 1 & 0 & 0 \\ 1 & 0 & 0 & 0 \end{pmatrix} = X_1 X_2,$$

und entsprechend

$$UX_2U^* = X_2, \qquad UZ_1U^* = Z_1, \qquad UZ_2U^* = Z_1 Z_2. \tag{10.6}$$

---

[1] Stabilistorzustände erscheinen sehr häufig im Quantenrechnen und umfassen Bell-Zustände, GHZ-Zustände und viele fehlerkorrigierende Codes [?, p. 365].

Da somit das c-NOT-Gatter die Erzeuger der Pauli-Gruppe $\mathscr{P}_2$ nach $\mathscr{P}_2$ abbildet, ist es in der Clifford-Gruppe. Analog erhalten wir die folgende Tabelle für einige Einzelqubit-Operatoren U der Clifford-Gruppe $\mathscr{C}_1$.

$$
\begin{array}{c|ccccc}
U & H & S & X & Y & Z \\
\hline
UXU^* & Z & Y & X & -X & -X \\
UZU^* & X & Z & -Z & -Z & Z
\end{array}
\tag{10.7}
$$

Insbesondere ist also $HXH^* = Z$, $HYH^* = -Y$, $HZH^* = X$. Nachdem also ein Hadamard-Gatter auf den durch Z stabilisierten Quantenzustand angewandt wird, nämlich auf $|0\rangle$, wird der resultierende Zustand $|+\rangle$ durch X stabilisiert. $\qquad\square$

Ein klassischer Computer kann damit einen Quantenalgorithmus simulieren, indem er einfach die Erzeuger der Stabilisator beim Durchlaufen der einzelnen Quantengatter verfolgt. Seien beispielsweise n Qubits in einem Zustand gegeben, dessen Stabilisator $\langle Z_1, Z_2, \ldots, Z_n \rangle$ ist. Dann ist leicht einzusehen, dass dieser Zustand genau $|0\rangle^{\otimes n} = |00\cdots 0\rangle$ ist. Wendet man das Hadamard-Gatter auf jedes der n Qubits an, so hat der Zustand nachher den Stabilisator $\langle X_1, X_2, \ldots, X_n \rangle$, d.h. dieser Zustand ist gerade die gleichgewichtete Superposition aller Rechenbasiszustände. Damit erfordert jedoch die Darstellung eines Quantenzustands in dem Stabilisatorformalismus lediglich n Operatoren, während die übliche Darstellung als Zustandsvektor 2^n komplexe Amplituden benötigt! Da sowohl H als auch c-NOT sich in der Clifford-Gruppe $\mathscr{C}_n$ für $n \geqq 2$ befinden, können somit sogar bestimmte verschränkte Quantenzustände durch den Stabilisatorformalismus effizient dargestellt werden.

Beispiel 10.5.5. Um die unitäre Dynamik im Stabisatorformalismus zu verstehen, betrachten wir den SWAP-Operator (3.27), $\text{SWAP} = \text{c-NOT}_2^1 \, \text{c-NOT}_1^2 \, \text{c-NOT}_2^1$. Dann transformieren sich die Operatoren Z_1 und Z_2 über die Sequenzen

$$
Z_1 \to Z_1 \to Z_1 Z_2 \to Z_2, \qquad Z_2 \to Z_1 Z_2 \to Z_1 \to Z_1.
\tag{10.8}
$$

Ähnlich gilt $X_1 \to X_2$ und $X_2 \to X_1$. $\qquad\square$

Der Zustand in einer Stabilisatorschaltung kann stets durch ein „Stabilisatortableau" beschrieben werden, das eine Matrix von $n \times n$ Operatoren der Menge $\{I, X, Y, Z\}$ ist, beispielsweis für $n = 4$:

$$
\begin{array}{c|cccc}
 & 1 & 2 & 3 & 4 \\
\hline
+ & Z & Z & X & I \\
+ & X & X & X & I \\
- & X & Z & Y & Z \\
+ & I & I & X & Y
\end{array}
\tag{10.9}
$$

Die Wirkung eines k-Qubit-Gatters kann dann durch die Aktualisierung der k Elemente der Matrix ($1 \leq k \leq n$) bestimmt werden, d.h. die Berechnung hat eine Zeitkomplexität $O(n^2)$. Eine effiziente Implementierung der Gatter der Clifford-Gruppe von Anders und Briegel, basierend auf einer Graphendarstellung eines Quantenregisters und mit 24 „lokalen Cliffordoperatoren" als mögliche Transformationen, hat für typische Simulationen der Quanten-Fehlerkorrektur sogar nur eine Zeitkomplexität von $O(n \log n)$.

Kapitel 11

Dichteoperatoren und Messungen

Bislang haben wir Quantenmechanik durch die Sprache der Zustandsvektoren formuliert. Ein alternativer Zugang verwendet den sogenannten Dichteoperator. Dieser Zugang ist äquivalent zu demjenigen der Zustandsvektoren, erweist sich allerdings in manchen Situationen als vorteilhafter.

11.1 Reine Zustände und Gemische

Der Zugang mit Hilfe von Dichteoperatoren ist vorteilhaft, um ein Quantensystem zu beschreiben, dessen Zustand nicht vollständig bekannt ist. Sei genauer $\mathcal{H}$ der Hilbert-Raum des Quantensystems. Die einfachsten Zustände sind die Einheitsvektoren $|\psi\rangle$ in $\mathcal{H}$. Sie heißen *reine Zustände*, und ihre *Dichteoperatoren* sind definiert als Projektoren vom Rang Eins, d.h. sie haben die Form $\rho = |\psi\rangle\langle\psi|$ mit $\|\psi\| = 1$. Falls $\mathcal{H}$ endliche Dimension n hat, so kann die Menge $\mathcal{R}_1(\mathcal{H})$ der zu reinen Zuständen gehörenden Dichteoperatoren mit dem komplexen projektiven Raum $\mathbb{C}P^{n-1}$ identifiziert werden. Da ein solcher Dichteoperator ρ ein Projektor ist, genügt er der Beziehung

$$\rho^2 = \rho. \tag{11.1}$$

Es gibt zwei wesentliche Kombinationsarten reiner Zustände, Superpositionen und Gemische. Seien $|\psi_1\rangle$, $|\psi_2\rangle$, ..., reine Zustände. Eine Superposition ist dann ein Zustand $|\psi\rangle$, der eine normalisierte komplexe Linearkombination reiner Zustände ist,

$$|\psi\rangle = \frac{1}{a}\sum_j a_j|\psi_j\rangle, \qquad \text{mit } a_j \in \mathbb{C}, \text{ und } a^2 = \sum_{i,j} a_i{}^* a_j \langle\psi_i|\psi_j\rangle. \tag{11.2}$$

Dann ist $|\psi\rangle$ wieder ein reiner Zustand, und sein Dichteoperator ist $\rho = |\psi\rangle\langle\psi|$. Andererseits ist ein *gemischter Zustand*, auch *Gemisch*, *Ensemble*, oder *inkohärente Superposition* genannt, gegeben durch die Konvexkombination[1] reiner Zustände $|\psi_1\rangle, |\psi_1\rangle, \ldots,$

$$|\psi\rangle = \sum_j p_j |\psi_j\rangle \qquad \text{where } p_j \in \mathbb{R}, \quad 0 \leqq p_j < 1, \quad \sum_j p_j = 1. \qquad (11.3)$$

Hier bezeichnet p_j die Wahrscheinlichkeit, das System in dem Zustand $|\psi_j\rangle$ zu finden. Das Gemisch wird durch die Menge der Paare $\{(p_j, |\psi_j\rangle)\}$ der reinen Zustände und ihrer zugehörigen Wahrscheinlichkeit dargestellt. Der *Dichteoperator*, oder *statistische Operator* eines Gemisches $\{(p_j, |\psi_j\rangle)\}$ ist gegeben durch

$$\rho = \sum_j p_j \rho_j, = \sum_j p_j |\psi_j\rangle\langle\psi_j| \qquad (11.4)$$

mit $\rho_j = |\psi_j\rangle\langle\psi_j|$. ρ wird oft auch „Dichtematrix" genannt. Der Dichteoperator eines gemischten Zustands (mit $p_j < 1$ für alle j) genügt der Ungleichung $\rho^2 \neq \rho$. Ist $\mathscr{H}$ endlichdimensional, so sind alle Dichteoperatoren von der Form (11.4), so dass die Menge $\mathscr{R}_1(\mathscr{H})$ der Dichteoperatoren reiner Zustände von $\mathscr{H}$ die konvexe Hülle der Menge $\mathscr{R}(\mathscr{H})$ aller Dichteoperatoren ist.

Beispiel 11.1.1. Sei $\mathscr{H} = \mathbb{C}^2$ der Hilbert-Raum eines Teilchens mit Spin-$\frac{1}{2}$ (der „Spinorraum"). Dann wird ein Dichteoperator ρ dargestellt durch die 2×2-Matrix

$$\rho = \begin{pmatrix} \rho_{11} & \rho_{12} \\ \rho_{21} & \rho_{22} \end{pmatrix}$$

mit $\rho_{21} = \rho_{12}^*$ und reellen Eigenwerten $\lambda_1, \lambda_2 \geq 0$, für die $\lambda_1 + \lambda_2 = 1$ gilt. Er stellt dann und nur dann einen reinen Zustand dar, wenn $\rho^2 = \rho$, d.h. genau dann, wenn

$$\rho_{11} = \frac{1 \pm \sqrt{1 - 4\rho_{12}\rho_{21}}}{2}, \qquad \rho_{22} = \frac{1 \mp \sqrt{1 - 4\rho_{12}\rho_{21}}}{2}. \qquad (11.5)$$

Insbesondere gilt $\det \rho = 0$. Der Raum der Dichteoperatoren reiner Zustände $\mathscr{R}_1(\mathbb{C}^2)$ kann mit der Sphäre S^2 identifiziert werden, die im Rahmen der Quantenphysik als Poincaré-Sphäre oder Bloch-Sphäre bekannt ist. $\mathscr{H}$ hat komplexe Dimension 2, der Raum der allgemeinen Operatoren auf $\mathscr{H}$ hat reelle Dimension 8, und der Raum $\mathbb{SA}(\mathscr{H})$ der selbstadjungierten Operatoren (Observablen) hat reelle Dimension 4, aufgespannt von den vier Pauli-Matrizen σ_j. Wir können einen reinen Zustand als $|\psi\rangle \in \mathbb{C}^2$ schreiben, wie in (2.3). Sein Dichteoperator ρ hat dann die Form

$$\rho = |\psi\rangle\langle\psi| = \begin{pmatrix} |\alpha_0|^2 & \alpha_0\alpha_1^* \\ \alpha_0^*\alpha_1 & |\alpha_1|^2 \end{pmatrix} = \begin{pmatrix} \cos^2\frac{\vartheta}{2} & e^{-i\varphi}\cos\frac{\vartheta}{2}\sin\frac{\vartheta}{2} \\ e^{i\varphi}\cos\frac{\vartheta}{2}\sin\frac{\vartheta}{2} & \sin^2\frac{\vartheta}{2} \end{pmatrix} \qquad (11.6)$$

wobei $|\psi\rangle = |\psi(\vartheta, \varphi, \delta)\rangle = \binom{\alpha_0}{\alpha_1}$ mit $\alpha_0 = e^{i(\delta - \varphi/2)}\cos\frac{\vartheta}{2}$ und $\alpha_1 = e^{i(\delta + \varphi/2)}\sin\frac{\vartheta}{2}$. Es gilt

$$|\alpha_0\alpha_1^*| = \tfrac{1}{2}\sin\vartheta \leqq \tfrac{1}{2}. \qquad (11.7)$$

---

[1] Eine *Konvexkombination* von Vektoren ist eine Linearkombination mit nichtnegativen Koeffizienten, deren Gesamtsumme gleich Eins ist.

Der Dichteoperator ρ hängt nicht von der globalen Phase δ seines Zustands $|\psi\rangle$ ab. Ein wenig Algebra zeigt, dass ρ zu $\rho = (\mathbf{1} + \mathbf{u} \cdot \sigma)/2$ umgeformt werden kann, wobei $\sigma = (\sigma_x, \sigma_y, \sigma_z)$ gilt und $\mathbf{u} = \mathbf{u}(\vartheta, \varphi)$ der Punkt auf S^2 mit den Polarkoordinaten (ϑ, φ) ist. Tatsächlich stimmt (11.6) mit (11.5) überein, siehe Aufgabe 11.1.

Seien speziell $|0\rangle = |\psi(0, 0, 0)\rangle = \binom{1}{0}$, und $|1\rangle = |\psi(\pi, 0, 0)\rangle = \binom{0}{1}$ eine Orthonormalbasis des Spinorraums $\mathscr{H}$. Dann lauten ihre Überlagerung (11.2) mit $a_1 = \sqrt{p_1}$ und $a_2 = \sqrt{p_2}$ für $p_0, p_1 > 0$ und $p_1 + p_2 = 1$, und ihr Gemisch (11.3) entsprechend

$$|\psi\rangle = \sqrt{p_1} |0\rangle + \sqrt{p_2} |1\rangle, \qquad |\tilde{\psi}\rangle = p_1 |0\rangle + p_2 |1\rangle. \tag{11.8}$$

Der Dichteoperator von $|\psi\rangle$ ist dann

$$\rho = |\psi\rangle\langle\psi| = \begin{pmatrix} p_1 & \sqrt{p_1 p_2} \\ \sqrt{p_1 p_2} & p_2 \end{pmatrix}, \tag{11.9}$$

während der Dichteoperator von $|\tilde{\psi}\rangle$ wegen (11.4) durch

$$\tilde{\rho} = p_1 |0\rangle\langle 0| + p_2 |1\rangle\langle 1| = \begin{pmatrix} p_1 & 0 \\ 0 & p_2 \end{pmatrix} \tag{11.10}$$

gegeben ist. Es gilt $\rho^2 = \rho$, jedoch $\tilde{\rho}^2 = \text{diag}(p_1^2, p_2^2) \neq \tilde{\rho}$. Damit stellt $|\psi\rangle$ tatsächlich einen reinen Zustand dar, $|\tilde{\psi}\rangle$ jedoch nicht, ganz wie erwartet. Insbesondere erhalten wir für $p_1 = p_2 = \frac{1}{2}$ die Superposition $|\psi\rangle = \frac{1}{\sqrt{2}} \binom{1}{1}$ und den gemischten Zustand $|\psi\rangle = \frac{1}{2} \binom{1}{1}$, mit den jeweiligen Dichteoperatoren

$$\rho = \frac{1}{2} \begin{pmatrix} 1 & 1 \\ 1 & 1 \end{pmatrix}, \qquad \tilde{\rho} = \frac{1}{2} (|0\rangle\langle 0| + |1\rangle\langle 1|) = \frac{1}{2} \begin{pmatrix} 1 & 0 \\ 0 & 1 \end{pmatrix}, \tag{11.11}$$

Es gilt $\rho^2 = \rho$, aber $\tilde{\rho}^2 = \frac{1}{2} \tilde{\rho} \neq \tilde{\rho}$. $\qquad\qquad \square$

Beispiel 11.1.2. *(Gemischte Zustände)* In Gleichung (11.11) sahen wir, dass der gemischte Zustand von $|0\rangle$ und $|1\rangle$ mit den reinen Dichteoperatoren $|0\rangle\langle 0|$ und $|1\rangle\langle 1|$ den Dichteoperator $\tilde{\rho} = \frac{1}{2} \mathbf{1}$ besitzt. Nun können wir für einen beliebigen Zustand $|\phi_1\rangle = \alpha |0\rangle + \beta |1\rangle$ mit $|\alpha|^2 + |\beta|^2 = 1$ eines einzelnen Qubits die vier Zustände

$$|\phi_1\rangle = \alpha |0\rangle + \beta |1\rangle = \begin{pmatrix} \alpha \\ \beta \end{pmatrix}, \qquad |\phi_2\rangle = \alpha |0\rangle - \beta |1\rangle = \begin{pmatrix} \alpha \\ -\beta \end{pmatrix}, \tag{11.12}$$

$$|\phi_3\rangle = \beta |0\rangle + \alpha |1\rangle = \begin{pmatrix} \beta \\ \alpha \end{pmatrix}, \qquad |\phi_4\rangle = \beta |0\rangle - \alpha |1\rangle = \begin{pmatrix} \beta \\ -\alpha \end{pmatrix} \tag{11.13}$$

konstruieren. Es gilt

$$|\phi_1\rangle\langle\phi_1| = \begin{pmatrix} \alpha^* \\ \beta^* \end{pmatrix} \cdot (\alpha, \beta) = \begin{pmatrix} |\alpha|^2 & \alpha^*\beta \\ \alpha\beta^* & |\beta|^2 \end{pmatrix}, \quad |\phi_2\rangle\langle\phi_2| = \begin{pmatrix} \alpha^* \\ -\beta^* \end{pmatrix} \cdot (\alpha, -\beta) = \begin{pmatrix} |\alpha|^2 & -\alpha^*\beta \\ -\alpha\beta^* & |\beta|^2 \end{pmatrix},$$

$$|\phi_3\rangle\langle\phi_3| = \begin{pmatrix} \beta^* \\ \alpha^* \end{pmatrix} \cdot (\beta, \alpha) = \begin{pmatrix} |\beta|^2 & \alpha\beta^* \\ \alpha^*\beta & |\alpha|^2 \end{pmatrix}, \quad |\phi_4\rangle\langle\phi_4| = \begin{pmatrix} \beta^* \\ -\alpha^* \end{pmatrix} \cdot (\beta, -\alpha) = \begin{pmatrix} |\beta|^2 & -\alpha\beta^* \\ -\alpha^*\beta & |\alpha|^2 \end{pmatrix}.$$

Somit ergibt das Mischen der vier Zustände den Dichteoperator

$$\rho = \sum_{i=1}^{4} \tfrac{1}{4}\, |\phi_i\rangle\langle\phi_i| = \tfrac{1}{2}\, \mathbf{1} \tag{11.14}$$

Das Mischen der vier Zustände $|\phi_1\rangle, \ldots, |\phi_4\rangle$ liefert also denselben Dichteoperator wie das Mischen der Zustände $|0\rangle$ und $|1\rangle$. □

Satz 11.1.3. (Gleason [1957]) *Sei $\mathcal{H}$ ein Hilbert-Raum mit Dimension $\dim_{\mathbb{C}}\mathcal{H} \geq 3$. Dann hat jedes Wahrscheinlichkeitsmaß auf dem Raum $L(\mathcal{H})$ von Projektionen die Gestalt $\mu(\mathbf{P}) = \mathrm{tr}\,(\rho\mathbf{P})$, mit einem Dichteoperator ρ on $\mathcal{H}$.*

Der Satz von Gleason rechtfertigt es daher, Dichteoperatoren als Zustände eines Quantensystems zu betrachten. Eine wichtige direkte Konsequenz des Satzes von Gleason ist, dass $L(\mathcal{H})$ kein Wahrscheinlichkeitsmaß erlaubt, das ausschließlich die Werte 0 und 1 annimmt. Um das einzusehen beachte man, dass für jeden Dichteoperator ρ die Abbildung $u \mapsto \langle\rho u|u\rangle$ stetig auf der Einheitssphäre von $\mathcal{H}$ ist. Da sie jedoch zusammenhängend ist, kann eine stetige Funktion auf ihr nicht ausschließlich die diskreten Werte 0 und 1 annehmen. Damit schließt der Satz die Möglichkeit „verborgener Variablen" aus, Thema einer langen Debatte, die durch die Experimente von Aspect [5] in den frühen 1980er Jahren entschieden wurde.

Es wird sich herausstellen, dass die Postulate der Quantenmechanik in der Sprache der Dichteoperatoren umformuliert werden können. Ob man also den Zugang mit Dichteoperatoren oder den mit Zustandsvektoren wählt, ist daher also nur eine Geschmackssache, denn beide ergeben dieselben Ergebnisse. Oft können einzelne Probleme jedoch einfacher in dem einen oder anderen Formalismus betrachtet werden.

Nehmen wir beispielsweise an, dass die Entwicklung eines geschlossenen Quantensystems durch den unitären Operator U beschrieben wird. Ist das System anfangs in dem Zustand $|\psi_j\rangle$ mit der Wahrscheinlichkeit p_j, so wird es sich nach der Wirkung von U in dem Zustand $U|\psi_j\rangle$ mit der Wahrscheinlichkeit p_j befinden. Die Entwicklung des Dichteoperators ρ wird also beschrieben durch

$$\rho = \sum_{j} p_j|\psi_j\rangle\langle\psi_j| \;\xrightarrow{\;U\;}\; \sum_{j} p_j U|\psi_j\rangle\langle\psi_j|U^* = U\rho U^*. \tag{11.15}$$

11.2 Eigenschaften des Dichteoperators

11.2.1 Die Spur eines Operators

Die *Spur (trace)* $\mathrm{tr}\,A \in \mathbb{C}$ eines Operators A ist definiert als die Reihe

$$\mathrm{tr}\,A = \sum_{j}\langle j|A|j\rangle \tag{11.16}$$

für eine Orthonormalbasis $|j\rangle$, wenn die Zahl $\mathrm{tr}\,A$ unabhängig von der Basis $|j\rangle$, [71, §5.16]. Die Spur ist zyklisch, $\mathrm{tr}\,(AB) = \mathrm{tr}\,(BA)$, und linear, $\mathrm{tr}\,(aA + bB) = a\,\mathrm{tr}\,A + b\,\mathrm{tr}\,B$ für $a, b \in \mathbb{C}$, wie man leicht nachprüft. Da die Spur eines Operators zyklisch ist, ist sie invariant unter der unitären Ähnlichkeitstransformation $A \mapsto UAU^*$, da $\text{tr}\,(UAU^*) = \text{tr}\,(U^*UA) = \text{tr}\,A$. Die Spur eines Operators ist also wohldefiniert.

Als ein Beispiel der Spur nehmen wir $|\psi\rangle$ als einen Einheitsvektor und A als einen beliebigen Operator an. Um $\text{tr}\,(A|\psi\rangle\langle\psi|)$ zu berechnen, wenden wir das Schmidt'sche Orthonormalisierungsverfahren an, um $|\psi\rangle$ zu einer Orthonormalbasis $|j\rangle$ zu erweitern, die $|\psi\rangle$ als sein erstes Element beinhaltet. Dann gilt

$$\text{tr}\,(A|\psi\rangle\langle\psi|) = \sum_j \langle j|A|\psi\rangle\,\langle\psi|j\rangle = \langle\psi|A|\psi\rangle. \tag{11.17}$$

Diese Beziehung ist sehr nützlich für die Berechnung der Spur eines Operators.

Ein durch (11.4) gegebener Dichteoperator wird oft als „von der Spurklasse" oder als „nuklearer" Operator bezeichnet. Solche Operatoren sind kompakt. Die Klasse aller Operatoren, die Dichteoperatoren sind, wird duch den folgenden Satz charakterisiert.

Satz 11.2.1. (Charakterisierung von Dichteoperatoren) *Ein Operator ρ ist dann und nur dann der Dichteoperator eines Gemisches $\{(p_j, |\psi_j\rangle)\}$, wenn er die folgenden Bedingungen erfüllt:*

1. *(Spurbedingung)* $\text{tr}\,\rho = 1$.

2. *(Positivitätsbedingung)* ρ *ist ein positiver Operator.*

Beweis. Sei $\rho = \sum_j p_j |\psi_j\rangle\langle\psi_j|$ ein Dichteoperator. Dann gilt $\text{tr}\,\rho = \sum_j p_j \text{tr}\,(|\psi_j\rangle\langle\psi_j|) = \sum_j p_j = 1$. Die zweite Gleichung folgt hierbei aus (11.17) für $A = I$. Ferner gilt für einen beliebigen Vektor $|\phi\rangle$ im Zustandsraum

$$\langle\phi|\rho|\phi\rangle = \sum_j p_j \langle\phi|\psi_j\rangle\langle\psi_j|\phi\rangle = \sum_j p_j |\langle\phi|\psi_j\rangle|^2 \geqq 0. \tag{11.18}$$

Sei nun umgekehrt ρ ist ein beliebiger Operator, der der Spur- und der Positivitätsbedingung genügt. Da ρ positiv ist, muss er eine Spektralzerlegung $\rho = \sum_j \lambda_j |j\rangle\langle j|$ besitzen, bei der die Vektoren $|j\rangle$ orthogonal und $\lambda_j \geq 0$ reelle Eigenwerte von ρ sind. Aus der Spurbedingung folgt $\sum_j \lambda_j = 1$. Also hat das Gemisch $\{(\lambda_j, |j\rangle)\}$ den Dichteoperator ρ. □

11.2.2 Messungen

Messungen werden recht einfach dargestellt in der Sprache der Dichteoperatoren. Nehmen wir an, wir führen eine durch den Messoperator M_m beschriebene Messung durch. War der Anfangszustand $|\psi_j\rangle$, so ist mit (11.17) die Wahrscheinlichkeit für das Messergebnis m gegeben durch

$$P(m|j) = \langle\psi_j|M_m^* M_m|\psi_j\rangle = \text{tr}\,(M_m^* M_m|\psi_j\rangle\langle\psi_j|). \tag{11.19}$$

Mit dem Gesetz der totalen Wahrscheinlichkeit beträgt die Wahrscheinlichkeit für den Messwert m daher

$$P(m) = \sum_j p_j P(m|j) = \sum_j p_j \text{tr}\,(M_m^* M_m|\psi_j\rangle\langle\psi_j|) = \text{tr}\,(M_m^* M_m \rho). \tag{11.20}$$

Wie lautet der Dichteoperator des Systems, nachdem das Messergebnis m erlangt wurde? War der Anfangszustand $|\psi_j\rangle$, so lautet der Zustand $|\psi_j{}^m\rangle$ Erlangung des Messwerts m

$$|\psi_j{}^m\rangle = \frac{M_m|\psi_j\rangle}{\sqrt{\langle\psi_j|M_m^* M_m|\psi_j\rangle}}. \tag{11.21}$$

Nach einer Messung des Ergebnisses m liegt uns also ein Gemisch der Zustände $|\psi_j{}^m\rangle$ mit entsprechenden bedingten Wahrscheinlichkeiten $P(j|m)$ vor. Der zugehörige Dichteoperator ρ_m lautet dann

$$\rho_m = \sum_j P(j|m)\,|\psi_j{}^m\rangle\langle\psi_j{}^m| = \sum_j P(j|m)\,\frac{M_m|\psi_j\rangle\langle\psi_j|M_m^*}{\langle\psi_j|M_m^* M_m|\psi_j\rangle}. \tag{11.22}$$

Mit elementarer Wahrscheinlichkeitstheorie gilt $P(i|m) = \frac{P(m,i)}{P(m)} = \frac{P(m|i)}{P(m)}$, und durch Einsetzen von (11.19) und (11.20) erhalten wir

$$\rho_m = \sum_j p_j \frac{M_m|\psi_j\rangle\langle\psi_j|M_m^*}{\operatorname{tr}\left(M_m^* M_m\rho\right)} = \frac{M_m\rho M_m^*}{\operatorname{tr}\left(M_m^* M_m\rho\right)} \tag{11.23}$$

Damit können die sich auf unitäre Entwicklung und Messung beziehenden Postulate der Quantenmechanik in der Sprache der Dichteoperatoren umformuliert werden.

11.2.3 Postulate der Quantenmechanik im Formalismus der Dichteoperatoren

Da Satz 11.2.1 eine Charakterisierung der Dichteoperatoren liefert, können wir einen Dichteoperator als einen positiven Operator mit Spur gleich Eins *definieren*. Mit dieser Definition können wir die Postulate der Quantenmechanik im Bild der Dichteoperatoren neu formulieren.

Postulat 1: Mit einem isolierten physikalischen Quantensystem ist stets ein Hilbert-Raum $(\mathcal{H}, \langle\cdot,\cdot\rangle)$ verknüpft, d.h. ein vollständiger komplexer Vektorraum mit innerem Produkt $\langle\cdot,\cdot\rangle$, der *Zustandsraum* des Systems. Das System ist vollständig beschrieben durch seinen *Dichteoperator*, der ein positiver Operator ρ mit Spur Eins ist und auf dem Zustandsraum des Systems wirkt. Ist ein Quantensystem mit der Wahrscheinlichkeit p_i in dem Zustand ρ_i, so ist sein Dichteoperator $\rho = \sum_j p_j\rho_j$, vgl. (11.4).

Postulat 2: Die Evolution eines *geschlossenen* Quantensystems wird durch eine unitäre Transformation beschrieben, d.h. der Zustand ρ des Systems zum Zeitpunkt t_1 ist mit dem Zustand ρ' des Systems zum Zeitpunkt t_2 durch einen unitären Operator $U = U(t_1, t_2)$ verknüpft, $\rho' = U\rho U^*$, vgl. (11.15).

Postulat 3: Quantenmessungen werden durch eine Menge $\{M_m\}$ von *Messoperatoren* beschrieben, die auf dem Zustandsraum des zu messenden Systems wirken. Der Index m bezeichnet dabei den Messwert des Messexperiments. Ist das

Quantensystem direkt vor der Messung in dem Zustand ρ, so lautet die Wahrscheinlichkeit $P(m) = \text{tr}\,(M_m^* M_m \rho)$, für die Messung des Wertes m, vgl. (11.20), und der Zustand des System nach der Messung ist $\rho_m = \frac{M_m \rho M_m^*}{\text{tr}\,(M_m^* M_m \rho)}$, vgl. (11.23). Die Messoperatoren genügen den *Vollständigkeitsbeziehungen*

$$\sum_m M_m^* M_m = I. \tag{11.24}$$

Postulat 4: Der Zustandsraum eines zusammengesetzten Quantensystems ist das Tensorprodukt der Zustandsräume der physikalischen Teilsysteme. Sind die Systeme zudem von 1 bis n nummeriert und ist System Nummer j im Zustand ρ_j präpariert, so ist der Zustand des Gesamtsystems $\rho_1 \otimes \rho_2 \otimes \cdots \otimes \rho_n$.

11.3 Zusammengesetzte Systeme und Verschränkung

Der Formalismus der Dichteoperatoren ermöglicht einen etwas klareren Blick auf zusammengesetzte Systeme und auf Verschränkung, als der Formalismus der Zustandsvektoren ihn bietet. Insbesondere ist es möglich, Verschränkung zu quantifizieren.

11.3.1 System und Umgebung

In der realen Welt gibt es keine isolierten Spin-$\frac{1}{2}$-Systeme. Quantensysteme sind stets an die „Umgebung" gekoppelt, und durch diese Kopplung müssen wir auf einige der Annehmlichkeiten verzichten, an die wir bei isolierten Quantensystemen gewöhnt sind: Zustände sind nicht mehr unbedingt Einheitsvektoren des Hilbert-Raums; Messungen sind nicht mehr orthogonale Projektionen auf den Endzustand; die zeitliche Entwicklung ist nicht mehr unitär.

Das einfachste Beispiel eines zusammengesetzten Systems ist gegeben durch ein Qubit A, das „System", auf das wir Zugriff haben, und einem weiteren Qubit B, die „Umgebung", auf die wir keinen Zugriff haben. Die zwei Zustandsmengen $\{|0^A\rangle, |1^A\rangle\}$ und $\{|0^B\rangle, |1^B\rangle\}$ sind jeweils Orthonormalbasen der Hilbert-Räume $\mathscr{H}^A \cong \mathscr{H}^B \cong \mathbb{C}^2$ der beiden Teilsysteme. Das zusammengesetzte 2-Qubit-System mit seinem vierdimensionalem Hilbert-Raum $\mathscr{H}^{AB} = \mathscr{H}^A \otimes \mathscr{H}^B \cong \mathbb{C}^4$ ist der einfachste Rahmen, um die Begriffe der reinen und gemischten Zustände eines einzelnen Teilsystems und der Verschränkung von Teilsystemen zu untersuchen.

Sind Teilsysteme A und B in den Zuständen $|\psi^A\rangle$ bzw. $|\phi^B\rangle$, so ist das zusammengesetzte System in dem *(direkten) Produktzustand* $|\psi^A\rangle \otimes |\phi^B\rangle \in \mathscr{H}^{AB}$. Produktzustände sind die einfachsten, allerdings nicht die einzig möglichen Zustände des zusammengesetzten Systems. Gemäß dem Superpositionsprinzip der Quantenmechanik, also eigentlich der Vektorraumstruktur des Zustandsraums $\mathscr{H}^{AB}$, ist jede Linearkombination von Produktzuständen wieder ein möglicher Zustand des zusammengesetzten Systems. So ist jedoch beispielsweise der Zustand

$$|\psi^A\rangle \otimes |\phi^B\rangle + |\chi^A\rangle \otimes |\lambda^B\rangle \in \mathscr{H}^{AB} \tag{11.25}$$

kein Produktzustand, wenn sowohl $|\psi^A\rangle$ und $|\chi^A\rangle$ als auch $|\phi^B\rangle$ und $|\lambda^B\rangle$ jeweils linear unabhängig sind. Wie bereits oben definiert, heißt ein Zustand *verschränkt*, wenn er kein Produktzustand ist. Allerdings ist es nicht immer einfach zu sehen, ob ein gegebener Zustand ein Produktzustand ist oder nicht. Sei der allgemeine Zustand $|\psi\rangle \in \mathscr{H}^{AB}$ durch

$$|\psi\rangle = \sum_{j,k=0}^{1} a_{jk}|j^A\rangle \otimes |k^B\rangle, \qquad \text{für } a_{jk} \in \mathbb{C}, \tag{11.26}$$

gegeben, d.h. $|\psi\rangle = a_{00}|0^A\rangle \otimes |0^B\rangle + a_{01}|0^A\rangle \otimes |1^B\rangle + a_{10}|1^A\rangle \otimes |0^B\rangle + a_{11}|1^A\rangle \otimes |1^B\rangle$. $|\psi\rangle$ ist genau dann ein Produktzustand, wenn es Zahlen $\alpha_0, \alpha_1, \beta_0, \beta_1 \in \mathbb{C}$ gibt, so dass

$$a_{jk} = \alpha_j\beta_k, \tag{11.27}$$

da in diesem Falle $|\psi\rangle = \left(\alpha_0|0^A\rangle + \alpha_1|1^A\rangle\right) \otimes (\beta_0|0^B\rangle + \beta_1|1^B\rangle)$ gilt. Gl. (11.27) impliziert

$$\sum_{j,k=0}^{1} a_{jk} = (\alpha_0 + \alpha_1)(\beta_0 + \beta_1). \tag{11.28}$$

Der Zustand

$$|\psi\rangle = \alpha_{00}|0^A\rangle \otimes |0^B\rangle + \alpha_{11}|1^A\rangle \otimes |1^B\rangle \qquad \text{mit} \qquad |\alpha_{00}|^2 + |\alpha_{11}|^2 = 1. \tag{11.29}$$

ist für $\alpha_{00}, \alpha_{11} \neq 0$ verschränkt. Eine Messung des Qubits A liefert das Ergebnis "0" und den Zustand $|0^A\rangle \otimes |0^B\rangle$ mit der Wahrscheinlichkeit $|\alpha_{00}|^2$, oder das Ergebnis "1" und den Zustand $|1^A\rangle \otimes |1^B\rangle$ mit Wahrscheinlichkeit $|\alpha_{11}|^2$. In beiden Fällen legt die Messung von A den Zustand von B mit Sicherheit fest, und umgekehrt.

Für einen Zwei-Qubit-Zustand $|\psi\rangle = \sum a_{jk}|jk\rangle \in \mathscr{H}^{AB}$ lautet der zugehörige Dichteoperator $\rho = |\psi\rangle\langle\psi|$, also

$$\rho = (a_{jk}a_{lm}^*)_{j,k,l,m=0,1} = \begin{pmatrix} |a_{00}|^2 & a_{00}a_{01}^* & a_{00}a_{10}^* & a_{00}a_{11}^* \\ a_{01}a_{00}^* & |a_{01}|^2 & a_{01}a_{10}^* & a_{01}a_{11}^* \\ a_{10}a_{00}^* & a_{10}a_{01}^* & |a_{10}|^2 & a_{10}a_{11}^* \\ a_{11}a_{00}^* & a_{11}a_{01}^* & a_{11}a_{10}^* & |a_{11}|^2 \end{pmatrix}. \tag{11.30}$$

Es gilt

$$\rho^2 = \left(\sum_{j,k=0}^{1} |a_{jk}|^2\right)\rho. \tag{11.31}$$

Ist $|\psi\rangle$ ein reiner Zustand, d.h. $\sum |a_{jk}|^2 = 1$, so folgt $\rho^2 = \rho$.

Für den Zustand $|\psi\rangle$ in Gl. (2.36) auf Seite 26 gilt $a_{00} = a_{11} = -a_{01} = -a_{10} = \frac{1}{2}$ und $\alpha_0 = \alpha_1 = -\beta_0 = -\beta_1 = \frac{1}{\sqrt{2}}$, d.h. Gl. (11.27) ist erfüllt und $|\psi\rangle$ damit ein Produktzustand. Demgegenüber ist der Zustand

$$|\phi\rangle = \tfrac{1}{2}\left(|00\rangle - |01\rangle + |10\rangle + |11\rangle\right) \tag{11.32}$$

kein Produktzustand, d.h. $|\phi\rangle$ ist verschränkt (Aufgabe 11.4).

Beispiel 11.3.1. *(Bogoliubov-Transformation)* Verschränkung ist ein von der gewählten Basis des Zustandsraums abhängiger Begriff. Betrachten wir beispielsweise die Bell-Zustände

$$|\Phi^\pm\rangle = \frac{|0^A\rangle \otimes |0^E\rangle \pm |1^A\rangle \otimes |1^B\rangle}{\sqrt{2}}, \qquad |\Psi^\pm\rangle = \frac{|0^A\rangle \otimes |1^B\rangle \pm |1^A\rangle \otimes |0^B\rangle}{\sqrt{2}} \qquad (11.33)$$

Jeder dieser Zustände ist verschränkt. Physikalisch kann $|\Psi^+\rangle$ einen „Ein-Photon-Zustand" darstellen, bei dem die „Moden" A und B sich in verschiedenen räumlichen Bereichen befinden [39, p. 46]. Durch eine Redefinition der Moden, eine „Bogoliubov-Transformation"[2] $|\psi\rangle \mapsto |\hat\psi\rangle = U|\psi\rangle$, wo der Operator U in der üblichen Rechenbasis (2.19) durch

$$U = \frac{1}{\sqrt{2}} \begin{pmatrix} 1 & 0 & 0 & 1 \\ 0 & 1 & -1 & 0 \\ 0 & 1 & 1 & 0 \\ -1 & 0 & 0 & 1 \end{pmatrix} \qquad (11.34)$$

gegeben ist (beachte $U^* = U^{-1}$, da U unitär), berechnen wir für

$$|\Phi^\pm\rangle = \frac{1}{\sqrt{2}} \begin{pmatrix} 1 \\ 0 \\ 0 \\ \pm 1 \end{pmatrix}, \qquad |\Psi^\pm\rangle = \frac{1}{\sqrt{2}} \begin{pmatrix} 0 \\ 1 \\ \pm 1 \\ 0 \end{pmatrix}, \qquad (11.35)$$

dass

$$U\,\Phi^+\rangle = |0^A\rangle \otimes |0^B\rangle, \quad U|\Phi^-\rangle = -|1^A\rangle \otimes |1^B\rangle, \qquad (11.36)$$

$$U|\Psi^+\rangle = |1^A\rangle \otimes |0^B\rangle, \quad U|\Psi^-\rangle = |0^A\rangle \otimes |1^B\rangle. \qquad (11.37)$$

Die Bell-Zustände $|\Phi^\pm\rangle$, $|\Psi^\pm\rangle$ sind also in der Basis $\{|\hat\jmath\rangle \otimes |\hat k\rangle\}_{jk}$ mit $|\hat\jmath\rangle \otimes |\hat k\rangle = U^{-1}|j^A\rangle \otimes |k^B\rangle$ Produktzustände! Allerdings besteht die neue Basis selbst aus bezüglich der Subsysteme A und B verschränkten Zuständen (z.B. $|0^A\rangle \otimes |0^B\rangle = |\Phi^+\rangle$). U in (11.34) ist eine „globale unitäre Transformation", die gar nicht lokal in einem der Teilsysteme ausgeführt werden kann [41, pp. 42]. $\qquad\square$

---

[2] Eine Bogoliubov-Transformation ist für ein Ein-Komponenten-System von Bosonen durch

$$\begin{pmatrix} b_k \\ b_k^\dagger \end{pmatrix} = \begin{pmatrix} \cosh\omega_k & e^{i\theta_k}\sinh\omega_k \\ e^{-i\theta_k}\sinh\omega_k & \cosh\omega_k \end{pmatrix} \begin{pmatrix} a_k \\ a_k^\dagger \end{pmatrix},$$

definiert, und für ein Zwei-Spin-System von Fermionen durch

$$\begin{pmatrix} b_{\uparrow k} \\ b_{\downarrow k} \\ b_{\uparrow k}^\dagger \\ b_{\downarrow k}^\dagger \end{pmatrix} = \begin{pmatrix} \cos\omega_k & 0 & 0 & -ie^{i\theta_k}\sin\omega_k \\ 0 & \cos\omega_k & ie^{i\theta_k}\sin\omega_k & 0 \\ 0 & ie^{-i\theta_k}\sin\omega_k & \cos\omega_k & 0 \\ -ie^{-i\theta_k}\sin\omega_k & 0 & 0 & \cos\omega_k \end{pmatrix} \begin{pmatrix} a_{\uparrow k} \\ a_{\downarrow k} \\ a_{\uparrow k}^\dagger \\ a_{\downarrow k}^\dagger \end{pmatrix},$$

mit $\omega_k, \theta_k \in \mathbb{R}$, $k \in \mathbb{R}^3$, den Vernichtungsoperatoren $a_k, b_k, \dots$, und den Erzeugungsoperatoren $a_k^\dagger, b_k^\dagger, \dots$, für die die Kommutativbeziehungen $[a_k, a_{k'}^\dagger] = \delta_{kk'}$, $[a_k, a_{k'}] = 0$, $[a_k^\dagger, a_{k'}^\dagger] = 0$, $\dots$, gelten cf. [19, §8.1]. Die Transformation U in (11.34) ist also eine Bogoliubov-Transformation mit $\omega_k = \frac{\pi}{4}$ und $\theta_k = \frac{\pi}{2}$.

11.3.2   Der reduzierte Dichteoperator

Um ein Teilsystem eines zusammengesetzten Quantensystem zu beschreiben, ist der folgende Begriff sehr nützlich. Nehmen wir an, dass sich zwei physikalische Systeme in einem durch den Dichteoperator ρ^{AB} dargestellten Zustand befinden. Der *reduzierte Dichteoperator* ρ^A für das Teilsystem A ist dann definiert durch

$$\rho^A = \mathrm{tr}_B(\rho^{AB}). \tag{11.38}$$

Hier ist tr_B die *partielle Spur* über das Teilsystem B definiert als der lineare Operator, für den gilt

$$\mathrm{tr}_B\left(|\psi^A\rangle\langle\phi^A| \otimes |\chi^B\rangle\langle\lambda^B|\right) := |\psi^A\rangle\langle\phi^A| \, \mathrm{tr}\left(|\chi^B\rangle\langle\lambda^B|\right), \tag{11.39}$$

wo $|\psi^A\rangle$ und $|\phi^A\rangle \in \mathscr{H}^A$ zwei Vektoren in dem Zustandsraum von A sind, während $|\chi^B\rangle$ und $|\lambda^B\rangle \in \mathscr{H}^B$ zwei Vektoren in dem Zustandsraum von B. Hier ist die Spuroperation rechts die übliche Spuroperation für System B, also $\mathrm{tr}(|\chi^B\rangle\langle\lambda^B|) = \langle\lambda|\chi^B\rangle$ wegen (11.17). Statistisch gesehen ist die partielle Spur tr_B somit eine gewichtete Summierung aller Möglichkeiten des Zustands von B, d.h. sein Erwartungswert.

Es ist nicht offensichtlich, dass der reduzierte Dichteoperator für System A tatsächlich eine physikalisch sinnvolle Beschreibung des Zustands von System A ist. Der reduzierte Dichteoperator liefert allerdings die korrekten Statistiken für Messungen an System A [46, p. 107]. Als einfache Illustration soll hier der Produktzustand $\rho^{AB} = \rho^A \otimes \rho^B$ genügen, bei dem ρ^A ein Dichteoperator für System A und ρ^B ein Dichteoperator für System B ist. Dann gilt

$$\mathrm{tr}_B(\rho^A \otimes \rho^B) = \rho^A \, \mathrm{tr}\left(\rho^B\right) = \rho^A, \tag{11.40}$$

wie wir es intuitiv auch erwarten.

11.3.3   Die Schmidt-Zerlegung

Satz 11.3.2. (Schmidt-Zerlegung) *Es sei* $|\psi\rangle \in \mathscr{H}^A \otimes \mathscr{H}^B$ *ein reiner Zustand eines zusammengesetzten Quantensystems AB. Sei ferner* $\rho^{AB} = |\psi\rangle\langle\psi|$ *der zu* $|\psi\rangle$ *gehörige Dichteoperator, und seien* $\rho^A = \mathrm{tr}_B(\rho^{AB})$ *und* $\rho^B = \mathrm{tr}_A(\rho^{AB})$ *reduzierte Dichteoperatoren. Dann existiert eine eindeutige Zahl* $n_S \in \mathbb{N}$, $1 \leqq n_S \leqq \min(\dim \mathscr{H}^A, \dim \mathscr{H}^B)$, *so dass*

$$|\psi\rangle = \sum_{j=1}^{n_s} \sqrt{p_j} \, |\phi_j^A\rangle \otimes |\phi_j^B\rangle \qquad \text{mit } p_j > 0 \text{ und } \sum_0^{n_s} p_j = 1 \tag{11.41}$$

für orthonormale Eigenzustände $|\phi_j^A\rangle \in \mathscr{H}^A$ *und* $|\phi_j^B\rangle \in \mathscr{H}^B$ *von* ρ^A *bzw.* ρ^B. n_S *heißt* Schmidt-Zahl, *die* p_j *heißen* Schmidt-Koeffizienten.

Beweis. Es bezeichne $n^A = \dim \mathscr{H}^A$ und $n^B = \dim \mathscr{H}^B$. Dann kann der reine Zustand $|\psi\rangle$ durch

$$|\psi\rangle = \sum_{j=1}^{n^A} \sum_{k=1}^{n^B} a_{jk} \, |\phi_j^A\rangle \otimes |\phi_k^B\rangle \tag{11.42}$$

dargestellt werden. Einführen der Zustände

$$|\chi_j\rangle = \sum_{k=1}^{n^B} a_{jk} |\phi_k^B\rangle \in \mathcal{H}^B \qquad (1 \leq j \leq n^A) \tag{11.43}$$

(der „relativen Zustände") liefert

$$|\psi\rangle = \sum_{j=1}^{n^A} |\phi_j^A\rangle \otimes |\chi_j^B\rangle. \tag{11.44}$$

A priori sind die Zustände $|\chi_j^B\rangle$ weder orthogonal noch normiert. Durch den Spektralsatz für positive Operatoren [6, §1.1.6], [46, p. 72] kann der reduzierte Dichteoperator durch

$$\rho^A = \sum_{j=1}^{n_S} p_j |\phi_j^A\rangle\langle\phi_j^A| \tag{11.45}$$

dargestellt werden, so dass $p_j > 0$ für $1 \leq j \leq n_S$ und $\sum_1^{n_S} p_j = 1$, sowie mit Auffüllung $p_j = 0$ für $n_S < j \leq n^A$ (falls $n_S < n^A$). Damit ist n_S die eindeutige Anzahl der positiven Eigenwerte von ρ^A. Anders gesagt erhalten wir durch Ausspuren des Dichteoperators des zusammengesetzten Systems

$$\rho^A = \mathrm{tr}_B\left(|\psi\rangle\langle\psi|\right) = \mathrm{tr}_B\left(\sum_{j=1}^{n^A}\sum_{l=1}^{n^A} |\phi_j^A\rangle\langle\phi_l^A| \otimes |\chi_j^B\rangle\langle\chi_l^B|\right)$$

$$= \sum_{j=1}^{n^A}\sum_{l=1}^{n^A} |\phi_j^A\rangle\langle\phi_l^A| \, \mathrm{tr}_B\left(|\chi_j^B\rangle\langle\chi_l^B|\right) \overset{(11.17)}{=} \sum_{j=1}^{n^A}\sum_{l=1}^{n^A} \langle\chi_j^B|\chi_l^B\rangle \, |\phi_j^A\rangle\langle\phi_l^A|. \tag{11.46}$$

Vergleich mit (11.45) liefert $\langle\chi_j^B|\chi_l^B\rangle = p_j\delta_{jl}$, d.h. die Orthogonalität der Zustände $|\chi_j^B\rangle$. Für $j > n_S$ ist der Vektor $|\chi_j^B\rangle$ Null. $\qquad\square$

Der Beweis dieses Satzes basiert auf den Eigenschaften des Dichteoperators und seinen Reduzierungen auf Teilsysteme. Man kann die Schmidt-Zerlegung jedoch ohne explizite Verwendung der Dichteoperatoren beweisen, und zwar mit der „Singularwertzerlegung" als eine Konsequenz des Spektralsatzes und der Polarzerlegung, siehe [46, §2.5].

Eine Schmidt-Zerlegung bezieht sich stets auf einen gegebenen reinen Zustand eines zusammengesetzten Systems. Unterschiedliche reine Zustände haben im allgemeinen unterschiedliche Schmidt-Zerlegungen. Ferner kann die Schmidt-Zerlegung nicht auf Systeme verallgemeinert werden, die aus mehr als zwei Teilsystemen bestehen.

Die Schmidt-Zerlegung ist in mehrfacher Hinsicht bemerkenswert. Zunächst besagt sie, dass die reduzierten Dichteoperatoren ρ^A und ρ^B dieselben Eigenwerte $p_1, \ldots, p_k$ besitzen. Tatsächlich impliziert die angenommene Reinheit des Zustands $|\psi\rangle$ diese starke Einschränkung auf die Zustände der Teilsysteme. Daher ist eine Funktion, die nur von den Eigenwerten des Dichteoperators abhängt, identisch auf beiden Teilsystemen. Ein Beispiel ist die von Neumann-Entropie.

Ferner drückt die Schmidt-Zerlegung die zunächst überraschende Tatsache aus, dass wir stets eine eindeutige ON-Basis des Zustandsraums $\mathcal{H}^{AB}$ des Quantensystem finden, so dass ein gegebener reiner Zustand eine Linearkombination von nur genau n_S Basiszuständen ist, mit $n_S \leq \min[\dim \mathcal{H}^A, \dim \mathcal{H}^B]$, obwohl die Dimension von $\mathcal{H}$ doch $(\dim \mathcal{H}^A) \cdot (\dim \mathcal{H}^B)$ entspricht. Um die Nützlichkeit der Schmidt-Zerlegung zu illustrieren, betrachten wir Dichteoperator ρ eines allgemeinen Zwei-Qubit-Zustand in (11.30). Mit Satz 11.3.2 erhalten wir eine ON-Basis $\{|\phi_j^A\rangle \otimes |\phi_j^B\rangle\}$ von $\mathcal{H}^{AB}$, so dass alle a_{jk}-Terme in (11.30) für $j \neq k$ verschwinden, d.h.

$$\rho = |\psi\rangle\langle\psi| = \sum_{j,k=1}^{n_S} \sqrt{p_j p_k}\, |\phi_j^A\rangle\langle\phi_k^A| \otimes |\phi_j^B\rangle\langle\phi_k^B| = \begin{pmatrix} p_1 & 0 & 0 & \sqrt{p_1 p_2} \\ 0 & 0 & 0 & 0 \\ 0 & 0 & 0 & 0 \\ \sqrt{p_1 p_2} & 0 & 0 & p_2 \end{pmatrix} \quad (11.47)$$

mit $p_j = |a_{jj}|^2$ und $\sum_1^2 p_j = 1$. Entweder gilt $n_S = 1$ und $\rho = \text{diag}(1,0,0,0)$, oder $n_S = 2$.

Korollar 11.3.3. *Ein reiner Zustand $|\psi\rangle \in \mathcal{H}^A \otimes \mathcal{H}^B$ ist dann und nur dann verschränkt, wenn für seine Schmidt-Zahl $n_S > 1$ gilt.*

Beweis. Ist $n_S = 1$, so gilt $p_1 = 1$ in (11.41), also ist $|\psi\rangle = |\phi_1^A\rangle \otimes |\phi_1^B\rangle$ ein Produktzustand. Ist andereseits $n_S > 1$, so garantiert die Eindeutigkeit von n_S, dass $|\psi\rangle$ eine Linearkombination von mindestens zwei verschiedenen Vektoren $|\phi_j^A\rangle \otimes |\phi_j^B\rangle$ ist, d.h. er ist verschränkt. $\qquad\square$

Korollar 11.3.4. *Ein reiner Zustand $|\psi\rangle \in \mathcal{H}^A \otimes \mathcal{H}^B$ ist dann und nur dann verschränkt, wenn seine reduzierten Dichteoperatoren ρ^A und ρ^B ein Gemisch darstellen.*

Beweis. Mit Korollar 11.3.3 ist $|\psi\rangle$ genau dann verschränkt, wenn $n_S > 1$. Wegen Gl. (11.44) im Beweis von Satz 11.3.2 stellt ρ^A ein Gemisch dar. Da ρ^B dieselben Eigenwerte wie ρ^A hat, stellt er ebenfalls ein Gemisch dar. $\qquad\square$

Wir werden weiter unten sehen, wie die Schmidt-Zerlegung ein Maß der Verschränktheit eines reinen Zustands eines zweikomponentigen Quantensystems ermöglicht.

11.3.4   Verschränkung und Mischung

Bislang haben wir Verschränkung nur für reine Zustände definiert. Die Verschränkung gemischter Zustände ist allerdings auch nicht vollständig verstanden, die Herangehensweise ist derzeit noch Gegenstand der Forschung. Dennoch ist eine weithin akzeptierte Definition [41, §I.7.4] die folgende.

Definition 11.3.5. Ein Dichteoperator ρ auf einem Hilbert-Raum $\mathscr{H}$ heißt *verschränkt bezüglich der Hilbert-Raum-Zerlegung* $\mathscr{H} = \otimes_1^n \mathscr{H}_j$, wenn er nicht als eine Konvexkombination

$$\rho = \sum_{k=1}^{\ell} p_k \left(\bigotimes_{j=1}^{n} \rho_{(j,k)} \right) \tag{11.48}$$

mit $p_k > 0$ und $\sum_1^{\ell} p_k = 1$ für eine ganze Zahl $\ell > 0$ geschrieben werden kann, wo jedes $\rho_{(j,k)}$ ein Dichteoperator auf dem Hilbert-Raum $\mathscr{H}_j$ ist. Ist ρ nicht verschränkt, so heißt es *separabel*. $\qquad\square$

Der folgende Satz ist eine Aussage über Gemische, für die ja im allgemeinen nicht eine Schmidt-Zerlegung nicht existiert.

Satz 11.3.6. *Sei ρ^{AB} der Dichteoperator eines Gemisches eines zweikomponentigen Quantensystems AB. Stellt der reduzierte Dichteoperator ρ^A eines seiner Teilsysteme einen reinen Zustand dar, so ist ρ^{AB} nicht verschränkt.*

Beweis. Sei zunächst ρ^A ein allgemeiner Zustand, möglicherweise ein Gemisch. ρ^A ist ein positiver Operator und kann daher in seine orthonormalen Eigenzustände zerlegt werden, die sich zu einer Orthonormalbasis $\{|u_j^A\rangle\}$ des Zustandsraums $\mathscr{H}^A$ von System A erweitern lassen, so dass

$$\rho^A = \sum_j p_j |u_j^A\rangle\langle u_j^A|, \qquad p_j \geqq 0, \ \sum_j p_j = 1. \tag{11.49}$$

Analog folgt

$$\rho^{AB} = \sum_q s_q |\psi_q^{AB}\rangle\langle\psi_q^{AB}|, \qquad s_q > 0, \ \sum_q s_j = 1. \tag{11.50}$$

Sei $|\psi_q^{AB}\rangle = \sum_{j,l} a_{jl}^{(q)} |u_j^A\rangle \otimes |v_l^B\rangle$, wo $|v_l^B\rangle$ eine Orthonormalbasis von $\mathscr{H}^B$ ist. Mit den „relativen Zuständen" bezüglich $|u_j^A\rangle$,

$$|w_j^{(q)}\rangle = \sum_l a_{jl}^{(q)} |v_l^B\rangle \in \mathscr{H}^B, \tag{11.51}$$

erhalten wir

$$|\psi_q^{AB}\rangle = \sum_j |u_j^A\rangle \otimes |w_j^{(q)}\rangle, \tag{11.52}$$

also

$$|\rho^{AB}\rangle = \sum_{q,j,k} |u_j^A\rangle \otimes |w_j^{(q)}\rangle\langle u_k^A| \otimes \langle w_k^{(q)}| = \sum_{j,k} \left(|u_j^A\rangle\langle u_k^A| \otimes \sum_q |w_j^{(q)}\rangle\langle w_k^{(q)}| \right). \tag{11.53}$$

Im allgemeinen ist dieser Dichteoperator nicht separabel. Für den reduzierten Dichteoperator ρ^A folgt

$$\rho^A = \operatorname{tr}(\rho^{AB}) = \sum_{j,k} \left(|u_j^A\rangle\langle u_k^A| \sum_q s_q \langle w_k^{(q)}|w_j^{(q)}\rangle \right). \tag{11.54}$$

Hier verwendeten wir die Beziehung $\sum_{lq} s_q \langle v_l^B | w_k^{(q)} \rangle \langle w_j^{(q)} | v_l^B \rangle = \sum_{lq} s_q \langle w_k^{(q)} | w_j^{(q)} \rangle$. Mit den Gleichungen (11.49) und (11.54) lauten die Matrixeinträge von ρ^A

$$\langle u_k^A | \rho^A | u_l^A \rangle = p_k \delta_{kl} = \sum_q \langle w_k^{(q)} | w_j^{(q)} \rangle. \tag{11.55}$$

Ist speziell $p_k = 0$, so gilt $\sum_q s_q \| w_k^{(q)} \| = 0$, d.h. mit $s_q > 0$ folgt $\| w_k^{(q)} \| = 0$, und damit $|w_k^{(q)}\rangle = 0$ für alle q. Sei ρ^A ein reiner Zustand. Dann können wir $\rho^A = |u_1^A\rangle\langle u_1^A|$ setzen. Für $j \neq 1$ gilt dann $p_j = 0$, und daher $|w_j^{(q)}\rangle = 0$. Setzen wir dies in Gl. (11.53) ein, so ergibt sich $\rho^{AB} = |u_1^A\rangle\langle u_1^A| \otimes \sum_q |w_1^{(q)}\rangle\langle w_1^{(q)}|$. Also ist ρ^{AB} separabel. $\qquad\square$

Eine bemerkenswerte physikalische Konsequenz von Satz 11.3.6 ist das folgende Resultat.

Korollar 11.3.7. *Ist ein System in einem reinen Zustand, so kann es nicht mit einem anderen System verschränkt sein.*

Ist insbesondere ein zusammengesetztes System (11.26) in einem Produktzustand, d.h. gilt (11.27), so ist jedes seiner Teilsysteme A und B in einem reinen Zustand (11.6). Daher befinden sich verschränkte Teilsysteme stets in gemischten Zuständen. Anders gesagt bewirkt Verschränkung das Mischen von Teilsystemen.

Da ferner eine Messung ein Quantensystem in einen reinen Zustand transformiert, gleichgültig ob es vorher verschränkt war oder nicht, zerstört eine Messung Verschränktheit.

Beispiel 11.3.8. Betrachten wir den reinen Qubit-Zustand (11.29) mit $\alpha_{00}, \alpha_{11} \neq 0$. Er besitzt den Dichteoperator

$$\rho = (\alpha_{00}|00\rangle + \alpha_{11}|11\rangle)\,(\alpha_{00}^*\langle 00| + \alpha_{11}^*\langle 11|) = \sum_{j,k=0}^{1} \alpha_{jj}\alpha_{kk}^* \, |jj\rangle\langle kk|, \tag{11.56}$$

wobei die hochgestellten Markierungen A und B weggelassen wurden. Ausspuren des zweiten Qubits ergibt den Dichteoperator des ersten Qubits,

$$\rho_1 = \mathrm{tr}_2\,\rho = \sum_{j,k=0}^{1} \alpha_{jj}\alpha_{kk}^*\mathrm{tr}_2\left(|j\rangle\langle k| \, \langle k|j\rangle\right) = \sum_{j,k=0}^{1} \alpha_{jj}\alpha_{kk}^*|j\rangle\langle k| \, \langle k|j\rangle,$$

d.h.

$$\rho_1 = \begin{pmatrix} |\alpha_{00}|^2 & 0 \\ 0 & |\alpha_{11}|^2 \end{pmatrix}. \tag{11.57}$$

Bemerkenswerterweise ist dieser Zustand *gemischt*, da $\mathrm{tr}\left(\rho_1{}^2\right) = |\alpha_{00}|^4 + |\alpha_{11}|^4 < |\alpha_{00}|^2 + |\alpha_{11}|^2 = 1$, während das Gesamtsystem der beiden Qubits ein reiner Zustand ist. Daher ist der Gesamtzustand exakt bekannt, über das erste Qubit jedoch haben wir nicht maximale Kenntnis. Beispiele solcher Zustände sind die Bell-Zustände (2.35) mit $\alpha_{00} = \pm\alpha_{11} = \frac{1}{\sqrt{2}}$. $\qquad\square$

11.3.5   Interferometer mit verschränkten Teilchen

Das *Franson-Interferometer* ist aus zwei zwei Mach-Zehnder-Interferometern mit jeweils großen Weglängendifferenzen $\Delta l_l = c(\tau_{l,2} - \tau_{l,1})$ und $\Delta l_r = c(\tau_{r,2} - \tau_{r,1})$ gemäß Abbildung 11.1 aufgebaut [55, §6.2.1]. Zwei verschränkte Teilchen der Frequenz ω, üblicher-

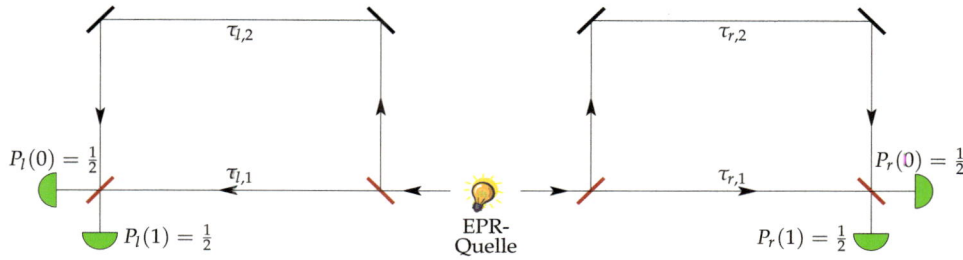

Abbildung 11.1: Das Franson-Interferometer

weise Photonen, treffen jeweils auf ein Interferometer, wobei jedes von ihnen zunächst auf einen Strahlteiler durchquert und daraufhin auf zwei verschieden langen Wegen zu einem zweiten Strahlteiler läuft. Verwendet werden hierbei 50/50-Strahlteiler, deren Wirkung durch den Operator

$$B = \frac{1}{\sqrt{2}} \begin{pmatrix} 1 & i \\ i & 1 \end{pmatrix} \tag{11.58}$$

beschrieben wird. In einem Franson-Interferometer findet also eine Zweiteilchen-Interferenz statt. Die unterschiedlichen Weglängen entsprechen hierbei den Zeitdifferenzen $\Delta\tau_l = \tau_{l,2} - \tau_{l,1}$ bzw. $\Delta\tau_r = \tau_{r,2} - \tau_{r,1}$. Während die Wahrscheinlichkeit für die Messung des Wertes $j \in \{0, 1\}$ für jedes einzelne Interferometer separat $P_l(j) = P_r(j) = \frac{1}{2}$ beträgt, ist die Wahrscheinlichkeit P_{id} für ein identisches Messergebnis in beiden Interferometern

$$P_{\mathrm{id}} = P(|00\rangle) + P(|11\rangle) = \frac{1 + \cos\varphi}{2}, \tag{11.59}$$

mit der Phasendifferenz $\varphi = \omega(\Delta\tau_l - \Delta\tau_r)$ gegeben, vgl. §9.2. Insbesondere gilt

$$P_{\mathrm{id}} = \begin{cases} 1 & \text{für } \Delta\tau_l = \Delta\tau_r, \\ \frac{1}{2} & \text{für } \Delta\tau_l = \Delta\tau_r + \frac{\pi}{2\omega}, \\ 0 & \text{für } \Delta\tau_l = \Delta\tau_r + \frac{\pi}{\omega}. \end{cases} \tag{11.60}$$

Damit hängt die Korrelation der Messungen der beiden Photonen von der Bauart des Franson-Interferometers ab, d.h. für $\Delta\tau_l = \Delta\tau_r$ sind sie perfekt korreliert, für $\Delta\tau_l = \Delta\tau_r + \pi/\omega$ perfekt antikorreliert, und für $\Delta\tau_l = \Delta\tau_r + \pi/2\omega$ unkorreliert.

Eine weitere Möglichkeit, verschränkte Teilchen in Interferometern zu betrachten, ist der Versuchsaufbau in Abbildung 11.2. Gegeben seien zwei Mach-Zehnder-Interferometer mit 50/50-Strahlteilern, von denen jeder ein Teilchen empfängt, das mit einem im anderen Interferometer verschränkt ist. An einem Arm jedes Interferometers

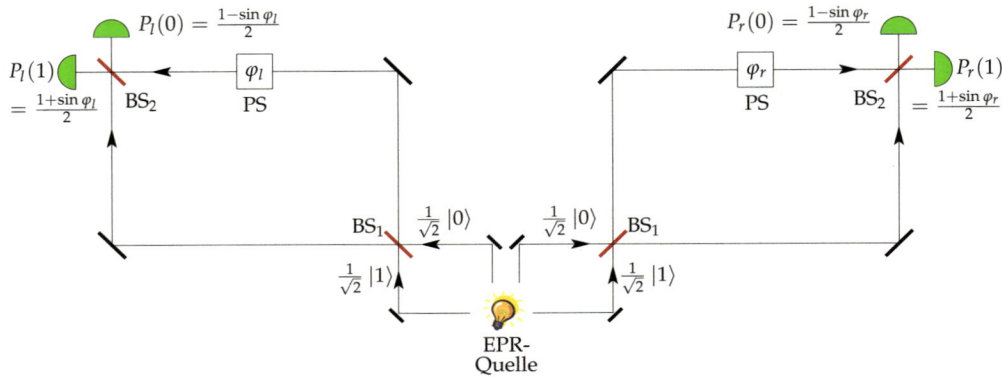

Abbildung 11.2: Zwei Mach-Zehnder-Interferometer mit verschränkten Photonen.

befindet sich ein Phasenschieber (PS). Beschreiben die einfallenden Teilchen beispielsweise anfangs einen Bell-Zustand $|\Phi^+\rangle$, so durchlaufen sie die folgenden Schritte in jedem einzelnen Interferometer, wobei φ je φ_l bzw. φ_r bezeichnet:

$$
\frac{|0\rangle + |1\rangle}{\sqrt{2}} \;\overset{B}{\mapsto}\; \frac{1+i}{2}\left(|0\rangle + |1\rangle\right) = \frac{e^{i\pi/4}}{\sqrt{2}}\left(|0\rangle + |1\rangle\right) \;\overset{PS}{\mapsto}\; \frac{e^{i\pi/4}}{\sqrt{2}}\left(|0\rangle + e^{i\varphi}|1\rangle\right)
$$

$$
\overset{B}{\mapsto}\; \frac{e^{i\pi/4}}{2}\left((1+ie^{i\varphi})|0\rangle + (i+e^{i\varphi})|1\rangle\right) \tag{11.61}
$$

Somit wird das Teilchen auf die Detektoren "0" und "1" mit den jeweiligen Wahrscheinlichkeiten

$$
P(0) = \frac{1-\sin\varphi}{2}, \quad P(1) = \frac{1+\sin\varphi}{2} \tag{11.62}
$$

gelenkt. Für den Anfangszustand $|0\rangle$ folgt

$$
|0\rangle \;\overset{B}{\mapsto}\; \frac{|0\rangle + i|1\rangle}{\sqrt{2}} \;\overset{PS}{\mapsto}\; \frac{|0\rangle + ie^{i\varphi}|1\rangle}{\sqrt{2}} \;\overset{B}{\mapsto}\; \frac{(1-e^{i\varphi})|0\rangle + i(1+e^{i\varphi})|1\rangle}{\sqrt{2}} \tag{11.63}
$$

und für den Anfangszustand $|1\rangle$,

$$
|1\rangle \;\overset{B}{\mapsto}\; \frac{i|0\rangle + |1\rangle}{\sqrt{2}} \;\overset{PS}{\mapsto}\; \frac{i|0\rangle + e^{i\varphi}|1\rangle}{\sqrt{2}} \;\overset{B}{\mapsto}\; \frac{i(1+e^{i\varphi})|0\rangle + (e^{i\varphi}-1)|1\rangle}{\sqrt{2}} \tag{11.64}
$$

Was aber gilt für das verschränkte System? In diesem Falle haben (11.63) und (11.64) das Ergebnis

$$\frac{|00\rangle + |11\rangle}{\sqrt{2}} \overset{B \otimes B}{\mapsto} \frac{(|0\rangle + \mathrm{i}\,|1\rangle) \otimes (|0\rangle + \mathrm{i}\,|1\rangle)}{2\sqrt{2}} + \frac{(\mathrm{i}\,|0\rangle + |1\rangle) \otimes (\mathrm{i}\,|0\rangle + |1\rangle)}{2\sqrt{2}}$$

$$= \frac{\mathrm{i}\,(|01\rangle + |10\rangle)}{\sqrt{2}}$$

$$\overset{PS \otimes PS}{\mapsto} \frac{\mathrm{i}\left(e^{\mathrm{i}\varphi_r}|01\rangle + e^{\mathrm{i}\varphi_l}|10\rangle\right)}{\sqrt{2}}$$

$$\overset{B \otimes B}{\mapsto} \frac{\mathrm{i}\left(e^{\mathrm{i}\varphi_r}(|0\rangle + \mathrm{i}\,|1\rangle) \otimes (\mathrm{i}\,|0\rangle + |1\rangle) + e^{\mathrm{i}\varphi_l}(\mathrm{i}\,|0\rangle + |1\rangle) \otimes (|0\rangle + \mathrm{i}\,|1\rangle)\right)}{2\sqrt{2}}$$

$$= -\frac{e^{\mathrm{i}\varphi_r} + e^{\mathrm{i}\varphi_l}}{2}\, \Phi^+ + \mathrm{i}\,\frac{e^{\mathrm{i}\varphi_r} - e^{\mathrm{i}\varphi_l}}{2}\, \Psi^- \tag{11.65}$$

Für eine Messung beider Interferometer bezüglich einer Bell-Basis ergeben sich damit die Wahrscheinlichkeiten

$$P(\Phi^+) = \frac{1 + \cos(\varphi_r - \varphi_l)}{2}, \quad P(\Psi^-) = \frac{1 - \cos(\varphi_r - \varphi_l)}{2}, \quad P(\Phi^-) = P(\Psi^+) = 0. \tag{11.66}$$

Insbesondere für zwei gleichphasige Interferometer bleibt die Verschränkung der Quelle unverändert, während eine Phasendifferenz $\varphi_r - \varphi_l = \pi$ den anfänglichen Bell-Zustand $|\Phi^+\rangle$ in den Bell-Zustand $|\Psi^-\rangle$ transformiert.

11.3.6 Quantifizierung der Verschränktheit

Es gibt mehrere Verschränktheitsmaße, eines davon ist die *Konkurrenz (concurrence)* $C = C(|\psi\rangle)$, definiert durch

$$C = 2\,|\alpha_{00}\alpha_{11} - \alpha_{01}\alpha_{10}| \geqq 0 \tag{11.67}$$

für einen reinen Zwei-Qubit-Zustand $|\psi\rangle = \sum \alpha_{jk}|jk\rangle$, mit $\sum |\alpha_{jk}|^2 = 1$. Die Konkurrenz ist von oben beschränkt,

$$C \leqq 1, \tag{11.68}$$

da

$$\frac{C^2}{4} = (|\alpha_{00}|^2 + |\alpha_{01}|^2)(|\alpha_{10}|^2 + |\alpha_{11}|^2) - |\alpha_{00}\alpha_{10}^* + \alpha_{01}\alpha_{11}^*|^2$$

$$\leqq (|\alpha_{00}|^2 + |\alpha_{01}|^2)(|\alpha_{10}|^2 + |\alpha_{11}|^2) = (|\alpha_{00}|^2 + |\alpha_{01}|^2)(1 - (|\alpha_{00}|^2 + |\alpha_{01}|)^2) \leqq \frac{1}{4}.$$

Die Normalisierung von $|\psi\rangle$ wurde hierbei im vorletzten Schritt verwendet, der letzte Schritt folgt aus $x(1-x) \leqq \frac{1}{4}$. Ein reiner Zwei-Qubit-Zustand heißt *maximal verschränkt*, wenn seine Konkurrenz gleich eins ist, $C = 1$.

Ist ein reiner Zwei-Qubit-Zustand (11.26) ein Produktzustand (11.27), so hat er stets Konkurrenz $C = 0$. Hat umgekehrt ein Zwei-Qubit-Zustand $|\psi\rangle$ die Konkurrenz $C = 0$, so ist er ein Produktzustand, da $\alpha_{00}\alpha_{11} = \alpha_{01}\alpha_{10}$ und somit die Koeffizienten sofort als Produkte (11.27) dargestellt werden können.

Andererseits hat ein reiner Zwei-Qubit-Zustand (11.29) mit α_{00}, $\alpha_{11} \neq 0$ die Konkurrenz

$$C = 2\,|\alpha_{00}\alpha_{11}| = 2\,|\alpha_{00}|\,\sqrt{1 - |\alpha_{00}|^2} > 0. \qquad (11.69)$$

Für $|\alpha_{00}| = |\alpha_{11}| = \frac{1}{\sqrt{2}}$ ist daher der Zustand (11.29) maximal verschränkt. Das gilt insbesondere für einen Bell-Zustand (2.35) mit $\alpha_{00} = \pm\alpha_{11} = \frac{1}{\sqrt{2}}$. Allgemein hat die Konkurrenz für $|\alpha_{00}| = \frac{1}{\sqrt{k}}$ und $|\alpha_{11}| = \frac{\sqrt{k-1}}{\sqrt{k}}$, mit $k > 0$, den Wert $C = \frac{2\sqrt{k-1}}{k}$, und es gilt $C \to 0$ für $k \to \infty$.

Die Definition der Konkurrenz kann für gemischte Zwei-Qubit-Zustände erweitert werden, so dass bis zu einem gewissen Grad auch gemischte Zustände verschränkt sein können. Noch allgemeinere Verschränktheitsmaße, beispielsweise für mehr als zwei Qubits, sind jedoch aktueller Forschungsgegenstand, vgl. [61, §4.2.6].

Ein weiteres Maß der Verschränkung ist die *lineare Entropie* [39, §§2.4, 3.2.2]

$$S_{\text{lin}} = \text{tr}\,(\rho - \rho^2). \qquad (11.70)$$

Repräsentiert ρ einen reinen Zustand, so gilt $S_{\text{lin}} = 0$. Seine Teilsysteme haben gemäß seiner Schmidt-Zerlegung (11.47) die linearen Entropien $S_{\text{lin}}^A = S_{\text{lin}}^B = \sum_j^{n_S} p_j(1 - p_j)$. Für einen allgemeinen Zwei-Qubit-Zustand $|\psi\rangle$ folgt mit (11.31), dass $S_{\text{lin}} = \left(\sum |a_{jk}|^2\right)\left(1 - \sum |a_{jk}|^2\right)$.

11.4 Messen als unitäre Operation verschränkter Systeme

11.4.1 Quantenoperationen

Verallgemeinern wir die Gleichungen (11.15) und (11.23), so können wir über den Formalismus der Dichteoperatoren Quantenoperationen vereinheitlichen, und zwar durch die sogenannte Operatorsummendarstellung. Ähnlich den mehrstufigen Markov-Prozessen der Stochastik, bei denen für eine einzelne Stufe die Ausgabewahrscheinlichkeiten q mit den Eingabewahrscheinlichkeiten p durch die Gleichung $q = Ep$ mit der Übergangsmatrix E verknüpft sind, können wir eine Transformation eines Quantenzustands ρ in einen anderen ρ' durch die Gleichung

$$\rho' = \mathscr{E}(\rho), \qquad (11.71)$$

mit der *Quantenoperation* $\mathscr{E}$ beschreiben, d.h. einer Abbildung von der Menge aller Dichteoperatoren eines gegebenen Quantensystems in sich oder in die Menge der Dichteoperatoren eines anderen Quantensystems. Zwei Beispiele für Quantenoperationen sind unitäre Transformationen $\mathscr{E}(\rho) = U\rho U^*$, wie in Gl. (11.15), oder Messungen $\mathscr{E}_m(\rho) = M_m\rho M_m^*$, wie in Gl. (11.23), bei denen sich das System anfangs im Zustand ρ befindet und nachher im Zustand $\frac{\mathscr{E}_m(\rho)}{\text{tr}\,[\mathscr{E}_m(\rho)]}$, und bei der die Wahrscheinlichkeit für das Erlangen dieses Ergebnisses $P(m) = \text{tr}\,[\mathscr{E}_m(\rho)]$ ist.

11.4.2 Offene Quantensysteme

Die Dynamik eines geschlossenen Quantensystems wird durch eine unitäre Transformation beschrieben. Schematisch kann man eine unitäre Transformation als einen Kasten betrachten, in die ein Zustand eingegeben wird und aus der dann ein Zustand herauskommt, wie links in Abbildung 11.3 dargestellt. Bei dieser Sicht sind die internen Abläufe des Kastens irrelevant, sie können durch eine Quantenschaltung oder ein Hamiltonsches System realisiert sein.

Ein *offenes Quantensystem* kann aufgefasst werden als ein System, das mit einem weiteren Quantensystem, der *Umgebung*, in Wechselwirkung steht, wobei beide Systeme ein geschlossenes System bilden, vgl. rechts in Abbildung 11.3. Hier ist das offene

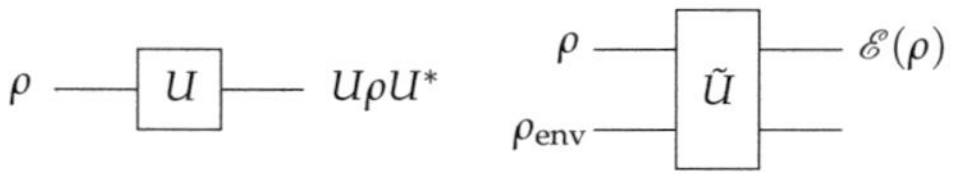

$$\rho \ -\boxed{U}\!- \ U\rho U^* \qquad\qquad \begin{matrix}\rho \ -\\[4pt]\rho_{\mathrm{env}}-\end{matrix}\!\boxed{\tilde{U}}\!\begin{matrix}-\ \mathscr{E}(\rho)\\[4pt]\ \end{matrix}$$

Abbildung 11.3: Modelle eines geschlossenen (links) und eines offenen (rechts) Quantensystems.

System im Zustand ρ und wird in einen Kasten eingegeben, der an die Umgebung gekoppelt ist. Die Transformation $\tilde{U}$ ist unitär für das Gesamtsystem, so dass der Endzustand $\mathscr{E}(\rho)$ des offenen Systems nicht unitär aus dem Anfangszustand ρ hervorgehen muss. Wir setzen voraus, dass der eingehende Zustand ein Produktzustand ist, $\rho \otimes \rho_{\mathrm{env}}$. Nach der Transformation $\tilde{U}$ wechselwirkt das System nicht länger mit der Umgebung, so dass wir eine partielle Spur über die Umgebung durchführen können und den reduzierten Zustand des Systems erhalten:

$$\mathscr{E}(\rho) = \mathrm{tr}_{\mathrm{env}}\left[\tilde{U}(\rho \otimes \rho_{\mathrm{env}})\tilde{U}^*\right]. \tag{11.72}$$

Umfasst $\tilde{U}$ gar keine Wechselwirkung des Systems mit der Umgebung, so gilt einfach $\mathscr{E}(\rho) = U\rho U^*$, wo U der Teil von $\tilde{U}$ ist, der ausschließlich auf das System wirkt.

Beispiel 11.4.1. *(Messproblem der Quantenmechanik)* Gegeben sei ein offenes System, das durch Zustände in einem separablen Hilbert-Raum $\mathscr{H}$ mit einer Orthonormalbasis $\{|j\rangle\}$ dargestellt wird. Ferner beschreibe die Umgebung einen Messapparat, dessen „Zeigerzustände" durch Zustände eines separablen Hilbert-Raums $\mathscr{H}^{\mathrm{dev}}$ repräsentiert werden, so dass der Zeigerzustand $|m_j\rangle \in \mathscr{H}^{\mathrm{dev}}$ dem Zustand $|j\rangle$ des offenen Systems nach einer unitären Transformation $\tilde{U}$ des Gesamtsystems entspricht. Ist der Anfangszustand des Zeigers $|m\rangle$, so wirkt die unitäre Transformation wie $|j\rangle \otimes |m\rangle \overset{\tilde{U}}{\mapsto} |j\rangle \otimes |m_j\rangle$. Dann führt eine anfängliche Überlagerung $|\psi\rangle = \sum_j \alpha_j |j\rangle$ nicht in eine bestimmte Zeigerposition, sondern (bei Vernachlässigung von Dekohärenz, vgl. §11.6) in eine verschränkte Überlagerung

$$\left(\sum_j \alpha_j |j\rangle\right) \otimes |m\rangle \overset{\tilde{U}}{\mapsto} \sum_j \alpha_j |j\rangle \otimes |m_j\rangle. \tag{11.73}$$

Dieser Zustand unterscheidet sich von allen möglichen Zeigerergebnissen $|j\rangle \otimes |m_j\rangle$. Somit ist eine „naive Gemischinterpretation" der Quantenmechanik auf Grund unvollständigen Wissens unmöglich, die postuliert, dass eine Messung $|j\rangle \otimes |m_j\rangle$ für ein gewisses j einfach eine Auswahl aus einem Gemisch $\sum_j \alpha_j |j\rangle \otimes |m_j\rangle$ ist, denn dies würde zurückführen auf einen Anfangszustand $|j\rangle \otimes |m\rangle$, der sich von der anfänglichen Superposition physikalisch unterscheidet. Dieses Dilemma bezeichnet man als das „Messproblem der Quantenmechanik". Üblicherweise wird es durch die Annahme gelöst, dass eine Messung einen „Kollaps" des Quantenzustands bewirkt, nun jedoch im Messapparat, nicht im offenen System. $\qquad\square$

11.4.3 Operatorsummendarstellung

Quantenoperationen eines offenen Systems können elegant in der „Operatorsummendarstellung" beschrieben werden, die im wesentlichen eine Umformulierung von Gl. (11.72) ausschließlich durch Operatoren des Hilbert-Raums des offenen Systems ist. Sei $\{|e_k\rangle\}$ eine Orthonormalbasis des Zustandsraums $\mathcal{H}^{env}$ der Umgebung, und sei $\rho_{env} = |e_0\rangle\langle e_0|$ der Anfangszustand der Umgebung. (Es ist keine Einschränkung der Allgemeinheit anzunehmen, dass die Umgebung in einem reinen Zustand beginnt, denn andernfalls kann ein weiteres „purifizierendes" System eingeführt werden [46, §2.5].) Dann kann Gl. (11.72) umgeschrieben werden zu

$$\mathcal{E}(\rho) = \sum_k \langle e_k| \, \tilde{U}(\rho \otimes |e_0\rangle\langle e_0|) \, \tilde{U}^* \, |e_k\rangle = \sum_k E_k \, \rho \, E_k^*, \qquad \text{where } E_k = \langle e_k|\tilde{U}|e_0\rangle. \quad (11.74)$$

E_k ist ein Operator auf dem Zustandsraum des offenen Systems. Die letzte Gleichung von (11.74), also $\mathcal{E}(\rho) = \sum_k E_k \, \rho \, E_k$, heißt *Operatorsummendarstellung* der Quantenoperation $\mathcal{E}$, die Operatoren E_k werden *Operationselemente* oder *Kraus-Operatoren* der Quantenoperation $\mathcal{E}$ genannt. Da $\mathcal{E}(\rho)$ wieder ein Dichteoperator ist, muss seine Spur wegen Satz 11.2.1 gleich eins sein, also $1 = \mathrm{tr}\,[\mathcal{E}(\rho)] = \mathrm{tr}\,[\sum_k E_k\rho E_k^*] = \mathrm{tr}\,[\sum_k E_k^* E_k \rho]$ für jedes ρ, und damit

$$\sum_k E_k^* E_k = I. \qquad (11.75)$$

Diese Bedingung an Operationselemente heißt *Vollständigkeitsrelation*, analog der Vollständigkeitsrelation für Evolutionsmatrizen in der Beschreibung klassischen Rauschens. Eine Quantenoperation, deren Operationselemente der Vollständigkeitsrelation genügen, heißt *spurerhaltend*.

Beispiel 11.4.2. Gegeben sei ein aus einem Qubit bestehendes offenes System, das mit einer aus einem Qubit bestehendem Umgebung mit dem Anfangszustand $|0\rangle$ durch die Transformation

$$\tilde{U} = |0\rangle\langle 0| \otimes I + |1\rangle\langle 1| \otimes X \qquad (11.76)$$

wechselwirkt, wo I und X die auf die Umgebung wirkende Einheits- bzw. Pauli-Matrix ist. Dann ist $\tilde{U}$ das c-NOT-Gatter, siehe Aufgabe 11.2. Da $|e_k\rangle = |k\rangle$ für $k = 0, 1$ eine Basis des Zustandsraums der Umgebung bildet, lauten die Operationselemente von $\mathcal{E}$ einfach $E_k = |k\rangle\langle k|$, vgl. Example 11.4.1. $\qquad\square$

Beispiel 11.4.3. Betrachten wir zwei Quantenoperationen $\mathcal{E}$ und $\mathcal{F}$, die auf ein Qubit mit den jeweiligen Operatorsummendarstellungen $\mathcal{E}(\rho) = \sum_k E_k\rho E_k^*$ und $\mathcal{F}(\rho) =$

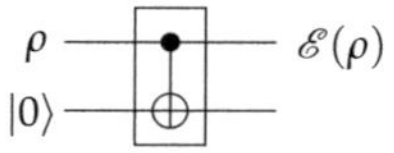

Abbildung 11.4: Eine Messung kann als ein c-NOT-Gatter betrachtet werden, also eine unitäre Operation auf zwei verschränkte Systeme.

$\sum_k F_k \rho F_k^*$ mit Operationselementen

$$E_0 = \frac{I}{\sqrt{2}} = \frac{1}{\sqrt{2}} \begin{pmatrix} 1 & 0 \\ 0 & 1 \end{pmatrix}, \quad E_1 = \frac{Z}{\sqrt{2}} = \frac{1}{\sqrt{2}} \begin{pmatrix} 1 & 0 \\ 0 & -1 \end{pmatrix}, \quad (11.77)$$

und

$$F_0 = |0\rangle\langle 0| = \begin{pmatrix} 1 & 0 \\ 0 & 0 \end{pmatrix}, \quad F_1 = |1\rangle\langle 1| = \begin{pmatrix} 0 & 0 \\ 0 & 1 \end{pmatrix} \quad (11.78)$$

wirken. Dies scheinen zwei ganz verschiedene Quantenoperationen zu sein. Wegen $F_0 = \frac{E_0 + E_1}{\sqrt{2}}$ und $F_1 = \frac{E_0 - E_1}{\sqrt{2}}$ folgt jedoch

$$\mathscr{F}(\rho) = \frac{(E_0 + E_1)\rho(E_0^* + E_1^*) + (E_0 - E_1)\rho(E_0^* - E_1^*)}{2} = E_0 \rho E_0^* + E_1 \rho E_1^* = \mathscr{E}(\rho).$$
$$(11.79)$$

Damit sind $\mathscr{E}$ und $\mathscr{F}$ tatsächlich *dieselbe Quantenoperation*. Insbesondere sind die Operationselemente für eine Operatorsummendarstellung einer Quantenoperation *nicht* eindeutig. □

Satz 11.4.4. *Seien* $\{E_1, \dots, E_m\}$ *und* $\{F_1, \dots, F_n\}$ *Operationselemente der Quantenoperationen* $\mathscr{E}$ *bzw.* $\mathscr{F}$. *Durch etwaiges Anhängen von Nullperatoren an die kürzere Liste von Operatorelementen können wir* $m = n$ *annehmen. Dann und nur dann gilt* $\mathscr{E} = \mathscr{F}$, *wenn Zahlen* $u_{ij} \in \mathbb{C}$ *existieren, so dass* $E_i = \sum_j u_{ij} F_j$ *und* (u_{ij}) *eine* $m \times m$ *unitäre Matrix ist.*

Beweis. [46, Th. 8.2]. □

Korollar 11.4.5. *Alle Quantenoperationen* $\mathscr{E}$ *auf ein System, dessen Hilbert-Raum die Dimension* d *hat, können durch eine Operatorsummendarstellung mit höchstens* d^2 *Operationselementen erzeugt werden, d.h.* $\mathscr{E}(\rho) = \sum_1^M E_k \rho E_k^*$ *mit* $1 \leqq M \leqq d^2$.

11.5 *Quantum-nondemolition* Messungen

Eine *quantum-nondemolition (QND)* Messung [39, §3.3.3.3]. ist eine Messung einer Observablen A, die den Bedingungen der *self-nondemolition*

$$[A(t), A(t')] = 0 \quad (11.80)$$

für alle Zeiten t, t', sowie der *back action evasion*

$$[A, H_{\text{int}}] = 0 \quad (11.81)$$

genügt. Hierbei bezeichnet $H_{\text{int}} = \sum_j |j\rangle\langle j| \otimes B_j$ den Hamilton-Operator der Wechselwirkung zwischen dem betrachteten System, also den Projektionen $|j\rangle\langle j|$, und dem Messapparat, der durch den auf die Umgebung wirkenden Operator B_j repräsentiert ist. Eine QND-Observable A kann beispielsweise einem Hermiteschen Lindblad-Operator L entsprechen [39, §§3.3.2.2], oder auch einer Erhaltungsgröße des betrachteten Systems, wie Polarisation, Impuls oder Bewegungskonstanten.

Solche Messungen stehen in enger Beziehung zu kontinuierlichen Messungen und dem Quanten-Zeno-Effekt [39, §3.3.1.1].

11.6 Dekohärenz

Jeder Versuch, einen Quantencomputer zu bauen, hat es mit ernsthaften praktischen Problemen zu tun. Neben den technischen Schwierigkeiten der Arbeit auf der Ebene der Elementarteilchen ist eines der größten Probleme der störende Einfluss der Umgebung, der wie eine Messung wirken und so Quantenrechnung verhindern kann.

Betrachten wir die folgende Wechselwirkung zwischen einem Qubit und seiner Umgebung

$$|0\rangle \otimes |w\rangle \mapsto |0\rangle \otimes |w_0\rangle, \qquad |1\rangle \otimes |w\rangle \mapsto |1\rangle \otimes |w_1\rangle, \tag{11.82}$$

wobei $|w\rangle$ der Anfangszustand der Umgebung (die „Welt") ist, während w_0 und w_1 are ihre Endzustände sind. Die Interaktion (11.82) heißt *Dekohärenz*. Im Prinzip ist es eine Messung des Qubits durch die Umgebung. Betrachten wir beispielsweise die Quantenschaltung

$$|0\rangle \—\boxed{H}\—\boxed{R_z(\varphi)}\—\boxed{H}\— |\psi\rangle \tag{11.83}$$

also

$$|0\rangle \overset{H}{\mapsto} \frac{|0\rangle + |1\rangle}{\sqrt{2}} \overset{R_z(\varphi)}{\mapsto} \frac{e^{-i\varphi/2}|0\rangle + e^{i\varphi/2}|1\rangle}{\sqrt{2}} \overset{H}{\mapsto} |\psi\rangle = \cos\frac{\varphi}{2}|0\rangle + i\sin\frac{\varphi}{2}|1\rangle$$

Nehmen wir an, dass das Qubit nach der Rotation $R_z(\varphi)$ durch die Umgebung „beobachtet" wird und so in einen der Zustände $|0\rangle$ oder $|1\rangle$ annimmt. Die Evolution des Qubits und der Umgebung nach der Hadamard-Transformation und der Phasenverschiebung wird durch die folgende Transformation beschrieben,

$$|0\rangle \otimes |w\rangle \overset{H}{\mapsto} \frac{|0\rangle + |1\rangle}{\sqrt{2}} \otimes |w\rangle \overset{R_z(\varphi)}{\mapsto} \frac{e^{i\varphi/2}|0\rangle + e^{-i\varphi/2}|1\rangle}{\sqrt{2}} \otimes |w\rangle. \tag{11.84}$$

Wir schreiben die Wirkung der Dekohärenz als

$$\frac{e^{i\varphi/2}|0\rangle + e^{-i\varphi/2}|1\rangle}{\sqrt{2}} \otimes |w\rangle \quad \mapsto \quad \frac{e^{i\varphi/2}|0\rangle \otimes |w_0\rangle + e^{-i\varphi/2}|1\rangle \otimes |w_1\rangle}{\sqrt{2}}. \tag{11.85}$$

Das letzte Hadamard-Gatter erzeugt den Endzustand

$$\frac{1}{\sqrt{2}}\left(e^{i\varphi/2}|0\rangle \otimes |w_0\rangle + e^{-i\varphi/2}|1\rangle \otimes |w_1\rangle\right)$$

$$\overset{H}{\mapsto} \frac{1}{2}|0\rangle \otimes \left(e^{i\varphi/2}|w_0\rangle + e^{-i\varphi/2}|w_1\rangle\right) + \frac{1}{2}|1\rangle \otimes \left(e^{i\varphi/2}|w_0\rangle - e^{-i\varphi/2}|w_1\rangle\right).$$

Sind $|w_0\rangle$ und $|w_1\rangle$ normalisiert (d.h. $\langle w_0|w_0\rangle = \langle w_1|w_1\rangle = 1$) und ist das Produkt $\langle w_0|w_1\rangle$ reell, so erhalten wir die Wahrscheinlichkeiten

$$P(0) = \frac{1 + \langle w_0|w_1\rangle \cos\varphi}{2}, \qquad P(1) = \frac{1 - \langle w_0|w_1\rangle \cos\varphi}{2}. \qquad (11.86)$$

Bemerkung 11.6.1. Sehr aufschlussreich ist die Wirkung der Dekohärenz auf das Qubit, wenn sein Zustand mit Hilfe eines Dichteoperators ausgedrückt wird. Die Wechselwirkung der Dekohärenz verschränkt die Qubits mit der Umgebung,

$$(\alpha_0|0\rangle + \alpha_1|1\rangle) \otimes |w\rangle \quad \mapsto \quad \alpha_0|0\rangle \otimes |w_0\rangle + \alpha_1|1\rangle \otimes |w_1\rangle. \qquad (11.87)$$

Ausgedrückt durch den Dichteoperator lautet dies

$$\begin{pmatrix} |\alpha_0|^2 & \alpha_0\bar{\alpha}_1 \\ \bar{\alpha}_0\alpha_1 & |\alpha_1|^2 \end{pmatrix} \quad \mapsto \quad \begin{pmatrix} |\alpha_0|^2 & \alpha_0\bar{\alpha}_1\langle w_0|w_1\rangle \\ \bar{\alpha}_0\alpha_1\langle w_1|w_0\rangle & |\alpha_1|^2 \end{pmatrix}. \qquad (11.88)$$

Die Elemente der Nebendiagonale, von Atomphysikern ursprünglich „Kohärenzen" genannt, verschwinden, wenn $\langle w_0|w_1\rangle \to 0$. Das ist der Grund, warum diese Wechselwirkung Dekohärenz genannt wird.

Wie wirkt Dekohärenz beispielsweise auf Deutschs Algorithmus? Mit $\varphi = 0$ oder π in Gl. (11.86) erhalten wir die korrekte Antwort lediglich mit der Wahrscheinlichkeit

$$\frac{1 + \langle w_0|w_1\rangle}{2}. \qquad (11.89)$$

Ist $\langle w_0|w_1\rangle = 0$, also im Fall vollständiger Dekohärenz, ergibt die Quantenschaltung nach einer Messung 0 oder 1 mit gleichen Wahrscheinlichkeiten, d.h. sie ist nutzlos. Offensichtlich müssen wir Dekohärenz vermeiden oder zumindest ihren Einfluss auf unseren Quantenrechner minimieren ($\langle w_0|w_1\rangle \to 1$).

Proposition 11.6.2. *Gegeben sei ein Quantenregister der Größe n. Dekohäriert jedes Qubit separat,*

$$|x_{n-1}\cdots x_1 x_0\rangle|w\rangle\cdots|w\rangle \mapsto |x_{n-1}\cdots x_0\rangle|w_{x_{n-1}}\rangle\cdots|w_{x_0}\rangle, \qquad (11.90)$$

$x_j \in \{0,1\}$, *so wächst die Fehlerwahrscheinlichkeit exponentiell mit der Registergröße n.*

Beweis. Bezeichnen wir $x = x_{n-1} \cdots x_0$, $W = w \cdots w$, und $W_x = w_{x_{n-1}} \cdots w_{x_0}$, so entwickelt sich eine Superposition $\alpha_x|x\rangle + \alpha_y|y\rangle$ mit $x, y \in \{0,1\}^n$ wie

$$(\alpha_x|x\rangle + \alpha_y|y\rangle)\,|W\rangle \quad \mapsto \quad \alpha_x|x\rangle|W_x\rangle + \alpha_y|y\rangle|W_y\rangle, \qquad (11.91)$$

jedoch ist das Skalarprodukt $\langle W_x|W_y\rangle$ nun gegeben durch

$$\langle W_x|W_y\rangle = \langle w_{x_0}|w_{y_0}\rangle \cdots \langle w_{x_{n-1}}|w_{y_{n-1}}\rangle, \qquad (11.92)$$

was von der Größenordnung

$$\langle W_x|W_y\rangle = \langle w_0|w_1\rangle^{d_H(x,y)} \qquad (11.93)$$

ist. Hier sind w_0 und w_1 gemäß Gl. (11.82) die Endzustände der Umgebung nach der Dekohärenz, und d_H: $\{0, 1\}^n \times \{0, 1\}^n \to \mathbb{N}_0$ ist die Hamming-Distanz zwischen x und y, d.h. die Anzahl der Stellen, in den x und y sich unterscheiden. (Zum Beispiel ist die Hamming-Distanz zwischen 101100 und 111101 genau 2, da die beiden Binärstrings sich nur im zweiten und letzten Bit unterscheiden.) Also gibt es einige Koheränzen, die mit $\langle w_0|w_1\rangle^n$ verschwinden, und daher wächst die Fehlerwahrscheinlichkeit exponentiell mit n. $\qquad\qquad\square$

Damit ist klar, dass für eine physikalische Realisierung von Quantenrechnern mit großen Registern die Implementierung einer Fehlerkorrektur notwendig ist, um den Effekt der Dekohärenz zu minimieren.

11.6.1 Kategorien von Dekohärenz

„Dekohärenz" wird üblicherweise mit dem „Verschwinden von Interferenzeffekten" gleichgesetzt, formal beschrieben durch eine Dämpfung der nichtdiagonalen Terme in einer Dichtematrix. *Kohärenz* (lat. Zusammenhalt) ist das Vorliegen raum-zeitlich konstanter Beziehungen zwischen den Phasen eines Wellenfeldes. Die Kohärenz von Wellen ist die Voraussetzung für deren Interferenzfähigkeit. Laserlicht z.B. ist kohärent, da Phase und Amplitude von Laserwellen wegen der dominierenden induzierten Emission (weitgehend) konstant sind. Natürliches Licht dagegen ist inkohärent. Reine Quantenzustände, beispielsweise der reine Zwei-Qubit-Zustand (11.6), sind fast per definitionem kohärent. Isolierte Komponenten verhalten sich beobachtbar unterschiedlich in Superposition („Interferenz").

Jedoch hebt Joos [39, §3.4.3] drei Kategorien der Dekohärenz hervor, die sich durch die physikalischen Mechanismen unterscheiden, die Kohärenz verschwinden lassen.

Echte Dekohärenz

Der grundlegende Dekohärenzmechanismus ist reine Verschränkung mit der Umgebung, ohne dynamische Veränderungen der Teilzustände, wie in Beispiel 11.4.1. Sind sowohl das offene System als auch die Umgebung ein einzelnes Qubit, so lautet Gl. (11.73) explizit

$$(\alpha_0|0\rangle + \alpha_1|1\rangle) \otimes |m\rangle \overset{\tilde{U}}{\mapsto} \alpha_0\,|0\rangle \otimes |m_0\rangle + \alpha_1\,|1\rangle \otimes |m_1\rangle \qquad (11.94)$$

Ausgedrückt mit Dichteoperatoren erhalten wir nach Ausspuren der Umgebung auf beiden Seiten

$$\begin{pmatrix} |\alpha_0|^2 & \alpha_0\alpha_1^* \\ \alpha_0^*\alpha_1 & |\alpha_1|^2 \end{pmatrix} \quad \mapsto \quad \begin{pmatrix} |\alpha_0|^2 & \alpha_0\alpha_1^*\langle m_1|m_0\rangle \\ \alpha_0^*\alpha_1\langle m_0|m_1\rangle & |\alpha_1|^2 \end{pmatrix}. \qquad (11.95)$$

Die nichtdiagonalen Elemente verschwinden mit $\langle m_0|m_1\rangle \to 0$, und Kohärenz geht verloren. Die Komponenten existieren zwar noch, können jedoch wegen der Delokalisierung der Phasenbeziehungen nicht mehr interferieren. Dieser Prozess hat keine Entsprechung in der klassischen Physik.

Interpretieren wir die Umgebungszustände $|m_j\rangle$ als Zeigerpositionen eines Messapparats, so müssen sie orthogonal sein um unterschiedliche Messwerte zu repräsentieren.

Falsche Dekohärenz

Kohärenz geht verloren, wenn eine der erforderlichen Komponents einfach verschwindet. Dies könnte durch Relaxations- oder Energiedissipationsprozesse wie die „Amplitudendämpfung" geschehen.

Die Amplitudendämpfung ist ein Dissipationsprozess, während dessen Ablauf ein Photon mit einer gewissen Wahrscheinlichkeit verloren geht. Stellt $|j\rangle$ den Zustand von j Photonen dar, $j = 0, 1$, so bleibt der Zustand $|0\rangle$ stets unverändert, während der Zustand $|1\rangle$ mit der Wahrscheinlichkeit $p = \sin^2 \frac{\vartheta}{2}$ in den Zustand $|0\rangle$ zerfällt, also $|0\rangle \otimes |m\rangle \mapsto |0\rangle \otimes |m_0\rangle$, $|1\rangle \otimes |m\rangle \mapsto \sin \frac{\vartheta}{2}|0\rangle \otimes |m_1\rangle + \cos \frac{\vartheta}{2}|1\rangle \otimes |m_0\rangle$. Hier bezeichnet m_1 das Erscheinen eines Photons in der Umgebung, und m_0 zeigt an, dass das System kein Photon verloren hat. Es folgt

$$(\alpha_0|0\rangle + \alpha_1|1\rangle) \otimes |m\rangle \xrightarrow{\tilde{U}} |0\rangle \otimes (\alpha_0|m_0\rangle + \alpha_1 \sin \tfrac{\vartheta}{2}|m_1\rangle) + \alpha_1 \cos \tfrac{\vartheta}{2}|1\rangle \otimes |m_0\rangle. \quad (11.96)$$

Umgeschrieben mit Dichteoperatoren und unter der Annahme $\langle m_j|m_k\rangle = \delta_{jk}$ liefert das Ausspuren der Umgebung auf beiden Seiten

$$\begin{pmatrix} |\alpha_0|^2 & \alpha_0\alpha_1^* \\ \alpha_0^*\alpha_1 & |\alpha_1|^2 \end{pmatrix} \mapsto \begin{pmatrix} |\alpha_0|^2 + |\alpha_1|^2 \sin^2 \frac{\vartheta}{2} & \alpha_0\alpha_1^* \cos \frac{\vartheta}{2} \\ \alpha_0^*\alpha_1 \cos \frac{\vartheta}{2} & |\alpha_1|^2 \cos^2 \frac{\vartheta}{2} \end{pmatrix} \quad (11.97)$$

(Aufgabe 11.3 und [46, Eq. (8.112)]). Die nichtdiagonalen Elemente der Dichtematrix verschwinden mit $p \to 1$ für die Zerfallswahrscheinlichkeit p, also mit $\vartheta \to \pm\pi$. In diesem Fall lautet der Endzustand $\mathscr{E}(\rho) = |0\rangle\langle 0|$. (Für den nichtorthogonalen Fall $\langle m_0|m_1\rangle \neq 0$ siehe Gl. (D.3).)

Die Rolle der Umgebung kann auch durch spezielle Zustände des Systems selbst übernommen werden, wenn die Dynamik zum Verschwinden einer Komponente des relevanten Unterraums führt. Interne Dekohärenz kann beispielsweise die Form $|0\rangle \mapsto |0\rangle$, $|1\rangle \mapsto \sum_{j>0} a_j|j\rangle$ haben, erzeugt durch einen geeigneten Hamilton-Operator.

Der direkteste Weg, eine Komponente zu entfernen, ist der Kollaps der Wellenfunktion durch eine Messung. Wird nun das Messergebnis ignoriert (oder bleibt unbekannt), so folgt für den Dichteoperator

$$\rho = \begin{pmatrix} |\alpha_0|^2 & 0 \\ 0 & |\alpha_1|^2 \end{pmatrix}. \quad (11.98)$$

Das ist dieselbe Dichtematrix, wie sie durch Verschränkung entsteht, jedoch verschwindet hier die Interferenz einfach durch Wegfallen der relevanten Komponenten.

Scheinbare Dekohärenz

Dekohärenz kann durch einen stochastischen Mittelungsprozess. Dieser Fall wird oft auch als „Dephasing" or „Phasenrandomisierung" (phase randomization) bezeichnet.

Phasenrandomisierung ist ein dynamischer Process eines „stochastischen Kräften" oder „Rauschen" ausgesetzten Systems. Es gibt zwei typische Situationen: Entweder handelt es sich um ein Gemisch aus Teilsystemen, die derselben unitären Entwicklung bei unterschiedlich präparierten Anfangszuständen unterliegen, oder um ein Gemisch aus Teilsystemen mit identisch präparierten Anfangszuständen, auf die unterschiedliche Hamilton-Operatoren wirken. In beiden Fällen ist die Dynamik auf ein Einzelsystem unitär, d.h. es gibt gar keine Dekohärenz auf mikroskopischer Ebene.

Als ein einfaches Beispiel betrachten wir ein Gemisch aus N Einzelqubit-Zuständen $\{(\frac{1}{N}, |\psi_j\rangle)\}$ mit den reinen Zuständen $|\psi_j\rangle = e^{i\delta_j}(\cos\frac{\vartheta}{2}|0\rangle + e^{i\varphi_j}\sin\frac{\vartheta}{2}|1\rangle)$. Unter der Annahme, dass alle relativen Phasen φ_j gleichverteilt sind, lautet die Dichtematrix des Gemisches

$$\rho = \frac{1}{N}\sum_{j=1}^{N}|\psi_j\rangle\langle\psi_j| = \begin{pmatrix} \cos^2\frac{\vartheta}{2} & \frac{1}{2}\sin\vartheta\sum_1^N e^{i\varphi_j} \\ \frac{1}{2}\sin\vartheta\sum_1^N e^{-i\varphi_j} & \sin^2\frac{\vartheta}{2} \end{pmatrix} \approx \begin{pmatrix} |\alpha_0|^2 & 0 \\ 0 & |\alpha_1|^2 \end{pmatrix},$$

(11.99)

wo $|\alpha_0|^2 = \cos^2\frac{\vartheta}{2}$ und $|\alpha_1|^2 = \sin^2\frac{\vartheta}{2}$. (Die globalen Phasen δ_j sind irrelevant für die Dichtematrix.) Das Verschwinden der nichtdiagonalen Terme wird hier durch die *unvollständige* Beschreibung der gemittelten Dichtematrix verursacht: die vollständige mikroskopische Beschreibung des Systems wäre gegeben durch einen Tensorproduktzustand $|\psi\rangle = \bigotimes_j |\psi_j\rangle$.

Aufgaben

Aufgabe 11.1. Zeigen Sie, dass der Dichteoperator in (11.6) Gleichung (11.5) erfüllt.

Aufgabe 11.2. Zeigen Sie, dass die unitäre Transformation U in (11.76) das CNOT-Gatter ist.

Aufgabe 11.3. Zeigen Sie, dass die unitäre Transformation (11.96) den entsprechenden Dichteoperator wie in (11.97) transformiert.

Aufgabe 11.4. Zeigen Sie, dass der Zustand (11.32) verschränkt ist.

Kapitel 12

Komplexitätstheorie

12.1 Einleitung

Ein normaler klassischer Computer kann zwar einen Quantenrechner simulieren, jedoch scheint es unmöglich zu sein, dass diese Simulation *effizient* geschieht. Falls diese Hypothese zuträfe, hätten Quantenrechner einen wesentlichen Geschwindigkeitsvorteil gegenüber klassischen Computern, den diese *niemals* aufholen könnten, welcher technische Fortschritt auch immer erreicht wird.

Was meint man mit „effizient" und „ineffizient"? Die meisten der zur Untersuchung dieser Frage benötigten Begriffe waren längst erfunden, als die ersten Ideen zur Quantenrechnung entstanden. Das Konzept effizienter und ineffizienter Algorithmen wurde mathematisch präzisiert durch das Gebiet der Komplexitätstheorie. Grob gesagt besitzt ein effizienter Algorithmus eine bezüglich der Größe des Problems höchstens polynomiale Laufzeit. Ist die Größe n, so hat ein effizienter Algorithmus also eine Laufzeit $T(n) = O(n^k)$ für eine Konstante $k \in \mathbb{N}$. Demgegenüber erfordert ein ineffizienter Algorithmus mindestens eine superpolynomiale, typischerweise exponentielle, Laufzeit, z.B. $T(n) = \Omega(k^n)$ für eine Konstante $k \in \mathbb{R}_+$.

Um ein bestimmtes Problem zu lösen, folgen Computer einer präzisen Abfolge von Anweisungen und liefern eine Lösung zu jeder gegebenen Instanz des Problems. Eine solche Abfolge von Anweisungen heißt *Algorithmus*. Jeder Algorithmus kann durch eine Familie Boole'scher Schaltungen $\{\mathscr{C}_1, \mathscr{C}_2, \mathscr{C}_3, \dots\}$ dargestellt werden, wobei $\mathscr{C}_n$ auf alle möglichen Eingabeinstanzen der Größe n bits wirkt. Da wir uns mit „klassischen" Problemen beschäftigen, benötigen wir Ein- und Ausgabe als klassische Bits. Ein nützlicher Algorithmus sollte eine solche Familie besitzen, die durch eine Beispielschaltung $\mathscr{C}_n$ und eine einfache Regel spezifiziert ist, wie eine Schaltung $\mathscr{C}_{n+1}$ aus $\mathscr{C}_n$ konstruiert wird. Solch eine Familie von Schaltungen heißt *uniform*. Ein Beispiel ist die Familie der Quanten-Fouriertransformationen QFT_{2^n} in Gl. (4.1) auf S. 45.

Weitere Informationen zur Komplexitätstheorie finden sich in [3], [35], [46, §3], [68], einen groben Überblick liefert [32].

12.2   Effiziente Algorithmen und Schaltungen

Die große Herausforderung bei dem Entwurf von Algorithmen ist der optimale Einsatz der zur Lösung notwendigen physikalischen Ressourcen. Die *Komplexitätstheorie* beschäftigt sich mit dem zeitlichen und physikalischen Aufwand, der zur Berechnung einer gegebenen Klasse von Problemen in Abhängigkeit von der Eingabegröße n der Probleminstanz notwendig ist. Ein Algorithmus heißt *schnell* oder *effizient*, wenn die Anzahl $T(n)$ der für eine Eingabe der Größe n ausgeführten Elementaroperationen nicht schneller als polynomial in n wächst, in Symbolen $T(n) = O(n^k)$ für eine Konstante k. Im allgemeinen nehmen wir als Eingabegröße die Gesamtanzahl der von der Eingabe benötigten Bits. Beispielsweise erfordert eine Zahl $N \in \mathbb{N}$ einen Speicherplatz von $n = \lceil \log_2 N \rceil$ bits.

Entsprechend heißt in der Sprache der Quantenschaltungskomplexität ein Algorithmus *effizient*, wenn er aus einer uniformen und polynomial großen Schaltungsfamilie besteht. Uniform bedeutet hier die Forderung, dass die j-te Stelle des Eintrags der verwendeten unitären Matrizen durch eine zweite Schaltung in bezüglich j und n höchstens polynomialer Laufzeit bestimmt werden kann. Beispielsweise hat die Quanten-Fouriertransformation QFT_{2^n} eines Quantenregisters mit n Qubits eine Schaltungskomplexität von $T_{\mathrm{QFT}}(n) = O(n^2)$.

Warum die Uniformitätsbedingung? Jede gegebene Quantenschaltung kann nur eine Funktion berechnen, deren Definitionsbereich (Eingabe) ein binärer String gegebener Länge ist. Für ein Quantenschaltungsmodell zur Implementierung beliebig langer Eingabestrings benötigen wir eine Familie von Quantenschaltungen, die für jede Eingabelänge eine Schaltung vorsieht. Ohne weitere Bedingungen an diese Familie könnte in ihrem Entwurf eine nichtberechenbare Funktion versteckt sein. Für klassische Schaltungen reicht es aus, eine Laufzeit höchstens polynomial in der Eingabelänge n zu fordern. Für Quantenrechnung allerdings wäre es so möglich, nichtberechenbare (oder schwer berechenbare) Information in den den Quantengattern entsprechenden unitären Matrizen zu verstecken. In diesem Falle befänden sich nichteffizient berechenbare Funktionen in der Klasse der mit effizienten Quantenalgorithmen lösbaren Probleme (**BQP**, siehe unten). Es sei jedoch erwähnt, dass es auch einen Namen für die nichtuniforme Klasse von Quantenschaltungsfamilien gibt, nämlich **BQP**/poly, die Das bedeutet, dass sich höchstens ein polynomialer Betrag an Extrainformation in dem Schaltungsentwurf befindet.

12.3   Turing-Maschinen

In der Informatik ist das grundlegende Modell für Algorithmen die Turing-Maschine. Da die polynomiale Äquivalenz von Quanten-Turing-Maschinen und Quantenschaltungen bewiesen werden kann [46, §2.3], ist unsere Diskussion über Algorithmen mit Hilfe des Quantenschaltungsmodells eine äquivalente Alternative. Dieser Abschnitt ist dennoch eingefügt, um die Lücke zur üblichen Vorgehensweise in der Informatik zu schließen.

Definition 12.3.1. Eine *Quanten-Turing-Maschine* (QTM), oder ein „Quantenalgorithmus", ist definiert als das Triplet

$$QTM = (Q, \Sigma, \delta), \tag{12.1}$$

wobei Q eine endliche Menge von Zuständen mit einem Anfangszustand q_0 und einem Haltezustand q_h ist, Σ ein endliches Alphabet mit dem Leerzeichen #, sowie δ die *endliche quantenmechanische Zustandssteuerung (quantum finite state control)* darstellt, d.h. eine Übergangsfunktion

$$\delta : Q \times \Sigma \to \widetilde{\mathbb{C}}^{Q \times \Sigma \times \{L, R, H\}} \tag{12.2}$$

mit $\widetilde{\mathbb{C}} = \{z \in \mathbb{C}:$ das j-te Bit von $\mathrm{Re}\, z$ und $\mathrm{Im}\, z$ ist in polynomialer Laufzeit bzgl. j berechenbar$\}$. Die Quanten-Turing-Maschine hat ein unendliches Zwei-Wege-Band (mit den Richtungen L und R) von Zellen, die durch ganze Zahlen $\mathbb{Z}$ indiziert und durch einen Lese-Schreib-Kopf abgetastet werden, der das Band entlang läuft. Jede Zelle enthält ein Symbol aus dem Alphabet Σ. □

Eine Zustandsteuerung arbeitet demnach wie ein Mikroprozessor, der die Operationen der Maschine koordiniert, und das Band wie ein Speicher. Der Zustand einer Quanten-Turing-Maschine ist eine lineare Superposition $\sum_c \alpha_c |c\rangle$ klassischer Konfigurationen $|c\rangle = |q, a, m\rangle$ mit der Bandkonfiguration[1] $q \in Q$, $a \in \Sigma^*$ und $m \in \mathbb{Z}$. Wir werden nur solche Bandkonfigurationen a betrachten, in denen alle bis auf endlich viele Bandzellen das Leerzeichen # enthalten, und nur Superpositionen endlicher Linearkombinationen von Konfigurationen $|c\rangle$. Formal schränkt uns dies auf den dichten Unterraum $S = \mathrm{span}\,(|c\rangle)$ des Hilbert-Raums ein [68, S. 197]. Der Wert von $\delta(q, \sigma)$ gibt die Superpositionen der aktualisierten Zustände wieder, die die Maschine einnimmt, wenn sie vorher im Zustand q war und das Symbol σ gelesen wurde. Auf diese Weise legt die Übergangsfunktion δ einen linearen Operator auf dem Raum S fest. Für eine gültige Quanten-Turing-Maschine muss dieser unitär sein. Solche Übergangsfunktionen heißen *wohlgeformt*. Ist der Zustand der Quanten-Turing-Maschine die Superposition $\sum_c \alpha_c |c\rangle$, so ergibt eine Messung (in der Rechenbasis $|c\rangle$) den Wert c mit Wahrscheinlichkeit $|\alpha_c|^2$.

Die Quanten-Turing-Maschine *hält* für die Eingabe x, wenn sie den Haltezustand q_h annimmt. Die Anzahl der von der Quanten-Turing-Maschine mit Eingabe x bis zum Halt benötigten Schritte ist ihre *Laufzeit* für die Eingabe x. Hält die Quanten-Turing-Maschine, so ist ihre *Ausgabe* ein String in Σ^*, der aus den Bandinhalten von dem am weitesten links stehenden nichtleeren Symbol bis zu dem am weitesten rechts stehenden besteht, bzw. aus dem leeren String, wenn das gesamte Band leer ist. Eine Quanten-Turing-Maschine, die bei allen Eingaben hält, berechnet also eine Funktion

$$f : (\Sigma \setminus \{\#\})^* \to \Sigma^*.$$

Eine Quanten-Turing-Maschine mit der einfacheren Übergangsfunktion

$$\delta : Q \times \Sigma \to Q \times \Sigma \times \{L, R, H\} \tag{12.3}$$

---

[1] Σ^* ist die Menge aller Wörter beliebiger Länge, bestehend aus den Symbolen des Alphabets Σ, d.h. $\Sigma^* = \bigcup_{n=0}^{\infty} \Sigma^n$.

ist eine *(deterministische) Turing-Maschine* (TM) oder ein „(deterministischer) Algorithmus". Jede Konfiguration der Turing-Maschine geht in eine eindeutig definierte Folgekonfiguration über. Gilt $\delta(q,\sigma) = (q',\sigma',d)$, so geht die Turing-Maschine vom Zustand q beim Lesen des Symbols σ über in den Zustand q', der Lese-Schreib-Kopf ersetzt das Symbol σ durch σ' und schreitet in Richtung $d \in \{L, R, H\}$ weiter, entweder eine Zelle nach links oder rechts, oder er bleibt stehen. Ein *Programm* für eine Turingma-

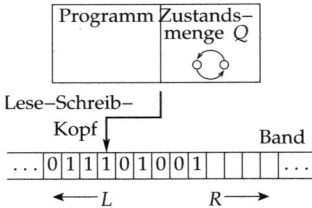

Abbildung 12.1: Schema einer Turing-Maschine mit einem binären Alphabet und dem Leerzeichen $\Sigma = \{0, 1, \#\}$.

schine ist eine endliche geordnete Liste von *Programmzeilen* der Form $(q,\sigma,q',\sigma',d) \in Q \times \Sigma \times Q \times \Sigma \times \{L, R, H\}$. Das Programm wird abgearbeitet, indem in jedem Maschinenzyklus die Turingmaschine durch die Liste der Programmzeilen geht und nach einer Zeile $(q,\sigma,\cdot,\cdot,\cdot)$ sucht, so dass der aktuelle interne Zustand der Maschine q ist und das auf dem Band gelesene Symbol σ lautet. Findet sie keine solche Programmzeile, so wird der interne Zustand der Maschine auf q_h gesetzt, und die Maschine hält an. Wird jedoch eine Programmzeile gefunden, so wird sie *ausgeführt*: der interne Zustand der Maschine wird auf q' gesetzt; das Symbol σ auf dem Band wird mit dem Symbol σ' überschrieben; der Kopf wird nach links oder rechts bewegt oder bleibt stehen, je nachdem ob d gleich L, R oder H ist. Turing-Maschinen lösen *Entscheidungsprobleme*, d.h. Probleme, die nur die Antworten „ja" $= 1$ oder „nein" $= 0$ erlauben.

12.3.1   Nichtdeterministische Turingmaschinen

In der klassischen Komplexitätstheorie gibt es einen Ansatz, die Kette „vernünftiger" Berechnungsmodelle zu durchbrechen, die sich gegenseitig mit höchstens polynomialem Effizienzverlust simulieren können, das Modell der „nichtdermistischen Turingmaschine" [48, §2.7], [59, §3.2]: Eine *nichtdetermistische Turingmaschine*, oder ein „nichtdeterministischer Algorithmus", ist ein Tripel NTM $= (Q, \Sigma, \Delta)$, ähnlich wie eine gewöhnliche Turingmaschine. Q und Σ sind wie bisher definiert, jedoch wird die deterministische *Funktion* $\delta : Q \times \Sigma \to Q \times \Sigma$ durch eine *Relation* $\Delta \subset (Q \times \Sigma) \times (Q \times \Sigma \times \{L, R, H\})$ ersetzt, d.h., für jede Zustand-Symbol-Kombination kann es *mehrere* nächste Schritte geben, oder auch überhaupt keinen (Abbildung 12.2). Wir sagen, dass eine Konfiguration $(q,\sigma,d) \in Q \times \Sigma \times \{L, R, H\}$ die Konfiguration $(q',\sigma',d') \in Q \times \Sigma \times \{L, R, H\}$ *in einem Schritt ergibt*, bezeichnet mit $(q,\sigma,d) \overset{\text{NTM}}{\to} (q',\sigma',d')$, wenn ein Übergang $((q,\sigma),(q',\sigma',d)) \in \Delta$ existiert. Genau dieses schwache „Ein-Ausgabeverhalten", d.h. dieser sehr liberale Begriff der „Lösung eines Problems", bewirkt, dass eine nichtdeterministische Turingmaschine so anders und so viel mächtiger ist als eine deterministische Turingmaschine.

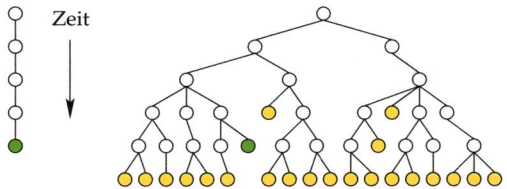

Abbildung 12.2: Die Abfolge der Rechenschritte in einer deterministischen Turing-Maschine (links), bei der es für jede Zustand-Symbol-Kombination höchstens einen nächsten Schritt gibt, und in einer nichtdeterministischen Turing-Maschine (rechts), bei der jede Zustand-Symbol-Kombination mehrere nächste Schritte haben kann. Im deterministischen Fall wird ein Problem akzeptiert, wenn die Turing-Maschine mit dem Zustand „ja" hält, während es im nichtdeterministischen Fall bereits gelöst ist, wenn nur ein Haltezustand „ja" ergibt.

Eine Eingabe für eine nichtdeterministische Turingmaschine wird akzeptiert, wenn es *eine* Folge nichtdeterministischer Auswahlen gibt, die einen Endzustand „ja" ergibt, selbst wenn sie andere Auswahlen ablehnt. Der Eingabestring wird dann und nur dann abgelehnt, wenn sie *keine* Auswahlfolge akzeptiert. Diese Asymmetrie in der Weise, wie „ja"- und „nein"-Fälle behandelt werden, ähnelt der Asymmetrie deterministischer Turingmaschinen, die eine Eingabe nur dann akzeptieren, wenn das Problem in endlicher Zeit entschieden werden kann, aber endlos rechnet, wenn es nicht entscheidbar ist.

Ferner kann eine nichtdeterministische Turingmaschine von einer deterministischen Turingmaschine nur mit einem *exponentiellen* Effizienzverlust simuliert werden. Ob dieser exponentielle Verlust inherent ist oder nur ein Artefakt unseres begrenzten Verständnisses des Nondeterminismus', ist letzten Endes das berühmte $\mathbf{P} \overset{?}{=} \mathbf{NP}$-Problem [3, §2.7], [48, §2], [59, §7.3].

Eine allgemeine Relation $R \subset A \times B$ kann äquivalent als eine Boole'sche Funktion $R : A \times B \to \mathbb{Z}_2$, oder $R \in \mathbb{Z}_2^{A \times B}$, ausgedrückt werden, mit dem *Prädikat* $R(a, b)$. Hinsichtlich ihrer Arbeitsweise ist eine nichtdeterministische Turingmaschine eine spezielle Quanten-Turingmaschine, wo $\widetilde{\mathbb{C}}$ in Gl. (12.1) durch $\mathbb{Z}_2 \subset \widetilde{\mathbb{C}}$ ersetzt wird. Beide Maschinen können viele oder alle möglichen Lösungen „parallel" verarbeiten. Ein wesentlicher Unterschied jedoch ist das Konzept der Lösung eines Problems, da eine Quanten-Turingmaschine eine Lösung nur durch eine Messung in der Rechenbasis findet, während eine nichtdeterministische Turingmaschine ein Problem löst, wenn nur ein Haltezustand erreicht wird.

12.4   Komplexitätsklassen

Grundsätzlich gibt es drei unterschiedliche Typen von Schaltungen bzw. Algorithmen: klassisch deterministische, klassisch stochastische und quantenmechanische. Effiziente Algorithmen jedes dieser Typen haben ihre jeweilige Komplexitätsklasse, nämlich **P**, **BPP**, und **BQP**. In der Folge werden die Begriffe „Boole'sche Funktion", „Sprache",

„Algorithmus" und „(Entscheidungs-) Problem" als Synonyme. Tatsächlich können sie allesamt durch eine Boole'sche Funktion auf der Menge der (beliebig langen) binären Strings definiert werden,

$$f : \{0,1\}^* \to \{0,1\}. \tag{12.4}$$

12.4.1 Komplexitätsklasse P

Klassische deterministische Algorithmen basieren auf logischen Verknüpfungen wie AND, OR und NOT und müssen stets eine korrekte Antwort liefern. Erlaubt ein Problem einen deterministischen effizienten Algorithmus, so sagen wir, das Problem sei in der Komplexitätsklasse **P**.

Beispiel 12.4.1. *(Eulerkreis-Problem)* [46, §3.2.2] Sei $\Gamma = (V, E)$ ein ungerichteter Graph aus n Ecken $V = \{v_1, \dots, v_n\}$ und den Kanten $E = \{(v_i, v_j) : (i,j) \in I \times J\}$ für eine Indexmenge $I \times J \subseteq \{1, \dots, n\}^2$. Ein *Eulerkreis* ist eine geschlossene Folge von Kanten („Weg" oder „Pfad"), in der jede Kante des Graphen genau einmal besucht wird. Das *Eulerkreis-Problem* (EC) besteht darin zu entscheiden, ob ein gegebener Graph einen Eulerkreis enthält oder nicht. Es gibt maximal $n! = O(n^n) = O(2^{n \log_2 n})$ mögliche Anordnungen von Kantenzyklen. Mit einem Satz von Euler allerdings enthält ein zusammenhängender Graph genau dann einen Eulerkreis, wenn jede Ecke eine gerade Anzahl von Kanten beendet [23, §0.8]. Damit lässt sich EC in $O(n^3)$ Schritten entscheiden. Daher ist EC in **P**. $\square$

12.4.2 Komplexitätsklasse BPP

Stochastische Algorithmen haben zusätzlich „Münzwurf"-Gatter, die keine Eingaben bekommen und ein gleichverteiltes Zufallsbit ausgeben, wenn sie während einer Berechnung ausgeführt werden. Trotz der Tatsache, dass stochastische Algorithmen auch falsche Antworten geben können, können sie leistungsfähiger als deterministische Algorithmen sein. Ein gutes Beispiel ist der Primzahltest: Gegeben eine n-bit-Zahl x, entscheide ob x prim ist oder nicht. Der schnellste bekannte deterministische Algorithmus zur Lösung dieses Problems ist der AKS Primalitätstest von Agrawal, Kayal und Saxena, der eine Komplexität von $O(n^{12})$ hat und somit polynomial beschränkt ist [1]. Es gibt jedoch einen stochastischen Algorithmus von Solovay und Strassen [60], der das Problem noch effizienter löst, nämlich mit Komplexität $O(n^3 \log \frac{1}{\epsilon})$, wobei ϵ die Irrtumswahrscheinlichkeit ist. (Wichtig ist, dass ϵ nicht von n abhängt und wir es beliebig klein wählen können, ohne dass der Algorithmus ineffizient wird.)

Der $\log \frac{1}{\epsilon}$-Teil kann wie folgt erklärt werden. Gegeben sei ein stochastischer Algorithmus, der ein Entscheidungsproblem löst und der mit einer Wahrscheinlichkeit kleiner als $\frac{1}{2} - \delta$ für festes $\delta > 0$ irrt. Lässt man r dieser Algorithmen parallel ablaufen und verwendet die Mehrheit der Antworten als endgültige 0/1-Antwort, so ist die gesamte Irrtumswahrscheinlichkeit ϵ durch $\epsilon = e^{-r\delta^2}$ beschränkt. Das folgt direkt aus der „Chernoff-Grenze" [45], [46, Box 3.4]. Daher ist r von der Größenordnung $\log \frac{1}{\epsilon}$. Erlaubt ein Problem solch einen Algorithmus, so nennt man es von der Komplexitätsklasse **BPP** (*„bounded-error probabilistic polynomial"*).

12.4.3 Komplexitätsklasse BQP

Die Komplexitätsklasse **BQP**, (*„bounded-error quantum polynomial time"*) ist die Klasse der Algorithmen, die auf einem Quantenrechner in polynomialer Laufzeit berechnet werden können, der die korrekte Antwort mit einer Wahrscheinlichkeit größer als $\frac{1}{2} + \delta$ für ein festes $\delta > 0$ liefert. Genauer ist eine auf einem Quantenrechner zeitpolynomial berechenbare Funktion definiert als eine Funktion, die durch eine uniforme Familie von Quantenschaltungen berechnet werden kann, deren Größe (Anzahl Gatter) höchstens polynomial von der Eingabelänge abhängt und die die korrekte Antwort für jede Eingabe mit einer Wahrscheinlichkeit von mindestens $\frac{1}{2} + \delta$ für ein festes $\delta > 0$ liefert.

12.4.4 Quanten-NP

Sei PROB ein beliebiges Entscheidungsproblem. Nach einer Eingabe produziert PROB eine bestimmte Ausgabe, entweder „ja" $= 1$ oder „nein" $= 0$. Sei Y_P die Menge derjenigen Eingaben, durch die PROB die Ausgabe „ja" produziert. Gibt es nun einen nichtdeterministischen Algorithmus, der nach der Eingabe von x in polynomialer Zeit die Ausgabe „ja" dann und nur dann erzeugt, wenn $x \in Y_P$, so ist PROB in **NP**, „nichtdeterministisch-polynomiale Zeit". (Für Details siehe [33, §7.7].) Mit anderen Worten ist ein Entscheidungsproblem in **NP**, wenn es einen zeitpolynomialen Prüfalgorithmus C und ein Polynom p gibt mit den folgenden Eigenschaften: Gilt $x \in Y_P$, so existiert ein String y, der „Zeuge" oder das „Zertifikat" (*„witness string"*), mit Länge $|y| \leqq p(|x|)$, so dass $C(x,y) = 1$; gilt $x \notin Y_P$, so ist $C(x,y) = 0$ für jedes y mit $|y| \leqq p(|x|)$.

Beispiel 12.4.2. (*Hamiltonkreis-Problem*) [46, §§3.2.2, 6.4], [59, §7]. Sei $\Gamma = (V, E)$ ein ungerichteter Graph aus n Ecken $V = \{v_1, \ldots, v_n\}$ und den Kanten $E = \{(v_i, v_j) : (i, j) \in I \times J\}$ für eine Indexmenge $I \times J \subseteq \{1, \ldots, n\}^2$. Ein *Hamiltonkreis* ist eine geschlossene Folge von Kanten („Weg" oder „Pfad"), in der jede Ecke des Graphen genau einmal besucht wird. Das *Hamiltonkreis-Problem* (HC) besteht darin zu entscheiden, ob ein gegebener Graph einen Hamiltonkreis enthält oder nicht. Es kann bis zu $n! = O(n^n) = O(2^{n \log_2 n})$ verschiedene Rundreisen geben. HC ist in **NP**. Es ist kein Algorithmus bekannt, der HC in polynomialer Zeit $O(n^k)$ löst, enthält jedoch ein gegebener Graph einen Hamiltonkreis, so ist dieser ein effizient überprüfbares Zertifikat. Tatsächlich gehört HC sogar zu den schwersten Problemen in **NP**, der Klasse **NP**-vollständig, siehe unten. □

Zur Definition der Komplexitätsklasse **BQNP = QMA** (*Quantum Merlin-Arthur*), des Quanten-Analogons zu **NP**, ersetzen wir den zeitpolynomialen Prüfalgorithmus durch einen quantenmechanischen polynomialen Prüfalgorithmus und den Zeugenstring y durch einen Quantenzeugen, d.h. y darf eine Superposition von Strings höchstens der Länge $p(|x|)$ sein.

Eine Funktion f heißt *polynomial reduzierbar* auf eine Funktion g, wenn eine zeitpolynomial berechenbare Funktion h existiert, so dass $f(x) = g(h(x))$ für jeden binären String $x \in \{0, 1\}^*$ gilt. Ein Entscheidungsproblem ist in **NPC**, oder **NP**-*vollständig*

(**NP**-*complete*), wenn es in **NP** ist und *jedes* Entscheidungsproblem in **NP** polynomial reduzierbar darauf ist.

Somit sind **NP**-vollständige Entscheidungsprobleme „universell" in dem Sinne, dass ein zeitpolynomialer Algorithmus für nur *eines* von ihnen sofort zeitpolynomiale Algorithmen zur Lösung *aller* Probleme in **NP** liefert. Anders gesagt, jedes **NP**-vollständige Problems „kodiert effizient" alle anderen Probleme in **NP**. Beispielsweise kann die Primfaktorzerlegung durch jedes **NP**-vollständige Problem „effizient kodiert" werden, auch wenn es gar nichts mit natürlichen Zahlen zu tun hat. In diesem Licht erscheint es überraschend, dass es **NP**-vollständige Probleme überhaupt gibt. Der Eckpfeiler der Theorie über **NP**-Vollständigkeit ist der folgende Satz von Cook-Levin über 3SAT. Das „Erfüllbarkeitsproblem *(satisfiability problem)* einer aussagenlogischen Formel in 3-CNF", kurz 3SAT, fragt danach, ob eine Belegung $x = (x_1, \ldots, x_n)$ einer gegebenen Boole'schen Formel f in n Variablen in konjunktiver Normalform mit 3 Literalen (3-CNF) existiert, so dass $f(x) = 1$. Genauer gilt $f : \{0,1\}^n \to \{0,1\}$,

$$f(x_1, x_2, \ldots, x_n) = c_1 \wedge c_2 \wedge \ldots \wedge c_m, \tag{12.5}$$

wobei jede Aussage c_j eine Disjunktion von drei Variablen oder deren Negationen ist, beispielsweise $c_j = x_\alpha \vee \neg x_\beta \vee x_\gamma$.

Satz 12.4.3. *(Cook-Levin) Das Problem 3-SAT ist **NP**-vollständig.*

Bemerkenswerterweise ist 2SAT, also die Frage nach dem Wahrheitswert einer Boole'sche Formel in konjunktiver Normalform, in der jede Aussage aus nur zwei Variablen besteht, von der Klasse **P** [46, Ex. 3.24], [48, Thm. 16.3].

Gilt $\mathbf{P} \neq \mathbf{NP}$, so ist kein **NP**-vollständiges Problem zeitpolynomial lösbar. Zudem ermöglicht $\mathbf{P} \neq \mathbf{NP}$ die Existenz einer nichtleeren Klasse **NPI** *(NP intermediate)*, die aus Problemen besteht, die weder zeitpolynomial lösbar noch **NP**-vollständig sind. Offensichtlich sind keine Probleme in **NPI** bekannt (denn sonst wüsste man, dass $\mathbf{P} \neq \mathbf{NP}$), aber einer der stärksten Kandidaten ist das Problem der Primfaktorzerlegung. Probleme in **NPI** sind aus zwei Gründen sehr interessant für die Quantenrechnung. Einerseits könnten sie genau diejenigen Probleme darstellen, die nicht in **P** und dennoch mit Quantenalgorithmen effizient lösbar sind. Andererseits wird allgemein vermutet, dass Quantenrechner nicht alle Probleme in **NP** effizient lösen können, also insbesondere nicht **NP**-vollständige Probleme. Damit könnte eine nichtleere Klasse **NPI** also die tatsächliche rechnerische Überlegenheit von Quantenrechnern gegenüber klassischen Computern beweisen.

Kitaev bewies 1999 das quantenmechanische Analogon des Satzes von Cook-Levin, siehe [68, §6] für Details. Eine Konsequenz ist, dass $\mathbf{BQNP} \subseteq \mathbf{P}^{\#\mathbf{P}}$.

12.5   Beziehungen zwischen Komplexitätsklassen

Da deterministische Algorithmen stets als stochastische Algorithmen (mit Irrtumswahrscheinlichkeit $\epsilon = 0$) betrachtet werden können, ist ein effizienter deterministischer stets auch ein effizienter stochastischer Algorithmus.

Da jedoch Quantenschaltungen sich in der Zeit unitär entwickeln müssen, ist es *a priori* nicht klar, dass **BQP** bereits **P** enthält. Um dies zu beweisen, muss auf Bennetts Resultat [7] von 1973 verwiesen werden, wonach jeder Algorithmus der Klasse **P** durch reversible Gatter realisiert werden kann. Damit gilt also der folgende Satz.

Satz 12.5.1. *Sei* **PSPACE** *die Klasse der Probleme, die nicht notwendig zeitpolynomial, jedoch durch höchstens polynomial von der Eingabegröße abhängenden Speicherplatz gelöst werden können. Sei ferner* $\mathbf{P^{\#P}} = \{g(x) = |\{y : \exists\, f(x,y)\ \text{polynomial in}\ |x|\}|$. *(Mit anderen Worten,* $g(x)$ *ist die zum Prädikat* $f(x,y)$ *gehörende Zählfunktion.) Dann gilt*

$$\mathbf{P} \subseteq \mathbf{BPP} \subseteq \mathbf{BQP} \subseteq \mathbf{BQNP} \subseteq \mathbf{P^{\#P}} \subseteq \mathbf{PSPACE}. \qquad (12.6)$$

Beweis. [68, §§3, 6] $\qquad\qquad\qquad\qquad\qquad\qquad\qquad\qquad\qquad\qquad\qquad\qquad\qquad\square$

Es ist eine offene Frage, ob diese oder welche dieser Ungleichungen streng gelten, oder ob sogar **P** = **PSPACE**, vgl. Abb. 12.3.

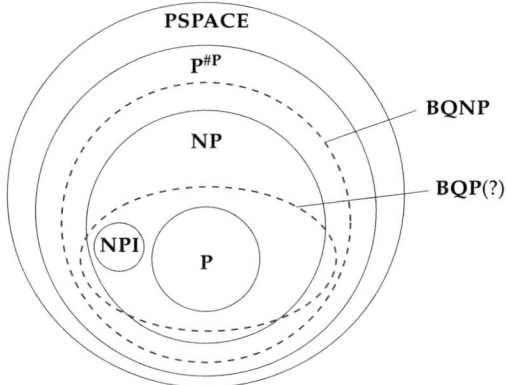

Abbildung 12.3: Die verschiedenen Komplexitätsklassen und ihre möglichen Beziehungen. Man weiß nur, dass (12.6) gilt; ferner folgt aus **P** $\neq$ **NP**, dass **NPI** $\neq \emptyset$. Allerdings ist offen, ob überhaupt **P** $\neq$ **PSPACE** gilt!

12.6 Komplexität bestimmter Quantenschaltungen

12.6.1 Hadamard-Transformation

Die Hadamard-Transformation $H^{(n)}$ eines Quantenregisters der Größe n wie in Gl. (3.4) hat eine uniforme Familie von Schaltungen, die linear mit der Anzahl n der Eingabe-Qubits wächst,

$$T_{H^{(n)}}(n) = O(n). \qquad (12.7)$$

12.6.2 QFT

Die Quanten-Fourier-Transformation QFT_{2^n} auf n Qubits besteht aus $n(n+1)/2$ elementaren Gattern. Daher hat sie eine Komplexität

$$T_{QFT}(n) = O(n^2). \tag{12.8}$$

Der schnellste bekannte klassische Algorithmus zur Berechnung der diskreten Fouriertransformierten ist die *Fast Fourier Transform* FFT, die für 2^n Punkte eine Zeitkomplexität von $O(n2^n)$ besitzt. Eine naïve Implementierung der diskreten Fouriertransformation von 2^n Punkten benötigt sogar $O(2^{2n})$ operations. Der FFT-Algorithmus scheint zuerst 1805 von Gauß entwickelt worden zu sein, und 1942 von Danielson und Lanczos wiederentdeckt [51, §12.2].

12.7 Komplexität einiger Quantenalgorithmen

12.7.1 Shor-Algorithmus

Die Komplexität des Shor-Algorithmus zur Primfaktorzerlegung — bei gegebener n-bit-Zahl x eine Liste von Primfaktoren von x zu finden — ist

$$T_{Shor}(n) = O(n^2 \cdot \log\log n \log \tfrac{1}{\epsilon}). \tag{12.9}$$

Er ist damit in der Klasse **BQP**. Der schnellste bekannte stochastische Algorithmus zur Faktorisierung hat die Komplexität $O(2^{d\sqrt{n\log n}})$; er ist nich in der Klasse **BPP**.

12.7.2 Grover-Algorithmus

Der Grover-Algorithmus findet einen gesuchten Eintrag in einer unsortierten Datenbank mit n Einträgen im Mittel mit $\sqrt{n}$ Operationen. Seine Komplexität lautet also

$$T_{Grover}(n) = O(\sqrt{n}). \tag{12.10}$$

Ein klassischer Algorithmus muss im Mittel $\frac{1}{2}(n+1)$ Operationen durchführen, d.h. $O(n)$. Damit ist der Grover-Algorithmus der bislang einzige bekannte Quantenalgorithmus, von dem mathematisch bewiesen ist, dass er effizienter als jeder klassische deterministische Algorithmus ist. Demgegenüber ist zwar kein klassischer Algorithmus bekannt, der die Primfaktorzerlegung polynomial schnell durchführt, aber es ist nicht bewiesen, dass es auch keinen gibt, und damit ist offen, ob der Shor-Algorithmus und die verwandten Quantenlösungen für die Probleme mit verborgener Untergruppe einen prinzipiellen Effizienzvorteil bieten.

 Mit anderen Worten liefern damit weder der Shor-Algorithmus noch der Grover-Algorithmus den Beweis, dass $\mathbf{P} \neq \mathbf{BQP}$ gilt. Einen Hinweis darauf, wie subtil die Grenze zwischen $\mathbf{P}$ und $\mathbf{BQP} \setminus \mathbf{P}$ verläuft – wenn es sie denn überhaupt gibt —, lässt der Satz von Gottesman-Knill (S. 119) erahnen.

Kapitel 13

Quantenlogik

Logic is as empirical as geometry. We live in a world with a non-classical logic.

Hilary Putnam

Alles, was klassisch aus dem folgt, was man wirklich weiß, folgt auch quantenmechanisch; nach der Quantentheorie kann man aber, anders als klassisch, nicht alles zugleich wissen, was man überhaupt wissen kann.

Carl Friedrich von Weizsäcker [69, p. 325]

Das Wort „Logik" kommt vom griechischen λόγος (logos), ursprünglich *das Verhältnis*, später auch *das Wort, das Sprechen, das Denken, die Vernunft* (ähnlich zu lat. *ratio* – Verhältnis, Vernunft). *Die* Logik ist die Wissenschaft der korrekten oder rationalen Schließens zugrunde liegenden Prinzipien. Gegenstand der Logik sind Aussagen und deren Beziehungen zueinander. Um die Wahrheit von Aussagen über Ergebnisse von Quantenmessungen und ihre Schließungsregeln darzustellen, ist eine neue Art von Logik vonnöten, eine Quantenlogik. Um ihre Beziehungen zu klassischen und anderen nichtklassischen Logiken zu verstehen, werden wir sie in in diesem Kapitel betrachten.

13.1 Funktoren

Jede Untersuchung, auch die vorliegende über Logik, muss über eine Sprache kommuniziert werden. Die verwendete Sprache wird oft *Metasprache* genannt. Diese muss sorgfältig unterschieden werden von der Sprache, die die untersuchte Logik verwendet, der *Objektsprache*. Jede Sprache hat ihre *Grammatik*, d.h. Regeln zur Bestimmung gültiger Kombinationen ihrer Wörter. Die Einheiten der Grammatik heißen *Phrasen*. Es gibt drei Arten von Phrasen: ein *Nomen* benennt ein Objekt (real oder imaginär) benennt; ein *Satz* drückt eine Aussage aus; und ein *Funktor* kombiniert Phrasen zu weiteren Phrasen.

Bei einem Funktor heißen die kombinierten Phrasen seine *Argumente*, und das Ergebnis der Kombination sein *Wert*. Es gibt vier Hauptarten von Funktoren, *Operatoren*, die Nomen zu anderen Nomen kombinieren; *Verben* oder *Prädikatoren*, die Nomen zu Sätzen kombinieren; und *Subnektoren*, die Nomen aus Sätzen kombinieren. In Tabelle 13.1 sind einige Funktoren aufgelistet. Sie bilden Wörter unserer Metasprache, mit der

	Binäre Konnektoren		
	$A \Rightarrow B$	wenn A, dann B; A nur wenn B	
	$A \Leftrightarrow B$	A dann und nur dann, wenn B	
	A oder B, $A \mid B$	A oder B	
	$A \ \& \ B$	A und B	
	Binäre Verben		
Metasprache	$A := B$	A ist gleich B (per Definition)	
	$A = B$	A ist gleich B	
	$A \leq B$	A ist vor B, A ist kleiner gleich B	
	Unäre Verben		
	$\vdash A$	A wird behauptet	
	$\dashv A$	A wird widerlegt	
	Binäre Operatoren		
	$A \to B$	A impliziert B, aus A folgt B	(materiale Implikation)
Objektsprache	$A \vee B$	A oder B	(Vereinigung, Disjunktion)
	$A \wedge B$	A und B	(Durchschnitt, Konjunktion)
	$A \leftrightarrow B$	$(A \supset B) \wedge (B \supset A)$	(Äquivalenz)
	Unärer Operator		
	$\neg A$	nicht A	(Negation)

Tabelle 13.1: Logische Funktoren der Meta- und der Objektsprache

wir über Logik sprechen werden, d.h. wir verwenden diese Logik um „Logik" zu studieren. Wir müssen daher strikt zwischen der Objektsprache und unserer U-Sprache unterscheiden. Über die letztere müssen wir uns einig sein. Sind wir das? Vgl. [20, §2.A].

13.2   Verbände

Die Verbandtheorie *(lattice theory)* oder Verbandalgebra beschäftigt sich mit den Eigenschaften einer binären Relation $\leq$, lies „vor oder gleich", „ist enthalten in", „ist Teil von", oder „ist kleiner oder gleich". Diese Relation soll einige gewisse Eigenschaften besitzen, von denen die grundlegendste zu dem folgenden Konzept einer „partiell geordneten Menge", oder „Poset" (von englisch *partially ordered set*), führt.

Definition 13.2.1. Eine *partiell geordnete Menge*, eine *Halbordnung* oder ein *Poset*, $(X, \leq)$ ist eine Menge X, in der eine binäre Relation $x \leq y$ definiert ist, für die gilt

$$\text{(Reflexivität)} \quad x \leq x \text{ für alle } x \in X. \tag{13.1}$$

$$\text{(Antisymmetrie)} \quad \text{Sind } x \leq y \text{ und } y \leq x \text{ for } x, y \in X, \text{ so gilt } x = y. \tag{13.2}$$

$$\text{(Transitivität)} \quad \text{Sind } x \leq y \text{ und } y \leq z \text{ for } x, y, z \in X, \text{ so gilt } x \leq z. \tag{13.3}$$

□

Für $x \leq y$ und $x \neq y$ schreiben wir $x < y$ und sagen je nach Kontext, x „ist Vorgänger von", „enthält echt", oder „ist kleiner als" y. Die Relation $x \leq y$ wird auch

$y \geqq x$ geschrieben und lautet „y folgt oder enthält x". Wir schreiben oft einfach X statt $(X, \leqq)$ und sprechen von der partiell geordneten Menge X. Es gibt zahlreiche bekannte Beispiele partiell geordneter Mengen. Einige der einfachsten sind die folgenden.

Beispiel 13.2.2. (a) $(\mathbb{R}, \leqq)$ ist eine partiell geordnete Menge, wo $\leqq$ „kleiner oder gleich" bedeutet.

(b) Sei $\mathscr{P}(\Omega)$ die Potenzmenge Ω, d.h. die Menge aller Teilmengen von Ω, einschließlich Ω selbst und der leeren Menge $\varnothing$. Dann ist $(\mathscr{P}(\Omega), \subseteq)$ eine partiell geordnete Menge.

(c) $(\mathbb{N}, |)$ ist eine partiell geordnete Menge. Hier ist $\mathbb{N}$ die Menge der positive ganzen Zahlen, und $x \mid y$ bedeutet „x teilt y".

(d) Sei $\mathfrak{F}([a,b])$ die Menge aller reellwertigen Funktionen $f(x)$ auf dem Interval $[a.b]$ (mit $a < b$), und es bedeute $f \leqq g$, dass $f(x) \leqq g(x)$ für *jedes* $x \in [a, b]$. Dann ist $(\mathfrak{F}([a, b]), \leqq)$ eine partiell geordnete Menge.

(e) Sei $n > 1$. Dann ist $(\mathbb{R}^n, \preceq)$ eine partiell geordnete Menge, wobei $x \preceq y$ kurz „komponentenweise kleiner oder gleich" bezeichnet, also $x_j \leqq y_j$ für alle $j = 1, \ldots, n$ mit $x = (x_1, \ldots, x_n)$ und $y = (y_1, \ldots, y_n)$. Es existieren viele Punkte $x, y \in \mathbb{R}^n$, für die weder $x \preceq y$ noch $y \preceq x$ gilt, beispielsweise $x = (1, 2)$ und $y = (0, 3)$. $\qquad \square$

Eine partiell geordnete Menge X kann höchstens ein Element $O \in X$ enthalten, für das $O \leqq x$ für alle $x \in X$ gilt. Denn gäbe es zwei solcher Elemente O und $\tilde{O}$, so gälte $O \leqq \tilde{O}$ und $\tilde{O} \leqq O$, d.h. $O = \tilde{O}$ mit (13.2). Existiert solch ein Element O, so heißt es das *kleinste Element* von X. Entsprechend wird das *größte Element* von X, falls es existiert, mit I bezeichnet und erfüllt die Beziehung $x \leqq I$ für alle $x \in X$. Existieren sowohl O als auch $I \in X$, so heißen sie *universelle Schranken* von X, denn $O \leqq x \leqq I$ für alle $x \in X$. Ein solches Element O wird auch die *Null* der partiell geordneten Menge L genannt, und I die *Eins* der partiell geordneten Menge. Im Zusammenhang mit Logiken, speziellen Halbordnungen, wie wir noch sehen werden, wird O auch „Absurdität".

In einer partiell geordneten Menge X mit kleinstem Element $O \in X$ heißt ein Element $x \in X$ *Atom* oder *Punkt* von X, wenn $O < x$ gilt und kein $y \in X$ mit $O < y < x$ existiert. In Logiken können wir also sagen: „Ein Atom ist eine direkte Konsequenz der Absurdität".

Eine *obere Schranke* einer Teilmenge $Y \subseteq X$ einer partiell geordneten Menge X ist ein Element $a \in X$ mit $y \leqq a$ für jedes $y \in Y$. Die *kleinste obere Schranke* $\sup Y$ ist eine obere Schranke, die in jeder anderen oberen Schranke enthalten ist. Mit (13.2), ist $\sup Y$ eindeutig, wenn es existiert. Die Begriffe *untere Schranke* und *größte untere Schranke* $\inf Y$ werden entsprechend definiert. Wieder ist mit (13.2) $\inf Y$ eindeutig, falls es existiert.

Definition 13.2.3. A *Verband (lattice)* ist eine partiell geordnete Menge L, so dass jedes Paar $x, y \in L$ eine eindeutige größte untere Schranke, bezeichnet mit $x \wedge y$, und eine eindeutige kleinste obere Schranke $x \vee y$ hat, d.h.

$$x \wedge y = \inf\{x, y\}, \qquad x \vee y = \sup\{x, y\}. \tag{13.4}$$

Die Operation $\wedge$ heißt auch *Durchschnitt*, und die Operation $\vee$ *Vereinigung*. Ein Verband L ist *vollständig*, wenn für jede Menge $D \subseteq L$ die Schranken $\sup D$ und $\inf D$ existieren; er heißt *σ-vollständig*, wenn für jede abzählbare Menge $D \subseteq L$ die Schranken $\sup D$

und inf D existieren. Ein Verband ist *atomar*, wenn jedes Element eine Vereinigung von Atomen ist. $\square$

Die Verbandbedingung garantiert, dass die logischen Operationen der Konjunktion ($\wedge$) und Disjunktion ($\vee$) wohldefiniert sind für jedes Paar von Aussagen. Beispielsweise gibt es für die beiden Atome der Halbordnung P_6 in Abbildung 13.1 keine eindeutige kleinste obere Schranke, daher ist P_6 kein Verband. Ferner folgt, dass endliche Mengen paarweise disjunkter Aussagen ebenso eine wohldefinierte Disjunktion besitzen. Die Vollständigkeitsbedingung garantiert, dass Letzteres auch für abzählbare Mengen paarweise dijunkter Aussagen gilt. Das ist zugegebenermaßen nicht wesentlich für eine Logik (muss Logik unendlich sein?), aber es erlaubt die Definition von Wahrscheinlichkeitsmaßen auf einem unendlichen Verband oder einer unendlichen partiell geordneten Menge, da es üblicherweise gefordert wird, dass die Wahrscheinlichkeit einer abzählbaren Menge disjunkter Ereignisse wohldefiniert und gleich der abzählbaren Summe ihrer Wahrscheinlichkeiten sein soll (σ-Additivität der Wahrscheinlichkeiten).

Beispiel 13.2.4. Die partiell geordnete Menge $(\mathscr{P}(\Omega), \subseteq)$ in Beispiel 13.2.2(b) ist ein Verband, wobei für jede Familie $\mathscr{A} = \{A_1, A_2, \ldots\}$ von Teilmengen $A_1, A_2, \ldots \subseteq \Omega$ gilt

$$\inf \mathscr{A} = \bigcap_j A_j, \quad \sup \mathscr{A} = \bigcup_j A_j. \tag{13.5}$$

Beachte, dass $\mathscr{A} \subseteq \mathscr{P}(\Omega)$. Es gilt speziell $A \wedge B = A \cap B$ und $A \vee B = A \cup B$ für zwei Teilmengen $A, B \subseteq \Omega$. Insbesondere ist $\mathscr{P}(\Omega)$ ein vollständiger Verband. $\square$

Beispiel 13.2.5. Sei $\mathbb{F}$ ein Körper, z.B. $\mathbb{R}$ oder $\mathbb{C}$, und sei $V_n = \mathbb{F}^n$ ein n-dimensionaler Vektorraum über $\mathbb{F}$. Bezeichne ferner span A für jede Menge $A \subseteq V_n$ den kleinsten linearen Unterraum von V_n, der A enthält,

$$\text{span } A = \{V \subseteq V_n : A \subseteq V \text{ und } \nexists \text{ Unterraum } W \subset V \text{ mit } A \subseteq W\}. \tag{13.6}$$

span A heißt auch „lineare Hülle" oder „Abschluss" von A. Ist dann $\leqq$ definiert als die übliche Mengeninklusion und mit den folgenden Definitionen für zwei Unterräume V, $W \subseteq V_n$,

$$V \wedge W := \text{span}\,(V \cap W), \qquad V \vee W := \text{span}\,(V \cup W), \tag{13.7}$$

so ist die Menge aller Unterräume $\mathscr{A}(V_n) = \{V \subseteq V_n : V \text{ ist ein Vektorraum}\}$, ein Verband. $\mathscr{A}(V_n)$ hat die universellen Schranken $O = \{0\}$ und $I = V_n$. $\square$

Lemma 13.2.6. *In einem Verband L gilt für beliebige $x, y, z \in L$*

$$x \leqq y \;\Rightarrow\; x \wedge z \leqq y \wedge z. \tag{13.8}$$

Beweis. Sei $x \leqq y$. Dann $x \wedge z \leqq z$ und $x \wedge z \leqq x \leqq y$ mit (13.4), also (13.8) wieder mit (13.4). $\square$

Die binären Operationen $\wedge$ und $\vee$ in Verbänden besitzen wichtige algebraische Eigenschaften, von denen einige der gewöhnlichen Multiplikation und Addition ($\cdot$ und $+$) ähneln. Leicht zu beweisen ist:

Satz 13.2.7. *In einem Verband L genügen die Operationen $\wedge$ und $\vee$ den folgenden Gesetzen, falls sie jeweiligen Ausdrücke existieren.*

$$(\textit{Idempotenzgesetze}) \qquad x \wedge x = x, \quad x \vee x = x. \tag{13.9}$$

$$(\textit{Kommutativgesetze}) \qquad x \wedge y = y \wedge x, \quad x \vee y = y \vee x. \tag{13.10}$$

$$(\textit{Assoziativgesetze}) \qquad x \wedge (y \wedge z) = (x \wedge y) \wedge z, \quad x \vee (y \vee z) = (x \vee y) \vee z. \tag{13.11}$$

$$(\textit{Absorptionsgesetze}) \qquad x \wedge (x \vee y) = x \vee (x \wedge y) = x \tag{13.12}$$

(Das Absorptionsgesetz heißt auch „Kontraktionsgesetz"). Ferner gilt

$$(\textit{Konsistenz}) \qquad x \leqq y \iff x \wedge y = x \iff x \vee y = y. \tag{13.13}$$

Beweis. Die Idempotenz- und die Kommutativgesetze folgen direkt aus (13.4). Die Assoziativgesetze (13.11) gelten, da $x \wedge (y \wedge z)$ und $(x \wedge y) \wedge z$ beide gleich $\sup\{x, y, z\}$ sind, wenn alle entsprechenden Ausdrücke existieren. Die Äquivalenz zwischen $x \leqq y$, $x \wedge y = x$ und $x \vee y = y$ ist einfach zu zeigen. Daher ist $x \geqq y$ äquivalent zu $x \wedge y = y$ und $x \vee y = x$, was (13.12) impliziert. $\qquad\square$

Es kann bewiesen werden, das die Identitäten (13.9) – (13.12) einen Verband vollständig charakterisieren [10, Theorem I.8]. Dedekind,[1] der das Konzept eines Verbandes („Dualgruppe") am Ende des 19. Jahrhunderts einführte, verwendete sie zur *Definition* eines Verbandes.

Satz 13.2.8 (Dualitätsprinzip). *Aus jeder Aussage über einen Verband erhält man eine weitere, indem man $\leqq$ und $\geqq$, sowie $\wedge$ und $\vee$ vertauscht.*

Beweis. Da für alle Elemente x, y des Verbandes dann und nur dann $x \leqq y$ gilt, wenn $y \geqq x$, ist die Halbordnung bzgl. $\geqq$ isomorph („dual") zu der Halbordnung bzgl. $\leqq$, mit $\wedge$ und $\vee$ vertauscht. $\qquad\square$

Das Dual eines Verbandes erreicht man, indem man sein Hasse-Diagramm (Abb. 13.1) einfach umstülpt, was das Dualitätsprinzip illustriert. Tatsächlich sind die beiden Poset-Strukturen $\leqq$ und $\geqq$ eines Verbandes durch die Gesetze der Assoziativität, Absorption und Konsistenz so stark miteinander verknüpft, dass sie unvermeidlich einander dual sind. Der folgende Satz behandelt die Beziehungen der Modalität und Distributivität, die in jedem Verband gelten.

Satz 13.2.9. *Sei L ein Verband. Für alle x, y, $z \in L$ gelten dann die „modulare Ungleichung"*

$$x \vee (y \wedge z) \leqq (x \vee y) \wedge z \qquad \textit{wenn } x \leqq z, \tag{13.14}$$

und die „distributiven Ungleichungen"

$$x \wedge (y \vee z) \geqq (x \wedge y) \vee (x \wedge z) \tag{13.15}$$

$$x \vee (y \wedge z) \leqq (x \vee y) \wedge (x \vee z) \tag{13.16}$$

---

[1]Richard Dedekind (1831–1916), deutscher Mathematiker, Schüler von Carl Friedrich Gauß (1777–1855)

Beweis. Ist $x \leq z$, so gilt mit $x \leq x \vee y$, dass $x \leq (x \vee y) \wedge z$. Ebenso ist $y \wedge z \leq y \leq x \vee y$ und $y \vee z \leq z$. Daher folgt $y \wedge z \leq (x \vee y) \wedge z$, also $x \vee (y \wedge z) \leq (x \vee y) \wedge z$, d.h. (13.14).

Offensichtlich gilt $x \wedge y \leq x$, und $x \wedge y \leq y \leq y \vee z$; damit $x \wedge y \leq x \wedge (y \vee z)$. Ebenso $x \wedge z \leq x$, $x \wedge z \leq z \leq y \vee z$; also $x \wedge z \leq x \wedge (y \vee z)$. D.h., $x \wedge (y \vee z)$ ist eine obere Schranke von $x \wedge y$ und $x \wedge z$, woraus (13.15) folgt. Die Ungleichung (13.16) folgt aus (13.15) durch das Dualitätsprinzip. $\square$

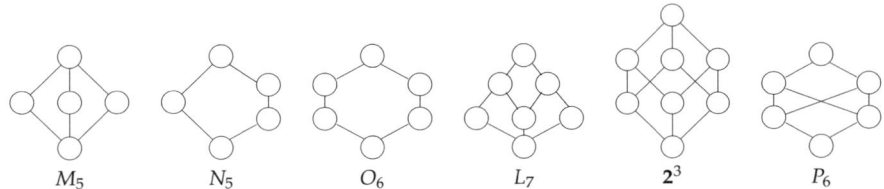

Abbildung 13.1: Hasse-Diagramme verschiedener Posets. Ein Kreis stellt hierbei ein Element des Posets dar, und y wird über x platziert, wenn $x < y$. Falls $x < y$ und es existiert kein $z \in L$, so dass $x < z < y$, so wird eine Linie zwischen x und y gezeichnet. (Man sagt in diesem Fall auch „y bedeckt x"). Bis auf P_6 sind alle abgebildeten Posets Verbände.

13.2.1 Distributive Verbände und die Normalformen von Polynomen

In vielen Verbänden, und damit in vielen Logiken, beinhaltet die Analogie zwischen den Verbandoperationen $\wedge$, $\vee$ und den arithmetischen Operationen $\cdot$, $+$ das Distributivgesetz $x(y + z) = xy + xz$. In solchen Verbänden können die distributiven Ungleichungen (13.15) und (13.16) zu Gleichungen verschärft werden. Diese Gleichungen

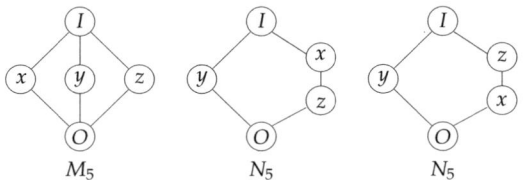

Abbildung 13.2: Nichtdistributive Verbände.

gelten nicht in allen Verbänden, beispielsweise nicht in den Verbänden M_5 und N_5 in Abbildung 13.2.

Wir behandeln nun Distributivität, die in einem Verband wegen des Dualitätsprinzips (Satz 13.2.8) symmetrisch bezüglich $\wedge$ und $\vee$ ist, was in der gewöhnlichen Algebra mit $a + (bc) \neq (a + b)(a + c)$ aufgrund der Punkt-vor-Strich-Rechnung ja nicht der Fall ist.

Definition 13.2.10. Ein Verband L heißt *distributiv*, wenn

$$x \wedge (y \vee z) = (x \wedge y) \vee (x \wedge z) \quad \text{für alle } x, y, z \in L. \tag{13.17}$$

$\square$

Satz 13.2.11. *In einem Verband L ist die Identität (13.17) äquivalent zu*

$$x \vee (y \wedge z) = (x \vee y) \wedge (x \vee z) \quad \text{für alle } x, y, z \in L. \tag{13.18}$$

Beweis. Wir zeigen (13.17) $\Rightarrow$ (13.18). Die Umkehrung (13.18) $\Rightarrow$ (13.17) folgt analog.

$$
\begin{aligned}
(x \vee y) \wedge (x \vee z) &= [(x \vee y) \wedge x] \vee [(x \vee y) \wedge z] && \text{mit (13.17)}\\
&= x \vee [z \wedge (x \vee y)] && \text{mit (13.12), (13.10)}\\
&= x \vee [(z \wedge x) \vee (z \wedge y)] && \text{mit (13.17)}\\
&= [x \vee [z \wedge x]] \vee (z \wedge y) && \text{mit (13.11)}\\
&= x \vee (z \wedge y) && \text{mit (13.12)}
\end{aligned}
$$

$\square$

Doch Vorsicht: Erfüllen *individuelle* Elemente x, y, z eines Verbandes die Identität (13.17), so folgt daraus *nicht*, dass sie auch (13.18) genügen, wie die zwei Varianten von N_5 in Abbildung 13.2 zeigen. Eine wichtige Eigenschaft distributiver Verbände ist der folgende

Satz 13.2.12. *Gelten in einem distributiven Verband L die Identitäten $a \wedge x = a \wedge y$ und $a \vee x = a \vee y$, so gilt $x = y$.*

Beweis. Wiederholte Anwendung der Gleichungen (13.12), (13.10) und (13.17) ergibt

$$
\begin{aligned}
x &= x \wedge (a \vee x) = x \wedge (a \vee y) = (x \wedge a) \vee (x \wedge y)\\
&= (a \wedge y) \vee (x \wedge y) = (a \vee x) \wedge y = (a \vee y) \wedge y = y.
\end{aligned}
$$

$\square$

Es kann gezeigt werden [10, §2.8], dass ein Verband genau dann distributiv ist, wenn er die folgenden Bedingungen erfüllt:

$$a \wedge x = a \wedge y, \quad a \vee x = a \vee y \quad \Rightarrow \quad x = y. \tag{13.19}$$

Ausdrücke, die die Symbole $\wedge$, $\vee$ und Elements eines Verbandes beinhalten, heißen *Verbandpolynome*.

Lemma 13.2.13. *In einem Verband L besteht der durch zwei Elemente x und y erzeugte Unterverband S aus x, y, u, und v, mit $u = x \vee y$ und $v = x \wedge y$, wie in Abbildung 13.3.*

Beweis. Mit (13.12) gilt $x \wedge u = x$; mit (13.11), (13.9) folgt $x \vee u = x \vee (x \vee y) = (x \vee x) \vee y = x \vee y = u$. Die weiteren Fälle sind analog, benutzt man die Symmetrie in x und y, sowie Dualität. $\square$

Ein *Verbandsmorphismus* ist eine Abbildung $\mu \colon L \to K$ von einem Verband L in einen Verband K, der Durchschnitte und Vereinigungen erhält, d.h. $\mu(x \wedge y) = \mu(x) \wedge \mu(y)$, $\mu(x \vee y) = \mu(x) \vee \mu(y)$ für alle $x, y \in L$.

Korollar 13.2.14. *Sei $F_2 \cong 2^2$ der Verband aus Abbildung 13.3, und seien $a, b \in L$ zwei Elemente eines Verbandes. Dann kann die Abbildung $x \mapsto a$, $y \mapsto b$ zu einem Verbandsmorphismusses $\mu \colon F_2 \to L$ erweitert werden.*

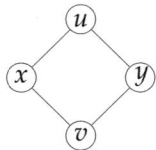

Abbildung 13.3: Der Verband $F_2 \cong \mathbf{2}^2$. Für $\mathbf{2}^2$ gilt $v = 00$, $x = 01$, $y = 10$ und $u = 11$.

Das vorhergehende Ergebnis wird üblicherweise mit der Feststellung zusammengefasst, dass F_2 der „freie Verband" mit Erzeugenden x, y ist. Er hat vier Elemente und ist distributiv; tatsächlich ist er ein „Boole'scher Verband", wie wir sehen werden.

Verbandspolynome in drei oder mehr Variablen können extrem kompliziert werden. In einem distributiven Verband jedoch kann jedes Polynom in eine Normalform gebracht werden, ähnlich wie ein reelles oder komplexes Polynom als Summe von Produkten geschrieben werden kann, $p(x_1, \ldots, x_n) = \sum_\alpha \left(\prod_{i \in S_\alpha} x_i \right)$ oder als ein Produkt seiner Teiler, $p(x_1, \ldots, x_n) = \prod_\delta \left(\sum_{j \in T_\delta} x_j \right)$.

Satz 13.2.15. *In einem distributiven Verband L ist jedes Polynom $p : L^n \to L$ von n Variablen äquivalent zu einer Vereinigung von Durchschnitten, und umgekehrt:*

$$p(x_1, \ldots, x_n) = \bigvee_{\alpha \in A} \left(\bigwedge_{i \in S_\alpha} x_i \right) = \bigwedge_{\delta \in D} \left(\bigvee_{j \in T_\delta} x_j \right), \tag{13.20}$$

wo S_α und T_δ nichtleere Indexmengen sind.

Beweis. [10, §II.5] Jedes x_i kann so geschrieben werden, wobei A (bzw. D) die Familie der aus den einzelnen Elementmengen $\{x_i\}$ bestehenden Mengen ist. Andererseits gilt mit (13.9) – (13.11), dass

$$\bigvee_{\alpha \in A} \left(\bigwedge_{i \in S_\alpha} x_i \right) \vee \bigvee_{\beta \in B} \left(\bigwedge_{i \in S_\beta} x_i \right) = \bigvee_{\gamma \in A \cup B} \left(\bigwedge_{i \in S_\gamma} x_i \right). \tag{13.21}$$

Verwenden des Distributivgesetzes liefert ähnlich

$$\bigvee_{\alpha \in A} \left(\bigwedge_{i \in S_\alpha} x_i \right) \vee \bigvee_{\beta \in B} \left(\bigwedge_{i \in S_\beta} x_i \right) = \bigvee_{\gamma \in A \times B} \left(\bigwedge_{i \in S_\alpha \cup S_\beta} x_i \right). \tag{13.22}$$

Die Behauptung folgt mit (13.10) und (13.17), kombiniert mit der aus (13.9) – (13.11) folgenden Beziehung $(\bigwedge_S x_i) \wedge (\bigwedge_T x_i) = \bigwedge_{S \cup T} x_i$. □

Gleichung (13.22) ist die Verallgemeinerung des Distributivgesetzes der gewöhnlichen Algebra,

$$\left(\sum_{\alpha \in A} x_\alpha \right) \left(\sum_{\beta \in B} y_\beta \right) = \sum_{(i,j) \in A \times B} x_i y_j.$$

13.3 Logiken

Creation comes when you learn to say no.

Madonna, *The Power of Goodbye*

Einer allgemeinen Logik liegt das Konzept eines Verbandes mit universellen Schranken zugrunde, der mit einer speziellen Operation versehen ist, der unscharfen Negation. Sie ist die Quadratwurzel einer Vereinigung des Verbandes, Gl. (13.23). Betrachtet man die Elemente des Verbandes als Aussagen, so folgt aus jeder Aussage ihre doppelte Negation, nicht jedoch notwendig umgekehrt. Ferner gilt für sie das disjunktive De Morgan'sche Gesetz. Setzt man sonst nichts über sie voraus, so ist der Verband eine unscharfe Logik, oder Fuzzy-Logik. Gilt der Satz vom Widerspruch, so liegt eine Logik vor. Auf diese Weise umfasst der Begriff der unscharfen Logik also einerseits unendlichwertige Fuzzy-Logiken vom Łukasiewiczschen[2] Typ [15, §2.3.2], andererseits Quanten- und distributive Logiken, insbesondere Boole'sche[3] Algebren oder nichtklassische Heyting[4]-Brouwersche[5] („intuitionistische") Logiken [10, § XII.3], in denen „tertium non datur" oder „reductio ad absurdum" nicht gilt. Eine Logik ist also nicht notwendig distributiv, nicht einmal orthomodular. Quantenlogiken werden sich als orthomodular, aber nicht distributiv herausstellen.

Definition 13.3.1. Sei L ein Verband mit universellen Schranken 0 und 1, d.h. $0 \leq x \leq 1$ für alle $x \in L$. Eine Abbildung $' : L \to L$, $x \mapsto x'$, heißt *unscharfe Negation* oder *Verneinung*, wenn folgende Beziehungen für alle $x, y \in L$ gelten:

$$(\text{Schwache doppelte Negation}) \qquad x \leq (x')', \tag{13.23}$$

$$(\text{Disjunktives De Morgan'sches}^6 \text{ Gesetz}) \qquad (x \vee y)' = x' \wedge y'. \tag{13.24}$$

Das Paar $(L, ')$ heißt dann eine *unscharfe Logik* oder *Fuzzy-Logik*, und die Elemente $x \in L$ *Aussagen (propositions)*. Gilt für die unscharfe Negation der „Satz vom Widerspruch"

$$x \wedge x' = 0 \tag{13.25}$$

für alle $x \in L$, so heißt sie *(widerspruchsfreie) Negation*, und $(L, ')$ ist eine *Logik*. Solange Missverständnisse ausgeschlossen sind, schreiben wir kurz L statt $(L, ')$.

Algebraisch gesprochen heißt das Element $x' \in L$ in einer Logik L (also mit widerspruchsfreier Negation) ein *Pseudokomplement* von $x \in L$, und in einer komplementären Logik L ein *Komplement* von $x \in L$. Allgemein heißt ein Verband *(pseudo-) komplementär*, wenn jedes seiner Elemente ein (Pseudo-) Komplement hat. Eine Abbildung $' : L \to L$, $x \mapsto x'$ in einem (pseudo-) komplementären Verband L, die jedem Element x ein (Pseudo-) Komplement zuordnet, heißt *(Pseudo-) Komplementierung*. Ist die (Pseudo-) Komplementierung bijektiv, so heißt der Verband *eindeutig-(pseudo)komplementär*. □

---

[2]Jan Łukasiewicz (1878–1956), polnischer Mathematiker
[3]George Boole (1815–1864), englischer Mathematiker und Philosoph
[4]Arend Heyting (1898–1980), niederländischer Mathematiker
[5]Luitzen Egbertus Jan Brouwer (1881–1966), niederländischer Mathematiker
[6]Auguste De Morgan (1806–1871), englischer Mathematiker

Auf diese Weise definiert ist eine Logik also eine spezielle unscharfe Logik. Wenn wir betonen möchten, dass es sich bei L um eine unscharfe Logik, aber nicht um eine (widerspruchsfreie) Logik handelt, so nennen wir L eine *echt unscharfe* Logik oder *echte Fuzzy-Logik*. In einer unscharfen Logik L wird die Relation $x \leqq y$ als die Aussage „x impliziert y" interpretiert, die Relationen $x \wedge y$ und $x \vee y$ als „x und y" bzw. „x oder y". Die universellen Schranken werden in einer Logik meist mit 0 und 1 bezeichnet, die Aussage 1 ist stets wahr, die Aussage 0 ist stets falsch.

Satz 13.3.2. *Die unscharfe Negation einer unscharfen Logik L ist monoton fallend, d.h. für $x \leqq y$ folgt $y' \leqq x'$ für alle $x, y \in L$. Ferner gilt für alle $x, y \in L$ die Ungleichung*

$$(x \wedge y)' \geqq x' \vee y'. \tag{13.26}$$

Beweis. Da $y = x \vee y$ für $x \leqq y$, folgt $y' = (x \vee y)' = x' \wedge y'$ mit (13.24), also $y' \leqq x'$. Da weiter $(x' \vee y')' = x''' \wedge y''' \geqq x \wedge y$ mit (13.24) und (13.23) für alle $x, y \in L$, folgt $x' \vee y' \leqq ((x' \vee y')')' \leqq (x \wedge y)'$ mit (13.23) und der fallenden Monotonie von $'$. $\square$

In einer allgemeinen unscharfen Logik weiß man nur sehr wenig über die unscharfen Verneinungen der universellen Schranken 0 und 1, mit ihrer Antitonie nach Satz 13.3.2 gilt lediglich

$$1' \leqq x' \leqq 0' \qquad \text{für alle } x \in L. \tag{13.27}$$

Eine unscharfe Negation mit $0' = 0$ muss also konstant sein, d.h. $x' = 0$ für alle $x \in L$. Andererseits gilt für eine konstante unscharfe Negation $x' = x_0 \in L$ für alle $x \in L$ stets $x_0 = 0$, da ansonsten $0''' = x_0 > 0$ gälte, was (13.23) widerspräche. In einer Logik mit dem Satz vom Widerspruch $x \wedge x' = 0$ dagegen gilt stets

$$1' = 0, \tag{13.28}$$

da $1 \wedge y = y$ für alle $y \in L$. Zu beachten ist, dass das konjunktive De Morgan'sche Gesetz (Gleichung (13.29) unten) in einer unscharfen Logik nicht gelten muss, auch nicht in einer Logik.

Bemerkung 13.3.3. Es werden oft die Bezeichnungen „starke" und „schwache Negation" verwendet, insbesondere im Bereich der logischen Programmierung[7] und der Künstlichen Intelligenz. Sie sind motiviert durch die folgenden Überlegungen. Salopp gesagt beschreibt schwache Negation die Abwesenheit einer positiven Information, während starke Negation die Existenz einer expliziten negativen Information darstellt. Im Bereich der Informatik beschreibt schwache Negation das Konzept der „Negation als Ausbleiben", oder *„closed-world negation"*.

Eine starke Negation ($'$) kann als „unmöglich" interpretiert werden. Seine Verneinung ergibt ein schwaches „nicht unmöglich", d.h. x impliziert $(x')'$, also $x \leqq (x')'$, aber nicht umgekehrt. Mit dieser Negation kann die Zweiwertigkeit $x \vee x' = 1$ (x ist wahr oder unmöglich) abgeschwächt werden (denn x kann möglich, aber noch nicht als wahr erkannt sein), im Gegensatz zu $x \wedge x' = 0$ (nicht sowohl wahr als auch unmöglich). Die schwache Negation dagegen kann als „unbestätigt" betrachtet werden.

---

[7] Boley, H.: The Rule Markup Language: RDF-XML Data Model, XML Schema Hierarchy, and XSL Transformations, Invited Talk, INAP2001, Tokyo, Springer-Verlag, LNCS 2543, 5-22 (2003)

Verneint man sie, so ergibt sich $x \leqq (x')'$ (wenn x wahr ist, dann ist stets unbestätigt, dass x unbestätigt ist), aber nicht umgekehrt $(x')' \leqq x$ (wenn es nicht bestätigt ist, dass x unbestätigt ist, dann ist x sicher wahr). Allerdings gilt $x \vee x' = 1$ (x ist wahr oder unbestätigt), da falls x nicht wahr ist, es sicher nie bestätigt wird. Andererseits gilt nicht unbedingt $x \wedge x' = 0$ (es ist nie bestätigt, dass x wahr und unbestätigt ist), denn x kann durchaus wahr, aber unbestätigt sein. Eine so definierte schwache Negation impliziert also das *tertium non datur* $x \vee x' = 1$, nicht jedoch den Satz vom Widerspruch $x \wedge x' \geqq 0$. Ähnlich könnte der Begriff der *Unsicherheit* gegebenfalls eine Abschwächung des *tertium non datur*, also den Verlust der involutiven (starken) doppelten Negation, und des Satzes vom Widerspruch erzwingen. Beide Möglichkeiten eröffnen sich durch das obige Konzept der unscharfen Logik.

Allerdings besteht einige Verwirrung über den Begriff „starke Negation", denn oft wird damit einfach nur die klassische Negation „falsch" = „nicht wahr" gemeint. Ihre Verneinung ergibt wieder eine starke Negation $(x')' \leq x$ (wenn es falsch ist, dass x falsch ist, dann ist x wahr), und umgekehrt. Damit gilt sowohl $x \vee x' = 1$ (x ist wahr oder falsch), als auch $x \wedge x' = 0$ (x ist nicht gleichzeitig wahr und falsch).

Satz 13.3.4. (*Konjunktives De Morgan'sches Gesetz*) *In einer unscharfen Logik L mit* $(x')' = x$ *für alle* $x \in L$ *gilt das „konjunktive De Morgan'sche Gesetz"*

$$(x \wedge y)' = x' \vee y'. \tag{13.29}$$

Beweis. Sei $(x')' = x$. Mit (13.24) folgt $(x' \vee y')' = x \wedge y$, also $x' \vee y' = ((x' \vee y')')' = (x \wedge y)'$. $\quad\square$

Satz 13.3.5. (*Tertium non datur*) *In einer Logik L impliziert* $(x')' = x$ *für alle* $x \in L$ *das Gesetz „tertium non datur", oder „Satz vom ausgeschlossenen Dritten",* $x \vee x' = 1$.

Beweis. Mit Satz 13.3.4 gilt die De Morgan'sche Gesetze (13.29) und damit impliziert die Eigenschaft $x \wedge x' = 0$ für alle $x \in L$ sofort $(x' \vee x)' = x'' \wedge x' = 0$, also $x' \vee x = 1$ mit (13.28). $\quad\square$

Allgemein heißt eine widerspruchsfreie Negation, die dem Gesetz „tertium non datur" genügt, *komplementäre* oder *involutive Negation*, und $(L, ')$ heißt *komplementäre Logik*. In diesem Fall schreibt man oft $\neg x := x'$.

Definition 13.3.6. Eine *intuitionistische Logik* ist eine distributive Logik, in der es Aussagen mit $x < x''$ gibt. Eine *Quantenlogik* ist eine Logik, in der die *orthomodulare Identität*

$$x \vee (x' \wedge (x \vee y)) = x \vee y \tag{13.30}$$

gilt. Eine *Boole'sche Logik* ist eine komplementäre distributive Logik. $\quad\square$

Damit ergibt sich die algebraische Struktur von Logiken in Abbildung 13.4. In der üblichen Terminologie ist eine intuitionistische Logik als ein "implikativer Verband" mit einem Residuum von $\wedge$ definiert. Mit Korollar 13.6.4 jedoch ist ein implikativer Verband mit universellen Schranken 0 und 1 stets distributiv und hat eine eindeutige Negation, d.h. diese Definition ist äquivalent zu derjenigen von oben. Oft wird der

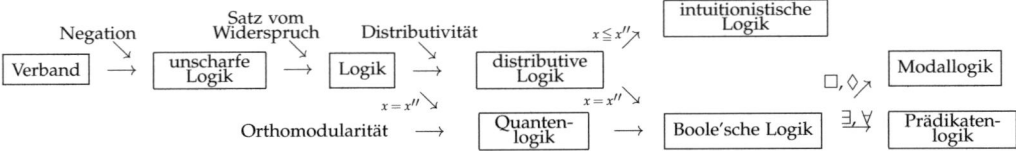

Abbildung 13.4: Algebraische Hierarchie von Logiken. Insbesondere ist die Boole'sche Logik eine spezielle Quantenlogik, eine Quantenlogik eine spezielle unscharfe Logik. Gehorcht die Welt einer Quantenlogik, so ist nicht Distributivität die Grundlage, sondern Orthomodularität. Mit Satz 13.3.8 ist eine Logik mit dem Satz *tertium non datur* eine Quantenlogik. Stattet man die Boole'sche Logik mit den Quantoren $\exists$ und $\forall$ aus, so erhält man die Prädikatenlogik.

Begriff Quantenlogik wie oben definiert mit der Struktur eines Orthoverbands identifiziert. Zudem folgt speziell für $x \leqq y$, dass $x \vee y = y$, d.h. die orthomodulare Identität (13.30) lautet

$$x \vee (x' \wedge y) = y \qquad \text{if } x \leqq y. \tag{13.31}$$

Es ist diese Gleichung, die oft als die „orthomodulare Identität" definiert wird.

Jeder distributive komplementäre Verband ist orthomodular, da Vertauschung von x und y, sowie Einsetzen von $z = x'$ für $x \leqq y$ im Distributivgesetz (13.17) mit $x \wedge y = x$, $x \wedge x' = 0$ und $y = x \vee y$ sofort (13.30) liefert.

Beispiel 13.3.7. Der Verband $\mathscr{A}(V_n)$ aller linearen Unterräume eines n-dimensionalen Vektorraums V_n (Beispiel 13.2.5) ist eindeutig komlementiert, da für das orthogonale Komplement $V^\perp$ eines Unterraums V stets $V \wedge V^\perp = \{0\}$ und $V \vee V^\perp = V_n$ gelten. Hier sind $O = \{0\}$ und $I = V_n$ die universellen Schranken von $\mathscr{A}(V_n)$. Außerdem ist $\mathscr{A}(V_n)$ orthomodular, und die Komplementierung ist involutiv, d.h. $(x^\perp)^\perp = x$. Daher ist $\mathscr{A}(V_n)$ eine involutiv komplementäre Logik, in der Reductio ad absurdum und die De Morgan'schen Gesetze gelten. $\qquad\square$

Satz 13.3.8. *Eine Logik ist eine Quantenlogik genau dann, wenn* $x = x''$.

Beweis. In einer Quantenlogik folgt mit $y = x''$ aus (13.30) sofort $x'' = x \vee (x' \wedge x'') = x \vee 0 = x$. Gilt umgekehrt $x = x''$, so folgt aus (13.24), (13.29) und (13.15)

$$(x \vee (x' \wedge y))' = x' \wedge (x' \wedge y)' = x' \wedge (x \vee y') \geqq (x' \wedge x) \vee (x' \wedge y') = (x \vee y)', \tag{13.32}$$

also $x \vee (x' \wedge y) \geqq x \vee y$. Andererseits gilt $x \vee (x' \wedge y) \leqq (x \vee x') \wedge (x \vee y)$ mit (13.16), und da mit Satz 13.3.4 $x \vee x' = 1$, folgt $x \vee (x' \wedge y) \leqq x \vee y$. Insgesamt folgt $x \vee (x' \wedge y) = x \vee y = y$, d.h. (13.30). $\qquad\square$

Mit Satz 13.3.5 folgt damit für eine Quantenlogik das *tertium non datur*, insbesondere für eine Boole'sche Logik.

Beispiel 13.3.9. Ein komplementärer Verband, in dem die orthomodulare Identität nicht gilt, ist O_6 in Abbildung 13.5. Denn man sieht leicht, dass zwar $x < y$ ist, aber $x \vee (x' \wedge y) = x \vee 0 = x \neq y$. Jeder nichtorthomodulare Verband enthält O_6 als Unterverband [64, §4.2.4]. $\qquad\square$

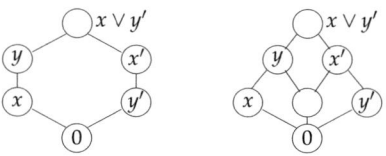

Abbildung 13.5: Der nichtorthomodulare komplementäre Verband O_6. Gilt $x' \wedge y > 0$, so bildet es den Verband L_7, der orthomodular ist.

Definition 13.3.10. Zwei Aussagen x und y in einer Logik L heißen *orthogonal*, in Symbolen $x \perp y$, wenn die Beziehungen

$$x \wedge y = 0, \qquad x \leqq y', \qquad y \leqq x', \qquad (13.33)$$

gelten. Sie heißen *kompatibel*, oder *komessbar*, wenn $u, v, w \in L$ existieren, so dass

(i) u, v, w sind paarweise orthogonal

(ii) $u \vee v = x$ und $v \vee w = y$.

(iii) Der durch $\{u, v, w, x, y, u', v', w', x', y'\}$ erzeugte Unterverband B ist orthomodular, d.h. jedes Aussagenpaar in B genügt (13.30).

In diesem Fall heißt $\{u, v, w\}$ eine *kompatible Zerlegung* von x und y. $\qquad \square$

Mit (13.24) gilt für zwei Aussagen x, y mit der kompatiblen Zerlegung $\{u, v, w\}$,

$$x' = u' \wedge v' \geqq w, \qquad y' = v' \wedge w' \geqq u, \qquad x \wedge y = v, \qquad x \vee y = u \vee v \vee w. \quad (13.34)$$

Offensichtlich sind zwei orthogonale Aussagen x, y einer Logik stets auch kompatibel, denn wir können einfach $u = x$, $v = 0$ und $w = y$ setzen.

Der Begriff „orthogonal" bezieht sich ursprünglich auf das geometrische Verhältnis zweier Aussagen einer Quantenlogik, die stets Unterräume eines Hilbert-Raumes sind.

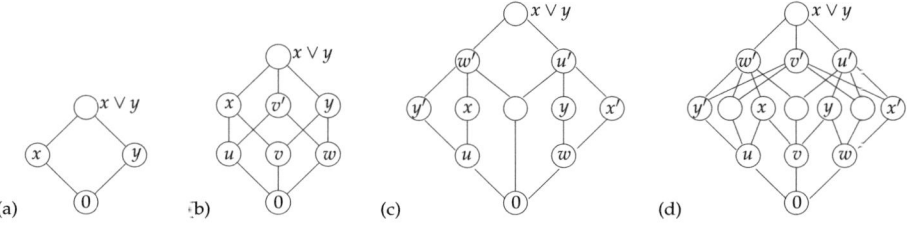

Abbildung 13.6: Eine kompatible Zerlegung $\{u, v, w\}$ bildet folgende Boole'sche Verbände: (a) $F_2 = \mathbf{2}^2$ für $x \perp y$, also $v = 0$, $w = x$, $u = y$, (b) $\mathbf{2}^3$ für $v \neq 0$, $w' = x$, $u' = y$, (c) für $v = 0$, $w' \neq x$, $u' \neq y$, (d) für $v \neq 0$, $w' \neq x$, $u' \neq y$.

Satz 13.3.11. *Ist in einer Logik $\{u, v, w\}$ eine kompatible Zerlegung für Aussagen x und y, so gilt*

$$u = x \wedge y', \tag{13.35}$$

$$w = x' \wedge y, \tag{13.36}$$

$$v = x \wedge y = (x' \vee y) \wedge x = (x \vee y') \wedge y. \tag{13.37}$$

Somit sind u, v und w eindeutig bestimmt durch x und y.

Beweis. Da der Unterverband B aus Definition 13.3.10 per Definition eine Quantenlogik bildet, gilt mit den Sätzen 13.3.8 und 13.3.4 das konjunktive De Morgan'sche Gesetz (13.29).

Beweis von (13.35): Da per Definition $u \leq w'$ und $u \leq v'$, gilt $u \leq v' \wedge w' = (v \vee w)' = y'$, wobei die erste Gleichung aus (13.24) folgt. Aber es ist auch $u \leq x$ (per Definition), also

$$u \leq x \wedge y'. \tag{13.38}$$

Nun ist $x \wedge y' \leq y'$, also $u \leq y'$, d.h. $y \leq u'$. Wegen der orthomodularen Identität (13.30) folgt $u' = y \vee (y' \wedge u')$, und mit (13.29) weiter $u = y' \wedge (y \vee u)$. Jetzt ist aber $y \vee u = y \vee x$. Für $r \leq x$ und $r \leq y'$ folgt also $r \leq y' \wedge x \leq y' \wedge (y \vee x) = u$. Dies zusammen mit (13.38) ergibt $u = \inf\{x, y'\} = x \wedge y'$.

Beweis von (13.36): Dies wird gezeigt mit einem zu (13.35) symmetrischem Argument.

Beweis von (13.37): Zunächst ist $w, u \leq v'$, also $w \vee u \leq v'$. Mit (13.30) folgt $v' = w \vee u \vee ((w \vee u)' \wedge v')$, so dass $v = (w \vee u)' \wedge (w \vee u \vee v) = ((x' \wedge y) \vee (x \wedge y')) \wedge (x \vee y) = ((x \vee y') \wedge (x' \vee y)) \wedge (x \vee y)$. Nun $v \leq x, y$, und es bleibt zu zeigen $v = \inf\{x, y\} = x \wedge y$. Sei $r \leq x, y$. Dann $r \leq ((x \vee y') \wedge (x' \vee y)) \wedge (x \vee y) = v$. Das zeigt die erste Gleichung in (13.37). Für die zweite beachten wir $u \leq v'$, so dass mit der orthomodularen Identität (13.30) folgt $v' = u \vee (u' \wedge v')$, oder $v = u' \wedge (u \vee v) = (x' \vee y) \wedge x$. Die dritte Gleichung wird ähnlich bewiesen.   □

Satz 13.3.12. *In einer Quantenlogik sind zwei Aussagen x und $y \in L$ genau dann kompatibel, wenn*

$$x = (x \wedge y) \vee (x \wedge y'), \quad und \tag{13.39}$$

$$y = (y \wedge x) \vee (y \wedge x'). \tag{13.40}$$

Beweis. Da $x \wedge y \leq x$ und $x \wedge y' \leq x$, leiten wir ab $(x \wedge y) \vee (x \wedge y') \leq x$, ob x und y kompatibel sind oder nicht. Die umgekehrte Ungleichung folgt aus Satz 13.3.11, denn falls $\{u, v, w\}$ eine kompatible Zerlegung für x und y ist, gilt $x \wedge y = v$, $x \wedge y' = u$ und $u \vee v = x$. Das ergibt (13.39). (13.40) folgt durch ein analoges Argument. Umgekehrt folgt mit (13.39) und (13.40), dass $\{x \wedge y', x \wedge y, x' \wedge y\}$ eine kompatible Zerlegung von x und y bilden.   □

In [43] heißen Aussagen, die (13.39) genügen, „kommensurabel". Durch die erste distributive Ungleichung (13.15), mit $z = y'$, gilt stets $x \geq (x \wedge y) \vee (x \wedge y')$. Satz 13.3.12 besagt dann, dass allgemein die Umkehrung $x \leq (x \wedge y) \vee (x \wedge y')$ nur gilt, wenn x und y kompatibel sind. Anders gesagt, zu wissen, dass die Aussage x wahr ist, *ist nicht ausreichend* um zu schließen, dass zumindest eine der folgenden Aussagen wahr ist:

(i) x und y sind gleichzeitig wahr;

(ii) x und „nicht-y" sind gleichzeitig wahr.

Diese logische Struktur spiegelt die Idee des Heisenbergschen Unschärfeprinzips wider, dass für bestimmte physikalische Systeme ein Aussagenpaar existiert, dessen Wahrheitswerte nicht gleichzeitig bestimmt werden können. Die algebraische Struktur, die Kompatibilität garantiert, ist die Distributivität.

13.4 Fuzzy-Logiken

Aussagen der alltäglichen Umgangssprache, beispielsweise „Tom ist groß" oder „Das Zimmer ist kalt", sind oft sehr ungenau definiert und können nicht immer mit einem klarem Ja oder Nein beantwortet werden. Die traditionelle Mathematik vermeidet diese Ungenauigkeiten durch präzise Definitionen und klare begriffliche Abgrenzungen. Dieses Konzept ist unbestreitbar sehr erfolgreich, aber es schließt ungenaue Begriffe wie „groß" einfach aus.

Das Problem ist nicht so sehr, dass wir „groß" oder „kalt" nicht präzisieren *könnten*. Es wäre ein Leichtes festzulegen, dass ein Mensch „groß" ist, wenn er eine Körpergröße von mehr als 1,90 m hat, und dass ein Zimmer „kalt" ist, wenn die Temperatur kleiner gleich 17°C ist. Das Problem ist vielmehr, dass die Grenze zwischen „groß" und „normalgroß" gar nicht exakt bei 1,90 m liegt, oder der Übergang zwischen „kalt" und „warm" nicht abrupt bei 17°, dass es also einen begrifflich unscharfen Grenzbereich zwischen den beiden Ausprägungen gibt, in denen beide Begriffe *gleichzeitig* gelten.

Die traditionelle mathematische Modellierung vermag diesen Sachverhalt nicht darzustellen. Der US-amerikanische Systemtheoretiker Zadeh[8] führte daher 1965 das Konzept der unscharfen Mengen oder *fuzzy sets* ein [70], woraus sich ein ganzer mathematischer Zweig entwickelt hat, insbesondere die unscharfe Logik oder Fuzzy-Logik.

In einer unscharfen Logik L wird eine Aussage a üblicherweise mit einer Funktion $\mu_a : X \to [0,1]$ über einem gegebenem Grundbereich X identifiziert, der *Zugehörigkeitsfunktion (membership function)*. Der Grundbereich X ist hierbei eine beliebige Menge, deren Elemente quantifizierbare („messbare") Eigenschaften von Objekten der realen Welt sind, z.B. eine Teilmenge von $\mathbb{R}$ für die Größe eines Menschen oder die Raumtemperatur, oder eine diskrete Teilmenge von $\mathbb{N}$ für die Anzahl von Menschen in einem Raum. Die Zugehörigkeitsfunktion $\mu_a(x)$ gibt den Grad an Zugehörigkeit an, den der gemessene Wert $x \in X$ zur Aussage a hat, also den Wahrheitswert der Aussage a bei dem Messwert x. Auf diese Weise verallgemeinert eine Zugehörigkeitsfunktion die

---

[8] Lotfi Asker Zadeh (geb. February 4, 1921), aserbaidschanisch-amerikanischer Elektrotechniker und Informatiker

charakteristische Funktion $\chi_A : X \to \{0,1\}$ einer Menge A,

$$\chi_A(x) = \begin{cases} 0 & \text{wenn } x \in A, \\ 1 & \text{wenn } x \notin A. \end{cases}$$

(Hier kann $x \in A$ identifiziert werden mit der Aussage $a(x) =$ „der gemessene Wert $x \in A$".) Eine unscharfe Logik ist also genau dann nicht widerspruchsfrei, wenn mindestens eine Aussage $a \in L$ mit $0 < \mu_a(x) < 1$ für ein $x \in X$ existiert. Im Grunde kann man eine Aussage $a(x)$ stets direkt mit ihrer Zugehörigkeitsfunktion identifizieren, also

$$a(x) = \mu_a(x), \tag{13.41}$$

Damit ist die Notation μ_a eigentlich überflüssig, aber sie wird üblicherweise verwendet. Wir werden vornehmlich die Notation $a(x)$ benutzen.

Üblicherweise werden für eine unscharfe Logik L die Verknüpfungen $\wedge$ und $\vee$ für alle $g, f \in L$ punktweise durch

$$f(x) \wedge g(x) = \min(f(x), g(x)), \quad f(x) \vee g(x) = \max(f(x), g(x)), \quad (f(x))' = 1 - f(x) \tag{13.42}$$

definiert. Die beiden ersten Relationen werden im Allgemeinen von sogenannten „t-Normen" abgeleitet [40]. Ferner sind die konstanten Funktionen 0 und $1 \in L$ die universellen Schranken von L. Da für eine Aussage $f(x)$ mit $0 < f(x) < 1$ stets $f(x) \wedge (f(x))' > 0$ und $f(x) \vee (f(x))' < 1$ ist, gilt weder der Satz vom Widerspruch noch das *tertium non datur*. Mit $f(x) = (f(x))''$ und Satz 13.3.4 allerdings gilt das konjunktive De Morgan'sche Gesetz (13.29).

Weitere oft verwendete logische Verknüpfungen werden vom der Łukasiewiczschen t-norm abgeleitet und lauten

$$f(x) \wedge g(x) = \max(f(x) + g(x) - 1, 0), \qquad f(x) \vee g(x) = \min(f(x) + g(x), 1). \tag{13.43}$$

Mit der Negation $f' = 1 - f$ sehen wir sofort, dass $f \wedge f' = 0$ und $f \vee f' = 1$. Damit ist diese unscharfe Logik widerspruchsfrei, also eine Logik, und es gilt das *tertium non datur*.

Beispiel 13.4.1. Betrachten wir die drei Aussagen $a, b, c : X \to [0,1]$ über dem Grundbereich $X = (-273,15; \infty) \subset \mathbb{R}$, $a(x) =$ „x ist kalt", $b(x) =$ „x ist warm", $c(x) =$ „x ist heiß". Für einen Messwert $x \in X$ sind sie jeweils definiert als die Funktionen (vgl.

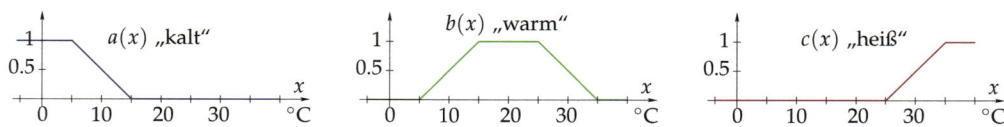

Abbildung 13.7: Die Zugehörigkeitsfunktionen $a(x) = \mu_a(x)$, $b(x) = \mu_b(x)$, $c(x) = \mu_c(x)$.

Abbildung 13.7)

$$a(x) = \begin{cases} 1 & x \le 5, \\ \frac{15-x}{10} & 5 < x \le 15, \\ 0 & \text{sonst,} \end{cases} \quad b(x) = \begin{cases} \frac{x-5}{10} & 5 < x \le 15, \\ 1 & 15 < x \le 25, \\ \frac{35-x}{10} & 25 < x \le 35, \\ 0 & \text{sonst,} \end{cases} \quad c(x) = \begin{cases} 0 & x \le 25, \\ \frac{x-25}{10} & 25 < x \le 35, \\ 1 & \text{sonst.} \end{cases}$$

Mit den Operationen aus (13.42) gilt $a(x) \wedge b(x) \wedge c(x) = 0$ und $a(x) \vee b(x) \vee c(x) > \frac{1}{2}$

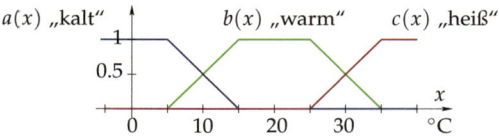

Abbildung 13.8: Die Zugehörigkeitsfunktionen $a(x)$, $b(x)$, $c(x)$, zusammengefasst in einem Diagramm.

für alle $x \in X$, was man leicht sieht, wenn man die Graphen in ein Diagramm einträgt (Abbildung 13.8). Die daraus entstehende unscharfe Logik ist nicht widerspruchsfrei, denn $f \wedge f' \neq 0$ für $f = a, b, c$ (Abbildung 13.9). Beispielsweise ist eine Temperatur von

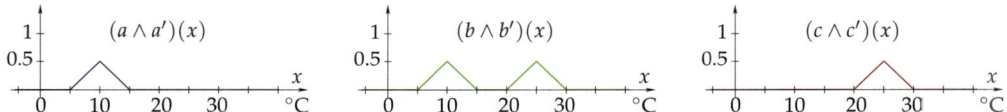

Abbildung 13.9: Die Konjunktionen $a \wedge a'$ („kalt und nicht kalt"), $b \wedge b'$ („warm und nicht warm"), $c \wedge c'$ („heiß und nicht heiß"). Sie sind sämtlich ungleich 0, d.h. die unscharfe Logik, die sie bilden, ist nicht widerspruchsfrei. Beachte, dass $b \wedge b' = (a \wedge a') \vee (c \wedge c')$.

$10°C$ „cold und nicht kalt" mit einem Wahrheitswert von $\frac{1}{2}$, und ebenso „warm und nicht warm" mit einem Wahrheitswert von $\frac{1}{2}$. Im Gegensatz dazu führen die durch die Łukasiewiczsche t-norm induzierten Verknüpfungen zu identisch verschwindenen Konjunktionen, $f \wedge f' = 0$ for $f = a, b, c$, so dass die entsprechende unscharfe Logik widerspruchsfrei ist. □

13.5 Boole'sche Algebren

Ein komplementärer distributiver Verband heißt *Boole'scher Verband*, oder *Boole'sche Algebra*. In einer Boole'schen Algebra L werden die Bezeichnungen üblicherweise modifiziert. Die Vorgängerrelation $\leqq$ wird als „impliziert" oder „aus ... folgt" gelesen, das Komplement x' wird ersetzt durch $\neg x$ und *Negation* genannt. Die universellen Schranken lauten einfach 0 und 1. Dass ein Boole'scher Verband als eine Algebra betrachtet werden kann, wird durch den ersten Teil des folgenden Satzes gerechtfertigt, der die Eindeutigkeit des Komplements in einem Boole'schen Verband feststellt.

Satz 13.5.1. *In einem Boole'schen Verband L hat jedes Element $x \in L$ genau ein Komplement, und die Komplementierung ist eine involutive Negation, d.h.*

$$(x')' = x \qquad \text{für alle } x \in L. \tag{13.44}$$

Beweis. Nehmen wir an, für ein Element $x \in L$ existieren in dem Verband zwei Komplemente x', y. Dann gilt $x \wedge x' = x \wedge y = O$ und $x \vee x' = x \vee y = I$. Mit Satz 13.2.12 folgt $x' = y$. Damit ist $x \mapsto x'$ injektiv. Aber mit der Symmetrie der Definition 13.3.1 des Komplements ist x ein Komplement von x', also $x = (x')'$ mit der Eindeutigkeit, was (13.44) impliziert. Folglich ist die Zuordnung $x \mapsto x'$ bijektiv. □

Mit der Definition 13.3.1 des Komplements gilt $x = x \wedge I = x \wedge (y \vee y')$, d.h. in einer Boole'schen Algebra folgt mit dem Distributivgesetz

$$x = (x \wedge y) \vee (x \wedge y') \qquad \text{for all } x, y \in L. \tag{13.45}$$

In einer Boole'schen Algebra kann die Addition $\oplus$ (d.h. Addition modulo 2) und die Multiplikation $\cdot$ durch

$$x \cdot y := x \wedge y, \qquad x \oplus y := (x \wedge y') \vee (x' \wedge y) \tag{13.46}$$

definiert werden. Dann sind die $\vee$-Operation und die Negation mit der Addition verknüpft durch

$$x \vee y = x \oplus y \oplus xy, \qquad x' = 1 \oplus x. \tag{13.47}$$

Mit der so definierten Multiplikation und Addition ist damit die Boole'sche Algebra ein „Boole'scher Ring mit Eins".

Satz 13.5.2. *Jeder vollständige atomare Boole'sche Verband ist isomorph zu $2^{\aleph}$, wo $\aleph$ die Kardinalität der Menge der Atome ist.*

Beweis. [10, § VIII.9].   □

Satz 13.5.3. *Notwendige und hinreichende Bedingung für $x = y$ in einer Boole'schen Algebra ist, dass x und y dieselben Werte in jeder Auswertung von 0-1-Wahrheitstaleln haben. Entsprechend ist notwendige und hinreichende Bedingung für $x \leq y$, dass y den Wert 1 jeder Auswertung von 0-1-Wahrheitstabellen hat, in denen x den Wert 1 hat.*

Beweis. [20, Theorem 6 in §6.D].   □

Für eine Boole'sche Algebra gibt dieser Satz eine theoretische Lösung des „Entscheidungsproblems", ob ein gegebener „wohlgeformter Ausdruck" x beweisbar ist, d.h. eine „These" ist. Allerdings ist das nicht immer die schnellste Methode. Falls die Anzahl von Unbestimmten n ist, so sind 2^n Möglichkeiten zu betrachten. Das Reduktionsverfahren, den Ausdruck erst in einen Boole'schen Ring mit Eins zu übersetzen, dann auszumultiplizieren und schließlich Addition modulo 2 zu verwenden, ist schneller. Die 0-1-Wahrheitstabellen der bisher betrachteten Boole'schen Operationen sind in Tabelle 13.2 angegeben.

x	y	$x \wedge y$	$x \vee y$	$x \leq y$	$x \oplus y$	$x \leftrightarrow y$	x'
0	0	0	0	1	0	1	1
0	1	0	1	1	1	0	1
1	0	0	1	0	1	0	0
1	1	1	1	1	0	1	0

Tabelle 13.2: Wahrheitstabelle für verschiedene Operationen.

13.5.1 Aussagenlogik

Die Boole'sche Algebra kann insbesondere auf Aussagen angewendet werden. So werden für zwei Aussagen x und y die verknüpften Aussagen „x und y", „x oder y" und „nicht x" durch $x \wedge y$, $x \vee y$ bzw. x' dargestellt. Mit dieser Interpretation können wir schließen: *Aussagen bilden eine Boole'sche Algebra* („Booles drittes Gesetz"). Die Aussagenlogik ist also eine Boole'sche Logik. Zusätzlich zu den oben diskutierten Eigenschaften einer Boole'schen Algebra in der klassischen („zweiwertigen") Logik sind alle Aussagen entweder wahr oder falsch, und niemals beides. Ferner ist $x \wedge y$ dann und nur dann wahr, wenn x und y beide wahr sind; $x \vee y$ ist genau dann wahr, wenn mindestens eine der Aussagen x, y wahr ist; von dem Paar x und x' ist eine Aussage wahr und eine falsch.

Mit diesen Annahmen hat die zusammengesetzte Aussage „x impliziert y" (d.h. „wenn x dann y"), bezeichnet mit $x \rightarrow y$, eine spezielle Bedeutung. Sie ist wahr oder falsch, je nachdem ob „y oder nicht-x" is wahr oder falsch ist. Wir können also $x \rightarrow y$ als $x' \vee y$ interpretieren, d.h.

$$x \leqq y \; = \; x' \vee y. \tag{13.48}$$

In zweiwertigen Logiken bezeichnet man ähnlich die Aussage „x ist äquivalent zu y" mit $x \leftrightarrow y$ und kann sie durch „x impliziert y und y impliziert x" ersetzen, d.h. mit der symmetrischen Addition eines *komplementären* Boole'schen Rings:

$$x \leftrightarrow y \; = \; (x' \vee y) \vee (x \wedge y') \; = \; (x \oplus y)'. \tag{13.49}$$

Viele zusammengesetzte Aussagen x sind „Tautologien", d.h., sie sind wahr allein aufgrund ihrer logischen Struktur. Das läuft algebraisch gesprochen darauf hinaus zu sagen, dass $x \rightarrow 1$. Die einfachste Tautologie ist $x \vee x'$ („x oder nicht x"). Es ist einfach mit Boole'scher Algebra zu zeigen, dass die folgenden Aussagen alle Tautologien einer zweiwertigen Logik sind [10, §XII.2]:

$$\begin{aligned} &x \vee x', \quad 0 \rightarrow x, \quad x \rightarrow 1, \quad x \rightarrow x, \quad x \leftrightarrow x, \quad x \rightarrow (y \rightarrow x), \\ &(x \leftrightarrow y) \leftrightarrow (y \leftrightarrow x), \quad (x \leftrightarrow 0) \vee (x \leftrightarrow 1), \quad (x \leftrightarrow y) \vee (y \rightarrow x). \end{aligned} \tag{13.50}$$

Kritik. Es wurden oft intuitive Einwände gegen die obigen logischen Regeln der Aussagenlogik erhoben. Beispielsweise behauptet die Tautologie $0 \rightarrow x$, dass „eine falsche Aussage stets jede Aussage impliziert" („ex falso quodlibet"). Aber was bedeutet das wirklich[9]? Ebenso kann man die Gültigkeit der Tautologie $(x \rightarrow y) \vee (y \rightarrow x)$ in Frage stellen, die behauptet, dass „für zwei beliebige Aussagen x und y gilt x impliziert y oder y impliziert x".

Vor allem macht es die Intuition einem nicht leicht, die Gültigkeit eines „Beweises durch Widerspruch", also die „reductio ad absurdum", zu glauben, auf dessen Prinzip

---

[9]Angeblich wurde der britische Mathematiker, Philosoph, Logiker und Politiker Bertrand Russell (1872–1970) aufgefordert zu beweisen, dass aus der falschen Hypothese $2 + 2 = 5$ folgt, dass er der Papst ist. Russell antwortete: „Sie geben zu, dass $2 + 2 = 5$; aber ich kann zeigen $2 + 2 = 4$; also ist $5 = 4$. Zwei abgezogen von beiden Seiten ergibt $3 = 2$; noch Eins abgezogen, $2 = 1$. Aber Sie werden zugeben, dass ich und der Papst zwei sind. Also sind ich und der Papst eins. Q.E.D."

viele mathematische Beweise beruhen. Die grundlegende Idee ist einfach. Da $x \to y = x' \vee y$, und $y' \to x' = y \vee x'$, gilt mit der Symmetrie der $\vee$-operation

$$x \to y = y' \to x', \tag{13.51}$$

d.h. „x impliziert y" ist dasselbe wie „nicht-y impliziert nicht-x". Gelingt es also nicht, die linke Seite dieser Gleichung zu beweisen, so versucht man die rechte zu beweisen (die oft einfacher, da meist nicht *konstruktiv* ist). Nur, warum sollte die Widerlegung von „nicht-x" die Wahrheit von x implizieren? Allerdings ist die Aussagenlogik „vollständig", d.h. jede Boole'schen Formel ϕ ist genau dann herleitbar aus einer Menge Δ von Boole'schen Formeln, wenn für alle eingesetzten Werte ϕ wahr ist, wenn jede Formel in Δ auch wahr ist, in Symbolen $\Delta \vdash \phi$ if and only if $\Delta \models \phi$ [33, §1.9].

Beispiel 13.5.4. Das *tertium non datur* ist eine höchst nichttriviale Annahme. Ein Beispiel für seine nichtkonstruktive Eigenheit ist ein Beweis der folgenden Aussage. *„Es existieren irrationale Zahlen* $x, y \in \mathbb{R} \setminus \mathbb{Q}$ *mit* $x^y \in \mathbb{Q}$." *Beweis:* Entweder $\sqrt{2}^{\sqrt{2}} \in \mathbb{Q}$, d.h. $x = y = \sqrt{2}$; oder $\sqrt{2}^{\sqrt{2}} \notin \mathbb{Q}$, dann $(\sqrt{2}^{\sqrt{2}})^{\sqrt{2}} = 2 \in \mathbb{Q}$, d.h. $x = \sqrt{2}^{\sqrt{2}}, y = \sqrt{2}$. Q.E.D. Die Frage, ob $\sqrt{2}^{\sqrt{2}}$ rational ist, bleibt in dem Beweis offen.   □

Die Aussagenlogik sowie die Prädikatenlogik *(Prädikatenlogik)*, eine Erweiterung der Aussagenlogik mit den „Quantoren" $\exists$ („es existiert") and $\forall$ („für alle"), sind beispielsweise vollständig [33, §§1.9, 4]. Aber die Prädikatenlogik ist nicht sehr mächtig, denn sie kann zwar die Aussage „$\exists$ n Elemente" für jedes endliche n ausdrücken, aber nicht „$\exists$ abzählbar viele Elemente".

13.5.2   Prädikatenlogik

Die Prädikatenlogik (auf engl. meist *first-order logic*), oder präziser Prädikatenlogik erster Stufe, ist eine Erweiterung der Aussagenlogik um die Quantoren $\forall$ („für alle") und $\exists$ („es existiert"). Die Grundlage der Prädikatenlogik bildet der Begriff *Term*, der durch die folgenden Regeln rekursiv definiert wird:

1. Eine Konstante $a, b, c, \ldots$ ist ein Term ohne freie Variablen.

2. Eine Variable $x, y, z, \ldots$ ist ein Term, dessen einzige freie Variable sie selbst ist.

3. Ein Ausdruck $f(t_1, \ldots, t_n)$ von $n \geq 1$ Argumenten ist ein Term, wobei jedes Argument t_i ein Term und f eine Funktion der Stellenwertigkeit n ist, deren freie Variablen die freien Variablen der Terme t_i sind.

Ein *Prädikat* ist dann eine n-stellige Relation $S = S(t_1, \ldots, t_n)$ von Termen. Ein Prädikat $P(t_1, \ldots, t_n)$ bildet dann eine *atomare Formel*. Enthält sie keine freie Variable, so ist sie ein *(atomarer) Satz*. Ihr *Vokabular* Σ ist dann die Menge der Prädikate, Funktionen und Konstanten.

Ist ein Vokabular Σ bestehend aus Konstanten, Funktionen und Prädikaten gegeben, so können der *Allquantor* $\forall$ („für alle") und der *Existenzquantor* $\exists$ („es gibt") eingeführt werden, die auf Formeln $P(\ldots, x, \ldots)$ mit einer freien Variable x wirken, geschrieben $\forall x\, P(x)$ bzw. $\exists x\, P(x)$, und den folgenden Axiomen genügen:

P1: $(\forall x\, P(x)) \rightarrow P(t)$ für einen beliebigen Term t ohne freie Variablen.

P2: $P(t) \rightarrow (\exists x\, P(x))$ für einen beliebigen Term t ohne freie Variablen.

P3: $(\forall x\, (\phi \rightarrow P(x))) \rightarrow (\phi \rightarrow \forall x\, P(x))$ für eine beliebigen Satz ϕ;

P4: $(\forall x\, (P(x) \rightarrow \phi)) \rightarrow (\exists x\, P(x) \rightarrow \phi)$ für einen beliebigen Satz ϕ.

Die beiden Quantoren nicht unabhängig voneinander, sondern sind einanander dual, da

$$\boxed{\exists = \neg\forall\neg, \qquad \forall = \neg\exists\neg.} \tag{13.52}$$

Damit reicht streng genommen die Einführung nur eines von beiden aus, um aus der Aussagenlogik eine Prädikatenlogik zu erzeugen.

Ein *Satz* der Prädikatenlogik ist eine allgemeine Formel ohne freie Variablen, also höchstens quantifizierte Variablen. Sätze sind die grundlegenden Aussagen der Prädikatenlogik. Beispielsweise ist $\exists x\, \forall y\; x \cdot y = x$ ein Satz der Prädikatenlogik, während $\exists x$ $x \cdot y = x$ eine Formel ist, aber kein Satz, da y eine freie Variable ist. Als eine Primalitätsformel für eine natürliche Zahl könnten wir

$$\pi(x) = ((1 < x) \wedge \forall u \forall v\; ((x = u \cdot v) \rightarrow (u = 1 \vee v = 1))) \tag{13.53}$$

mit der freien Variablen x definieren. Die Formel $\pi(x)$ ist genau dann wahr, wenn x prim ist. Dies ist kein Satz, die Behauptung $\forall z \exists x\; (x > z \wedge \pi(x))$ jedoch, dass es unendlich viele Primzahlen gibt, ist ein Satz.

Beispiel 13.5.5. Das Vokabular einer geordneten Abelschen Gruppe hat eine Konstante 0, eine unäre Funktion $-$, eine binäre Funktion $+$ und zwei binäre Prädikate $=$ und $\leqq$, also $\Sigma = \{0, -, +, =, \leqq\}$, und

- $0, x, y$ sind atomare Terme;

- $+(x,y)$, $+(x,+(y,-(z)))$ sind Terme, üblicherweise geschrieben als $x + y$, $x + y - z$;

- $= (+(x,y),0)$, $\leqq (+(x,+(y,-(z))),+(x,y))$ sind atomare Formeln, üblicherweise geschrieben als $x + y = 0$, $x + y - z \leqq x + y$.

- $(\forall x \exists y\; \leqq (+(x,y)),z) \wedge (\exists x\; = (x,y) = 0))$ ist eine Formel, üblicherweise geschrieben als $(\forall x \exists y\; x + y \leqq z) \wedge \exists y\; x + y = 0)$.

$\square$

Zusammengefasst enthält eine Prädikatenlogik die neun fixen Symbole

$$\wedge, \vee, \neg, \rightarrow, \leftrightarrow, (,), \exists, \forall. \tag{13.54}$$

Wie die Aussagenlogik ist auch die Prädikatenlogik vollständig [33, §4]. Obschon viel reicher als die Aussagenlogik, ist die Prädikatenlogik in gewisser Hinsicht jedoch immer noch schwach. Zwar kann sie „$\exists\, n$ Elemente" für ein endliches n ausdrücken, allerdings nicht „$\exists$ abzählbar viele Elemente". Das ist nur in der Prädikatenlogik zweiter Stufe möglich, die Existenzaussagen über Mengen ermöglicht.

Modelle

Die Wahrheit einer Boole'schen Aussage (oder atomaren Formel) ϕ in der Aussagenlogik wird durch eine *(aussagenlogische) Belegung (truth assignment)* T berechnet, die eine Abbildung $T : X' \to \{0,1\}$ von einer endlichen Teilmenge $X' \subseteq X = \{x_1, x_2, \ldots\}$ eines abzählbaren unendlichen Alphabets X Boole'scher Variablen ist [24, §XI.4], [48, §4.1]; dann *erfüllt* T den Boole'schen Ausdruck ϕ, in Symbolen $T \models \phi$, wenn $T(\phi) = 1$ [33, §1.2].

In der Prädikatenlogik nehmen Variablen, Funktionen und Relationen viel komplexere Werte als 0 und 1, bzw. `false` and `true`, an. Die Entsprechung einer Belegung in der Prädikatenlogik ist ein weit komplexeres mathematisches Objekt, nämlich ein „Modell". Sei Σ ein gegebenes Vokabular. Eine Σ-*Struktur*, oder ein Σ-*Modell*, M ist ein Paar $(U|\mu)$, wo U eine nichtleere Menge ist, das *Universum*, *Grundbereich* oder *Träger* von M, und wo μ eine *Interpretation* von Σ genannte Funktion ist, die jedem Symbol des Vokabulars Σ ein entsprechendes Objekt des Universums U wie folgt zuordnet:

- jeder Konstanten $c \in \Sigma$ entspricht ein Element in U, d.h. $\mu(c) \in U$;

- jeder n-stelligen Funktion $f \in \Sigma$ entspricht eine Funktion $g : U^n \to U$, d.h. $\mu(f) = g$;

- jeder n-stelligen Relation $R \in \Sigma$ entspricht eine Teilmenge $S \subset U^n$, d.h. $\mu(R) = S$.

Sei nun M eine Σ-Struktur und ϕ ein Satz über Σ. Dann *ist M ein Modell von ϕ, erfüllt ϕ oder gilt bei ϕ*, in Symbolen $M \models \phi$, wenn die Interpretation des Satzes ϕ als eine Formel in M wahr ist [33, §2.3]. Sei ferner Δ eine Menge von Sätzen über Σ. Dann schreiben wir

$$\Delta \models \phi, \tag{13.55}$$

wenn jedes Modell, das alle Sätze in Δ erfüllt, auch ϕ erfüllt. Für eine beliebige Σ-Struktur M ist die *Theorie von M* die Menge T_M aller Σ-Sätze ϕ, so dass $M \models \phi$. Eine Theorie T ist *entscheidbar*, wenn ein Algorithmus existiert, der in einer endlichen Anzahl von Schritten bestimmt, ob ein gegebener Σ-Satz in T ist oder nicht.

Beispiel 13.5.6. *(Zahlensysteme)* [33, §2.4.4] Betrachten wir das Vokabular natürlicher Zahlen, $\Sigma = \{+, \cdot, 1\}$, mit den zweistelligen Funktionen $+$ und $\cdot$, geschrieben in der üblichen Infixnotation, also „$x + y$" statt „$+(x,y)$", und den Konstanten 0 und 1. Wir schreiben kurz 2 für $(1+1)$, x^2 für $x \cdot x$, 3 für $1 + (1+1)$, und so fort. Dann definieren wir das Σ-Modell N als

- $N = (\mathbb{N}|+, \cdot, 1)$

[33, §8.1]. Betrachten wir ferner das Vokabular der Arithmetik, $\Sigma = \{+, \cdot, 0, 1\}$, und die folgenden Σ-Strukturen:

- $A = (\mathbb{Z}|+, \cdot, 0, 1)$

- $Q = (\mathbb{Q}|+, \cdot, 0, 1)$

- $R = (\mathbb{R}|+, \cdot, 0, 1)$

- $C = (\mathbb{C}|+,\cdot,0,1)$

Jede dieser Strukturen interpretiert die Symbole in Σ auf übliche Weise. Ein Polynom mit natürlichen Zahlen als Koeffizienten ist dann ein Σ-Term. Gleichungen wie

$$x^5 + 9x + 3 = 0$$

sind Σ-Formeln. (Man beachte, dass 3 und x^5 nicht Symbole in Σ sind, sondern nur Abkürzungen für die Σ-Terme $1 + (1 + 1)$ bzw. $x \cdot (x \cdot (x \cdot (x \cdot x)))$.)

Der Satz $\phi = \exists x \, (x^2 = 2)$ behauptet also die Existenz von $\sqrt{2}$. Es folgt $Q \models \neg\phi$ und $R \models \phi$, d.h. R ist ein Modell von ϕ, Q jedoch nicht. Da entsprechend die Gleichung $2x + 3 = 0$ eine Lösung in $\mathbb{Q}$, aber nicht in $\mathbb{Z}$ hat, gilt $Q \models \exists x(2x + 3 = 0)$, während $A \models \neg\exists x(2x + 3 = 0)$.

Um von N nach Z nach Q usw. überzugehen, fügen wir Wurzeln von immer mehr Polynomen hinzu, bis wir am Ende bei den komplexen Zahlen C angelangt sind. Der Satz $\exists x(x^2 + 1 = 0)$ unterscheidet C von allen anderen Σ-Strukturen der Liste. Der Fundamentalsatz der Algebra besagt, dass für ein beliebiges nichtkonstantes Polynom $p(x)$ mit Koeffizienten in $\mathbb{C}$ die Gleichung $p(x) = 0$ eine Lösung in $\mathbb{C}$ hat. Somit gibt es keinen Grund, auf ein noch größeres System zu erweitern, durch Hinzufügen einer Lösung von $x^2 + 1 = 0$ zu R fügen wir tatsächlich die Wurzeln sämtlicher Polynome hinzu. Die Namen der Zahlensysteme, beginnend bei den „natürlichen" Zahlen, erweitert um „negative" Zahlen zu den ganzen Zahlen, noch einmal erweitert um „irrationale" und schließlich um „imaginäre" Zahlen, suggerieren, dass die Systeme beim Fortschreiten von den natürlichen zu den komplexen Zahlen zunehmend komplizierter werden. Aus Sicht der Prädikatenlogik allerdings ist es genau umgekehrt. Die Struktur C ist die einfachste dieser Strukturen [33, §5], während die Strukturen A, für Arithmetik, und N die komplexesten sind [33, §8]. $\square$

Beweise und Axiome

Es bezeichne Λ die Menge logischer Axiome [48, §5.4]. Seien ϕ eine Formel erster Stufe und Δ eine Menge von Formeln erster Stufe. Ferner sei $S = \{\phi_1, \phi_2, \ldots, \phi_n\}$ eine endliche Folge von Formeln erster Stufe, so dass für jede Formel $\phi_i \in S$, $1 \leq i \leq n$, entweder (a) $\phi_i \in \Lambda$ gilt, oder (b) $\phi_i \in \Delta$ gilt, oder (c) zwei Ausdrücke ψ, $(\psi \Rightarrow \phi_i) \in \{\phi_1, \ldots, \phi_{i-1}\} \subseteq S$ existieren. Dann heißt S ein *(formaler) Beweis* von $\phi = \phi_n$ aus Δ, und wir schreiben

$$\Delta \vdash \phi. \tag{13.56}$$

Sprich: „ϕ ist aus Δ formal beweisbar". Dann heißt ϕ ein *Theorem erster Stufe aus Δ (Δ-first-order theorem)*. Ein Theorem erster Stufe aus Δ ist damit ein gewöhnliches Theorem erster Stufe, wenn $\Delta = \emptyset$ und wir nur die logischen Axiome Λ benötigen. Mit anderen Worten wäre ein Theorem erster Stufe aus Δ nur dann ein gewöhnliches Theorem erster Stufe, wenn alle Formeln aus Δ zu den logischen Axiomen Λ hinzugefügt würden. Man nennt daher die Formeln in Δ oft auch *nichtlogische Axiome*.

Beispiel 13.5.7. *(Gruppentheorie)* [48, Ex. 5.5] Seien $\Sigma = \{\circ, 1\}$ und $\Delta = \{GT1, GT2, GT3\}$, wo GT1, GT2, GT3 die folgenden nichtlogischen Axiome sind:

$$GT1 = \forall x \forall y \forall z \, ((x \circ y) \circ z = x \circ (y \circ z)) \quad \text{(associativity of $\circ$)},$$
$$GT2 = \forall x \, (x \circ 1 = x) \qquad\qquad\qquad\quad\; \text{(1 is the neutral element)}, \qquad (13.57)$$
$$GT3 = \forall x \exists y \, (x \circ y = 1) \qquad\qquad\qquad\;\; \text{(existence of inverses)}.$$

Diese drei einfachen Axiome beinhalten die vollständige Axiomatisierung aller Gruppen. Alle Eigenschaften einer Gruppe können aus diesen Axiomen durch formale Beweise hergeleitet werden. Wollen wir Abel'sche Gruppen axiomatisieren, so müssen wir ein weiteres Axiom hinzu fügen,

$$GT4 = \forall x \forall y \, (x \circ y = y \circ x) \qquad\qquad\qquad\qquad\qquad\qquad (13.58)$$

Wollen wir andererseits unendliche Gruppen betrachten, so reicht für jedes $n > 1$ die Hinzufügung des Satzes

$$\phi_n = \exists x_1 \exists x_2 \cdots \exists x_n \bigwedge_{i \neq j} (x_i \neq x_j). \qquad\qquad\qquad\qquad (13.59)$$

Diese unendliche Folge von Sätzen ist eine vollständige Axiomatisierung der Theorie unendlicher Gruppen. Die Gruppentheorie ist also axiomatisierbar, allerdings nicht *entscheidbar*, es sei denn, wir beschränken uns auf Abel'sche Gruppen. (Tarski zeigte 1946, dass jede Aussage der Peano-Arithmetik als eine Aussage in der Gruppentheorie kodiert werden kann, und bewies damit, dass die Gruppentheorie universell ist und dass Fragen über sie unentscheidbar sein können.) Im Gegensatz dazu basiert der Gödel'sche Unvollständigkeitssatz auf der Tatsache, dass wenn die Zahlentheorie axiomatisierbar *wäre*, sie auch entscheidbar wäre.   □

Beispiel 13.5.8. *(Zahlentheorie)* [33, §8.1] Es sei das Vokabular $\Sigma_N = \{+, \cdot, 1\}$ gegeben. Die Theory T_N des Modells N aus Beispiel 13.5.6 ist dann eine Zahlentheorie erster Stufe. Hätte T_N eine entscheidbare Axiomatisierung, so könnten wir im Prinzip jede offene zahlentheortische Frage durch formale Beweise beantworten. Gemäß Gödels erstem Unvollständigkeitssatz ist das jedoch nicht der Fall. Da T_N unentscheidbar ist, kann die Zahlentheorie keine entscheidbare Axiomatisierung erster Stufe haben [33, Prop. 5.10]. Allerdings existiert eine Theorie *zweiter Stufe*, die T_N enthält und eine entscheidbare Axiomatisierung besitzt. Definieren wir dazu die Menge $\Delta = \{NT1, NT2, \ldots, NT8\}$ der folgenden (nichtlogischen) Axiome:

$$NT1 = \forall x \, \neg(x + 1 = 1) \qquad\qquad\qquad\quad \text{(Nachfolgerexistenz $\neq$ 1)},$$
$$NT2 = \forall x \forall y \, (x + 1 = y + 1 \; \rightarrow \; x = y) \qquad \text{(Injektivität von $+1$)},$$
$$NT3 = \forall x \forall y \, (x + y = y + x) \qquad\qquad\quad\; \text{(additive Kommutativität)}$$
$$NT4 = \forall x \forall y \, (x + (y + 1) = (x + y) + 1) \quad \text{(additive Assoziativität)}$$
$$NT5 = \forall x \, (x \cdot 1 = x) \qquad\qquad\qquad\qquad\; \text{(multipl. neutrales Element)},$$
$$NT6 = \forall x \forall y \, (x \cdot y = y \cdot x) \qquad\qquad\qquad \text{(multipl. Kommutativität)}$$
$$NT7 = \forall x \forall y \, (x \cdot (y + 1) = (x \cdot y) + x) \quad\;\; \text{(Distributivität)}$$
$$NT8 = \forall^1 S \, (S(1) \wedge \forall x \, (S(x) \rightarrow S(x + 1))) \; \rightarrow \; \forall x \, S(x) \;\; \text{(Induktion)}$$

$$(13.60)$$

Die ersten sieben Axiome sind von der ersten Stufe, das Axiom der Induktion dagegen ist von der zweiten Stufe, da es über eine *Relation* quantifiziert: Der Ausdruck „$\forall^1 S$" bedeutet „für alle unären Relationen S." Das Induktionsaxiom besagt, dass jede Teilmenge des Universums $\mathbb{N}$, die 1 enthält und abgeschlossen unter der Funktion $x + 1$ ist, notwendigerweise *jedes* Element des Universums $\mathbb{N}$ enthält. □

Ein Beweissystem mit der Eigenschaft $\Delta \vdash \phi \Rightarrow \Delta \models \phi$ heißt *korrekt (sound)*, d.h. das System beweist nur allgemeingültige *(valid)* Konsequenzen. Ein System mit der umgekehrten Eigenschaft $\Delta \models \phi \Rightarrow \Delta \vdash \phi$ heißt *vollständig (complete)* und kann damit alle allgemeingültigen Konsequenzen auch formal beweisen. Die Vollständigkeit der Prädikatenlogik erster Stufe wurde von Gödel in seinem Vollständigkeitssatz bewiesen (1930).

Satz 13.5.9. (Korrektheit und Vollständigkeit) *Für einen beliebigen Satz ϕ und eine beliebige Menge Δ von Sätzen gilt $\Delta \vdash \phi$ dann und nur dann, wenn $\Delta \models \phi$.*

Beweis. [33, Thm. 4.28], [48, Thm. 5.6, 5.7] □

Sei Δ_N die Menge von Sätzen erster Stufe aus der Axiomatisierung in Beispiel 13.5.8, wobei das Induktionsaxiom NT8 durch die Menge $NT8_1 = \{\psi_\phi\}$ von Σ_N-Sätzen ψ_ϕ ersetzt wird, die für jede Σ_N-Formel ϕ in einer freien Variable definiert sind durch

$$\psi_\phi \;=\; (\phi(1) \wedge \forall x \, (\phi(x) \to \phi(x+1)) \to \forall x \, \phi(x)). \tag{13.61}$$

$NT8_1$ ist also eine „Approximierung der ersten Stufe" des Induktionsaxioms.

Satz 13.5.10. (Gödels Erster Unvollständigkeitssatz 1931) *Ist T eine entscheidbare, Δ_N beinhaltende Theorie, so ist T unvollständig.*

Beweis. [33, §8.3]. □

13.5.3 Modale Logik

Eine andere Erweiterung der Aussagenlogik, neben der Prädikatenlogik, ist die *modale Logik*. Eine modale Logik ist eine Logik von Modalitäten, also Begriffen wie „möglich" and „notwendig". Formal ist eine modale Logik eine Aussagenlogik mit dem modalen Operator $\Box$ der *Notwendigkeit*, der den folgenden Axiomen genügt.

N: *(Gesetz der Notwendigkeit)* Ist A wahr in der Aussagenlogik, so ist $\Box A$ wahr.

K: *(Distributionsaxiom)* Aus $\Box(A \to B)$ folgt $\Box A \to \Box B$.

Üblicherweise wird ein weiterer modaler Operator, $\Diamond$ der *Möglichkeit*, durch die Beziehung

$$\Diamond A = \neg \Box \neg A \tag{13.62}$$

definiert, die „es ist nicht notwendig wahr, dass nicht-A wahr ist", oder kurz „A ist möglicherweise wahr" bedeutet. Tatsächlich sind die modalen Operatoren $\Box$ und $\Diamond$ dual zueinander,

$$\Box = \neg \Diamond \neg, \qquad \Diamond = \neg \Box \neg. \tag{13.63}$$

Die zwei Axiome **N** and **K** bilden die schwächste modale Logik K, die von Kripke eingeführt wurde. Es gibt stärkere modale Logiken, die mehr Axiome voraussetzen.

T: *(Axiom der Reflexivität)* $\Box A \;\to\; A$.

4: *(Axiom der Transitivität)* $\Box A \;\to\; \Box\Box A$.

B: *(Axiom der Symmetrie)* $A \;\to\; \Box\Diamond A$.

D: *(Axiom der Deontität)* $\Box A \;\to\; \Box\Box A$.

Abhängig von den vorausgesetzten Axiomen werden die folgenden Logiken definiert:

- K : $\mathbf{K} + \mathbf{N}$.

- T : $\mathbf{K} + \mathbf{N} + \mathbf{T}$.

- $S4$: $\mathbf{K} + \mathbf{N} + \mathbf{T} + \mathbf{4}$.

- $S5$: $\mathbf{K} + \mathbf{N} + \mathbf{T} + \mathbf{4} + \mathbf{B}$.

- D : $\mathbf{K} + \mathbf{N} + \mathbf{D}$.

Historisch gehen die modalen Logiken auf das Problem des Diodorus zurück, der die Frage stellte: „Wird es morgen eine Seeschlacht geben?" Auf diese Frage gibt es zwei mögliche Antworten, $A = $ „Es wird morgen eine Seeschlacht geben" oder $\neg A = $ „Es wird morgen keine Seeschlacht geben". In der Aussagenlogik ist A weder wahr noch falsch, in der modalen Logik gilt $\Diamond A = \Diamond \neg A = 1$ (sowohl A als auch $\neg A$ sind möglich bzw. möglicherweise wahr), oder mit Gl. (13.63), $\Box \neg A = \Box A = 0$ (sowohl A als auch $\neg A$ sind nicht notwendig wahr).

13.6 Intuitionistische Logik

Intuitionistische Logik ist die im mathematischen Konstruktivismus verwendete und von Brouwer und Heyting eingeführte Logik. Im „Intuitionismus" sind Logik und Mathematik „konstruktive" mentale Tätigkeiten, d.h. Sätze werden nicht *entdeckt*, sondern *erfunden*. Somit sind Logik und Mathematik Anwendungen intern konsistenter Methoden, um noch komplexere mentale Konstrukte zu realisieren.

In einer klassischen Logik besagt eine Formel P, dass P wahr ist. In der intuitionistischen Logik ist eine Formel nur dann wahr, wenn sie *bewiesen* ist. Intuitionistische Logik ersetzt also „Wahrheit" durch „Beweisbarkeit" in ihrem logischen Kalkül. Somit wird nicht Wahrheit, sondern Beweisbarkeit bei der Ableitung von Aussagen im logischen Kalkül erhalten.

Der wesentliche Unterschied zur Aussagenlogik, und damit zur Prädikatenlogik, ist die Interpretation der Negation. In der Aussagenlogik besagt $\neg P$, dass P falsch ist; in der intuitionistischen Logik besagt $\neg P$, dass das Gegenteil von P beweisbar ist. Die Asymmetrie der beiden Implikationen ist offensichtlich. Ist P beweisbar, so ist es sicher unmöglich zu beweisen, dass es keinen Beweis von P gibt. Wir können jedoch umgekehrt nicht schließen, dass Nicht-P beweisbar ist, nur weil P nicht beweisbar ist.

Eine direkte Konsequenz daraus ist, dass viele Tautologien in der intuitionistischen Logik nicht mehr gelten. Ein Beispiel ist das *Tertium non datur* $P \vee \neg P = 1$, vgl. Beispiel 13.5.4. In der intuitionistischen Logik besagt $P \vee \neg P = 1$, dass mindestens eine der Aussagen P oder $\neg P$ bewiesen werden kann, was viel einschränkender ist als zu sagen, dass ihre Vereinigung wahr ist. Ebenso gilt das *Peirce'sche Gesetz*[10] $((P \rightarrow Q) \rightarrow P) \rightarrow P = 1$ in der intuitionistischen Logik im allgemeinen nicht. Im Gegensatz dazu gilt jedoch, wie in der Aussagenlogik, der „Satz vom Widerspruch" $P \wedge \neg P = 0$.

Aus Sicht der praktischen Anwendungen gibt es eine starke Motivation für die intuitionistische Logik. Bei der Lösung von Problemen mit Hilfe von Computern, oder in der Informatik generell, reicht es oft nicht aus zu wissen, dass eine Lösung existiert, sondern es wird ein „Zertifikat" *(witness)* gesucht, d.h. eine konkrete Lösung. Ein Computerprogramm sollte eine Antwort geben, und nicht anzeigen, dass es eine gibt. In der logischen Programmierung, einem Teilgebiet der Informatik, ist ein Beweissystem nicht brauchbar, dass einen Beweis für $\exists x : P(x)$ liefert, das jedoch nicht $P(b)$ für ein beliebiges b beweisen kann.

Die Tatsache, dass viele klassisch geltende Tautologien nicht Sätze der intuitionistischen Logik sind, führt auf die Idee, die Beweistheorie der klassischen Logik zu modifizieren. Das gelang beispielsweise Gentzen[11] mit seinem „Sequenzenkalkül LJ". Die Semantik ist beträchtlich komplizierter als bei der klassischen Logik. Eine Modelltheorie kann mit Heyting-Algebren, oder äquivalent mit der in den 1950er und 1960er Jahren entwickelten Kripke[12]-Semantik ausgedrückt werden.

13.6.1 Implikative Verbände

Im Zusammenhang mit den Grundlagen der Logik charakterisierten Brouwer und Heyting eine wichtige Verallgemeinerung der Boole'schen Algebra, motiviert durch die folgenden Betrachtungen. In einer Boole'schen Algebra A ist a' das größte Element x, so dass $a \wedge x = 0$, d.h., so dass a und x „disjunkt" sind; allgemeiner gilt $a \wedge x \leqq b$ dann und nur dann, wenn $a \wedge x \wedge b' = 0$, also $(a \wedge b') \wedge x = 0$ oder $x \leqq (a \wedge b')' = b \vee a' = a \rightarrow b$. Somit existiert für gegebene $a, b \in A$ ein größtes Element $c = a \rightarrow b$, so dass $a \wedge c \leqq b$.

Definition 13.6.1. Ein Verband L heißt *implikativ* oder *Brouwersch*, wenn für alle $a, b \in L$ die Menge $\{x \in L : a \wedge x \leqq b\}$ ein größtes Element enthält, das *relative Pseudokomplement* oder die *materiale Implikation* $a \rightarrow b$ von a in b. In einem implikativen Verband mit O heißt ein Element $a \rightarrow O$ ein *Pseudokomplement* von a. $\qquad \square$

Damit gilt in einem implikativen Verband stets

$$a \wedge (a \rightarrow b) \leqq b \qquad \text{(„modus ponens")}, \qquad (13.64)$$

$$a \wedge c \leqq b \implies c \leqq a \rightarrow b, \qquad (13.65)$$

---

[10] Charles Sanders Santiago Peirce (sprich: Pörs) (1839 – 1914), US-amerikanischer Philosoph und Mathematiker

[11] Gerhard Karl Erich Gentzen (1909 – 1945), deutscher Mathematiker

[12] Saul Aaron Kripke (geboren 1940), US-amerikanischer Philosoph und Logiker

für alle a, b, $c \in L$. Die materiale Implikation kann als eine Operation $\rightarrow: L^2 \rightarrow L$ betrachtet werden.

Lemma 13.6.2. *Sei L ein implikativer Verband. Dann ist die Operation $\rightarrow: L^2 \rightarrow L$ monoton fallend bzgl. ihres linken Arguments und monoton wachsend bzgl. des rechten Arguments. Ferner gilt für alle a, b, $c \in L$:*

$$b \leqq a \rightarrow b, \tag{13.66}$$

$$a \rightarrow (b \rightarrow c) = (a \wedge b) \rightarrow c = b \rightarrow (a \rightarrow c), \tag{13.67}$$

$$a \rightarrow (b \rightarrow c) \leqq (a \rightarrow b) \rightarrow (a \rightarrow c), \tag{13.68}$$

$$a \rightarrow (b \wedge c) = (a \rightarrow b) \wedge (a \rightarrow c), \tag{13.69}$$

Existiert in dem Verband eine universelle obere Schranke 1, so gilt:

$$a = 1 \rightarrow a, \tag{13.70}$$

$$a \leqq b \text{ genau dann, wenn } 1 \leqq a \rightarrow b. \tag{13.71}$$

Existiert eine universelle untere Schranke 0, so gilt mit der Negation $\neg a := a \rightarrow 0$,

$$\neg a \vee b \leqq a \rightarrow b, \qquad (\neg a \vee a) \wedge (a \rightarrow b) \leqq \neg a \vee b. \tag{13.72}$$

Beweis. Sei $a \leqq b$. Dann $a \wedge (b \rightarrow c) \leqq b \wedge (b \rightarrow c) \leqq c$ mit (13.8) and (13.64), also $b \rightarrow c \leqq a \rightarrow c$ mit (13.65), woraus die linke Monotonie folgt. Analog folgt für $a \leqq b$ die rechte Monotonie aus $c \wedge (c \rightarrow a) \leqq a \wedge b$ mit (13.64), also $c \rightarrow a \leqq c \rightarrow b$ mit (13.65).

   Beweis von (13.66): Mit Definition (13.4) gilt $a \wedge b \leqq b$, also $b \leqq a \rightarrow b$ mit (13.65).

   Beweis von (13.67): Mit (13.64), $a \wedge (a \rightarrow (b \rightarrow c)) \leqq b \rightarrow c$, also

$$(a \wedge b) \wedge (a \rightarrow (b \rightarrow c)) \leqq b \wedge (b \rightarrow c) \leqq c$$

wieder mit (13.64) und der Monotonie. Dann $a \rightarrow (b \rightarrow c) \leqq (a \wedge b) \rightarrow c$ mit (13.65). Das beweist die linke Gleichung. Die rechte folgt durch Vertauschen von a und b und mit dem Kommutativgesetz (13.10) und der Monotonie.

   Beweis von (13.68): Es gilt

$$
\begin{aligned}
a \wedge (a \rightarrow b) \wedge (a \rightarrow (b \rightarrow c)) &\leqq& a \wedge (a \rightarrow b) \wedge a \wedge (a \rightarrow (b \rightarrow c)) \quad \text{mit (13.9), (13.10)} \\
&\leqq& b \wedge (b \rightarrow c) \quad \text{mit (13.64) und Monotonie} \\
&\leqq& c \quad \text{mit (13.64).}
\end{aligned}
$$

Hence $(a \rightarrow b) \wedge (a \rightarrow (b \rightarrow c)) \leqq a \rightarrow c$ mit (13.65), und $a \rightarrow (b \rightarrow c) \leqq (a \rightarrow b) \wedge (a \rightarrow c)$ mit (13.65).

   Beweis von (13.69): Es gilt $a \rightarrow (b \wedge c) \leqq a \rightarrow b$ mit (13.4) und Monotonie, und ebenso $a \rightarrow (b \wedge c) \leqq a \rightarrow c$. Also $a \rightarrow (b \wedge c) \leqq (a \rightarrow b) \wedge (a \rightarrow c)$ mit (13.13). Umgekehrt, $a \wedge (a \rightarrow b) \wedge (a \rightarrow c) \leqq b \wedge c$ mit (13.64) wie im Beweis von (13.68). Also $(a \rightarrow b) \wedge (a \rightarrow c) \leqq b \wedge c$ mit (13.65).

   Beweis von (13.70): Mit (13.66) gilt $a \leqq 1 \rightarrow a$, und umgekehrt $1 \rightarrow a = 1 \wedge (1 \rightarrow a)$, da mit der Definition der universellen Schranke $1 \wedge x = x$ gilt. Daher $a \leqq 1 \rightarrow a \leqq a$.

Beweis von (13.71): Sei $a \leq b$. Dann $1 \wedge a \leq b$ und $1 \leq a \to b$ mit (13.65). Umgekehrt sei $1 \leq a \to b$. Dann $c = a \wedge 1 \leq b$ mit (13.64).

Beweis von (13.72): Es gilt $\neg a = a \to (b \wedge 0)$ für alle $a, b \in L$, also $\neg a = (a \to b) \wedge (a \to 0) = (a \to b) \wedge \neg a$ mit (13.69). Daher muss $\neg a \leq a \to b$ gelten, d.h. mit (13.66) folgt die erste Gleichung in (13.72). Die zweite folgt durch algebraische Umformung von (13.64), $a \wedge (a \to b) \leq b \Rightarrow \neg a \vee (a \wedge (a \to b)) \leq \neg a \vee b$, da $(\neg a \vee a) \wedge (\neg a \vee (a \to b)) \geq (\neg a \vee a) \wedge (a \to b)$. $\qquad\square$

Satz 13.6.3. *Ein implikativer Verband ist distributiv. Jedes relative Pseudokomplement ist eindeutig.*

Beweis. Gegeben $a, b, c \in L$, sei $d = (a \wedge b) \vee (a \wedge c)$. Da $a \wedge b \leq d$, gilt $b \leq a \to d$ und $c \leq a \to d$. Somit $b \wedge c \leq a \to d$, also $a \wedge (b \vee c) \leq a \wedge (a \to d) \leq d = (a \wedge b) \vee (a \wedge c)$. Aber das impliziert Distributivität wegen der distributiven Ungleichung (13.15) und Satz 13.2.11. Nehmen wir an, x und y seien zwei relative Pseudokomplemente von a in b. Dann ist $x \wedge a = y \wedge a \leq b$, da beide größte Elemente sind, also $x = y$ wegen Satz 13.2.12. $\qquad\square$

Korollar 13.6.4. *Ein implikativer Verband mit universellen Schranken ist stets eine distributive Logik mit dem eindeutigen Pseudokomplement $\neg a = a' = a \to 0$ für $a \in L$.*

Beweis. Sei L ein implikativer Verband. Mit Satz 13.6.3 ist L distributiv und hat ein eindeutiges relatives Pseudokomplement b zu a für alle $a, b \in L$. Insbesondere ist also $\neg a$ eindeutig, und es folgt $\neg 0 = 0 \to 0 = 1$ mit der Definition der materialen Implikation. Daher gilt

$$a \to \neg(\neg a) = a \to (\neg a \to 0) = (a \wedge \neg a) \to 0 = 0 \to 0 = 1, \qquad (13.73)$$

wobei die zweite Gleichung aus (13.67) folgt. Mit (13.71) gilt daher $a \leq \neg\neg a$. Ferner gilt für alle $a, b, c \in L$ die Relation

$$(a \vee b) \to c = (a \to c) \wedge (b \to c), \qquad (13.74)$$

da einerseits $(a \vee b) \to c \leq a \to c$ wegen der fallenden Monotonie, und analog $(a \vee b) \leq b \to c$, d.h. insgesamt $(a \vee b) \leq (a \to c) \wedge (b \to c)$, andererseits aber mit der Distributivität

$$
\begin{aligned}
(a \vee b) \wedge (a \to c) \wedge (b \to c) &= a \wedge (a \to c) \wedge (b \to c) \vee b \wedge (a \to c) \wedge (b \to c) \\
&\leq (c \wedge (b \to c)) \vee (c \wedge (a \to c)) \qquad \text{(mit (13.64)} \\
&= c \wedge ((b \to c) \vee (a \to c)) \leq c,
\end{aligned}
$$

also $(a \to c) \wedge (b \to c) \leq (a \vee b) \to c$ mit (13.65). Aus (13.74) mit $c = 0$ folgt $(a \vee b)' = (a \to b) \to c = (a \to c) \wedge (b \to c) = a' \wedge b'$, d.h. das disjunktive De Morgan'sche Gesetz (13.24). Also ist L eine Logik. $\qquad\square$

Satz 13.6.5. *In einem implikativen Verband L mit universellen Schranken 0 und 1 und dem durch $\neg a := a' = a \to 0$ definierten Pseudokomplement sind die folgenden Beziehungen für alle $a, b \in L$ äquivalent.*

$$a = \neg\neg a \qquad \text{(Starke doppelte Negation, Stabilitätsgesetz)} \qquad (13.75)$$

$$1 = a \vee \neg a, \qquad \text{(tertium non datur)} \qquad (13.76)$$

$$a = (a \to b) \to a. \qquad \text{(Peirce'sches Gesetz)} \qquad (13.77)$$

$$1 = a \vee (a \to b), \qquad (13.78)$$

Beweis. (13.75) $\Rightarrow$ (13.76): Da L eine Logik ist, gilt Satz 13.3.5.

(13.76) $\Rightarrow$ (13.75): Mit dem Distributivgesetz und (13.23) folgt

$$\neg\neg a = \neg\neg a \wedge (a \vee \neg a) = (\neg\neg a \wedge a) \vee (\neg\neg a \wedge \neg a) = a \vee 0 = a.$$

(13.76) $\Rightarrow$ (13.77): Mit (13.66) folgt $(a \to b) \to a \leqq \neg a \to ((a \to b) \to a)$, d.h. mit (13.67) und (13.69)

$$(a \to b) \to a \leqq (\neg a \wedge (a \to b)) \to a = ((a \to 0) \wedge (a \to b)) \to a$$
$$= (a \to (0 \wedge b)) \to a = \neg a \to a,$$

und daher mit (13.66)

$$a \leqq (a \to b) \to a \leqq \neg a \to a. \qquad (13.79)$$

Da mit (13.76) sich aus (13.72) sofort $a \to b = \neg a \vee b$ ergibt, gilt $\neg a \to a = a$, und mit (13.79) folgt (13.77).

(13.77) $\Rightarrow$ (13.78): Zunächst gilt

$$((a \vee (a \to b)) \to a) \to (a \vee (a \to b)) = a \vee (a \to b) \qquad (13.80)$$

mit dem Peirce'schen Gesetz (13.77). Mit (13.66) folgt weiter $a \leqq (a \vee (a \to b)) \to a$, aber wegen der fallenden Monotonie von $\to$ im linken Argument ist wieder mit dem Perice'schen Gesetz $(a \vee (a \to b)) \to a \leqq (a \to b) \to a = a$, also $(a \vee (a \to b)) \to a = a$, und Einsetzen in (13.80) ergibt

$$a \to (a \vee (a \to b)) = a \vee (a \to b). \qquad (13.81)$$

Mit (13.71) erhalten wir also $1 \leqq a \to a = a \to (a \vee (a \to b)) = a \vee (a \to b)$.

(13.78) $\Rightarrow$ (13.76): Setze $b = 0$ in (13.78) ein. $\qquad \square$

Es ist leicht zu zeigen, dass jede Boole'sche Algebra ein implikativer Verband mit dem relativen Komplement $a \to b = a' \vee b$ von a in $[a \wedge b, 1]$ ist. Ähnlich ist jeder *endliche* distributive Verband implikativ, da für die Vereinigung $u = \bigvee x_j$ mit $a \wedge x_j \leqq b$ gilt: $a \wedge u = a \wedge \bigvee x_j = \bigvee(a \wedge x_j) \leqq b$. In [20, §4C] werden implikative Verbände und die dualen „subtraktiven" Verbände unter dem Begriff „Skolem-Verband" zusammen gefasst. Da analog dem implikativen Fall jeder endliche distributive Verband auch subtraktiv ist, ist ein endlicher distributiver Verband stets ein Skolem-Verband.

Beispiel 13.6.6. (*Heyting-Algebra der offenen Mengen von* $\mathbb{R}^2$) Betrachten wir das Poset $\mathcal{O}(\mathbb{R}^2, \subset)$ der offenen Mengen der Ebene $\mathbb{R}^2$, und seien die Operationen $\wedge$ und $\vee$ der Durchschnitt bzw. die Vereingung. Dann ist der der Formel $A \to B$ zugeordnete Wert $(A^C \cup B)^\circ$, das Innere der Vereinigung der Menge B und dem Komplement der Menge A. Also ist $\mathcal{O}(\mathbb{R}^2, \subset)$ ein Verband mit universellen Schranken $0 = \emptyset$ und $1 = \mathbb{R}^2$. Die Negation ist gegeben durch das Pseudokomplement $\neg A := A' = (A^C)^\circ$, das Innere des Mengenkomplements der offenen Menge A. Z.B. gilt die Formel $A \wedge \neg A = 0$, da $A \wedge \neg A = (A \cap \neg A)^\circ = (A \cup (A^C)^\circ)^\circ = \emptyset$. Aber der Satz vom ausgeschlossenen Dritten, $A \vee \neg A = 1$, gilt nicht, denn ist $A = \{(x,y) : y > 0\}$ die obere Halbebene, so gilt $\neg A = \{(x,y) : y \leqq 0\}^\circ = \{(x,y) : y < 0\}$, und $A \vee \neg A = (A \cup \neg A)^\circ = \{(x,y) : y \neq 0\} \neq \mathbb{R}^2$, also $A \vee \neg A < 1$. □

Im Allgemeinen ist der vollständige distributive Verband aller offenen Teilmengen eines topologischen Raums implikativ. Der vollständige distributive Verband aller *abgeschlossenen* Teilmengen jedoch ist nicht implikativ: es gibt keine größte abgeschlossene Menge mit $p \wedge x = \emptyset$. Also sind nicht alle distributiven Verbände implikativ, Distributivität ist notwendig, aber nicht hinreichend für eine implikative Logik. Nichtdistributive Logiken wie Quantenlogiken sind also nicht implikativ.

13.7 Quantenlogiken

In diesem Abschnitt betrachten wir nichtdistributive Analoga der Boole'schen Algebren, in denen eine unäre Komplementierung $x \mapsto x' = x^\perp$ in einem Verband mit universellen Schranken gegeben ist.

Es wurde früh erkannt, dass die Quantenmechanik von der klassischen Boole'schen Logik abwich, insbesondere durch das Heisenbergsche Unschärfeprinzip und die damit zusammen hängende Nichtkommutativität physikalischer Beobachtungen. Da die einfachste experimentelle Bestätigung des Distributivgesetzes der Boole'schen Algebra der Attribute auf der Vertauschbarkeit und der Wiederholbarkeit physikalischer Beobachtungen beruht, erscheint die Distributivität im Zusammenhang mit Quantensystemen inadäquat. Außerdem müsste das Boole'sche Konzept der Negation modifiziert werden, da die Negation von Quantenattributen auf der Orthogonalität von Unterräumen eines Hildert-Raums beruht und nicht auf den Komplementen von Teilmengen einer Gesamtmenge.

Bemerkung 13.7.1. Birkhoff[13] und von Neumann[14] [11] schlugen 1936 vor, die Distributivitätsbedingung durch eine schwächere „Modularitätsbedingung" zu ersetzen. Der Begriff der Modularität ist jedoch schwer intuitiv erfassbar, und es scheint auch keine rein logische Motivation dafür zu geben. Stattdessen bezieht er sich auf die Formulierung eines Wahrscheinlichkeitskalküls, speziell auf die Existenz einer bevorzugten („a priori"-) Wahrscheinlichkeitsverteilung auf dem Verband. Heute schwächt man üblicherweise die Bedingung sogar noch weiter ab zur Orthomodularität.

---

[13] Garret Birkhoff (1911-1996), US-amerikanischer Mathematiker
[14] John von Neumann (1903–1957), ungarisch-amerikanischer Mathematiker

Der Verband von Projektionen eines Hilbert-Raums ist stets orthomodular. Er ist dann und nur dann modular, wenn der Hilbert-Raum endlichdimensional ist. Und er ist dann und nur dann distributiv, wenn der Hilbert-Raum eindimensional ist. Somit schließt die Modularitätsbedingung an den Verband den prototypischen quantenmechanischen Hilbert-Raum der Schrödinger'schen Wellenfunktionen aus (der unendlichdimensional ist). Obwohl er selbst die Hilbert-Räume in die Quantenmechanik eingeführt hatte, um diese auf eine sichere mathematische Basis zu stellen, war von Neumann um 1936 überzeugt, dass Hilbert-Räume nicht der richtige mathematische Rahmen für die Quantenmechanik waren. In einem Artikel mit Birkhoff schlug er daher nicht nur vor, eine nichtklassische Logik für die Quantentheorie zu verwenden, sondern auch eine neue Richtung zur Modifikation der Quantenmechanik selbst einzuschlagen. Seine Gründe schienen mit seinen Ideen über Wahrscheinlichkeiten zusammen zu hängen.

Allein, *warum* sollte die Logik von Messergebnissen die so spezielle Form $L(\mathscr{H})$ haben und nicht eine etwas allgemeinere? Diese Frage wird genährt durch die Idee, dass die formale Struktur der Quantentheorie durch eine kleine Anzahl vernünftiger Annahmen eindeutig bestimmt sein könnten, vielleicht ergänzt mit festen Regeln der beobachteten Phänomene. Diese Möglichkeit schimmert schon in von Neumanns *Grundlagen* durch, wird jedoch erst 1963 von George Mackey [42] explizit ausgearbeitet. Er stellt sechs Axiome auf, die eine sehr konservativ verallgemeinerte Wahrscheinlichkeitstheorie umrahmen und die die Konstruktion einer „Logik" experimenteller Aussagen untermauert, oder in seiner Terminologie „Fragen", die die Struktur einer σ-orthomodularen partiell geordneten Menge haben. Das Problem bestand für Mackey darin zu erklären, warum diese partiell geordnete Menge isomorph zu $L(\mathscr{H})$ sein sollte. Es scheint bis heute nicht gelöst zu sein.

Axiom 13.7.2. (Mackey's Axiom VII) Die partiell geordnete Menge aller Aussagen (*questions*) über ein Quantensystem ist isomorph zu der partiell geordneten Menge aller Unterräume eines separablen unendlichdimensionalen Hilbert-Raums.

> „This axiom has rather a different character from Axioms I through VI. These all had some degree of physical naturalness und plausibility. Axiom VII seems entirely ad hoc. Why do we make it? Can we justify making it? Ideally, one would like to have a list of physically plausible assumptions from which one could deduce Axiom VII. Short of this one would like a list from which one could deduce a set of possibilities for the structure ... all but one of which could be shown to be inconsistent with suitably planned experiments."
>
> [42, pp. 71-72]

13.7.1   Unterräume im Hilbert-Raum

In diesem Abschnitt bezeichnet $\mathscr{H}$ einen separablen Hilbert-Raum.

Definition 13.7.3. Eine Menge $\mathscr{M} \subset \mathscr{H}$ ist eine *lineare Mannigfaltigkeit* in $\mathscr{H}$, wenn für alle $x, y \in \mathscr{M}$ und alle Konstanten $z \in \mathbb{C}$ sowohl $x + y$ als auch zx zu $\mathscr{M}$ gehören. $\square$

Ist $\mathscr{H}$ endlichdimensional, so ist eine lineare Mannigfaltigkeit einfach ein Untervektorraum. Im unendlichdimensionalen Fall allerdings ist der Ausdruck „Unterraum" reserviert für nur ganz bestimmte Arten von Mannigfaltigkeiten (Def. 13.7.8).

Definition 13.7.4. Eine Menge $S \subset \mathscr{H}$ ist *abgeschlossen*, wenn jede Cauchy-Folge in S in der Norm nach einem Vektor in S konvergiert. □

Für eine allgemeine Familie von Mengen $\mathscr{S}$ bezeichne $\cap\mathscr{S}$ den Durchschnitt aller Mengen von $\mathscr{S}$, d.h. $\cap\mathscr{S} = \{x: x \in S \text{ für jedes } S \in \mathscr{S}\}$.

Satz 13.7.5. *Ist $\mathscr{S}$ eine Familie abgeschlossener Teilmengen von $\mathscr{H}$, so ist $\cap\mathscr{S}$ eine abgeschlossene Menge in $\mathscr{H}$.*

Beweis. Sei $\{x_k\}_k$ eine Cauchy-Folge in $\cap\mathscr{S}$, die nach einem $x \in \mathscr{H}$ konvergiert. Für alle Mengen $C \in \mathscr{S}$ ist dann $\{x_k\}_k$ eine Cauchy-Folge in C, und da C abgeschlossen ist, muss x zu C gehören. Damit $x \in \cap\mathscr{S}$. □

Definition 13.7.6. Für eine Menge $S \subset \mathscr{H}$ ist der *Abschluss von S* definiert durch

$$\text{clos}(S) = \cap\{C \subset \mathscr{H} : S \subset C, \text{ und } C \text{ abgeschlossen}\} \qquad (13.82)$$

□

Nach Satz 13.7.5 ist $\text{clos}(S)$ eine abgeschlossene Menge. Mit der Definition des Durchschnitts ist sie eine Teilmenge jeder abgeschlossenen Menge, die S enthält.

Beispiel 13.7.7. *(Gegenbeispiel)* Sei $\mathscr{H}$ ein zweidimensionaler Hilbert-Raum, und sei $S = \{x \in \mathscr{H} : \|x\| < 1\}$ das Innere der Einheitkreisscheibe. Für $0 \neq x \in S$ betrachten wir die Folge

$$x_k = \left(\frac{1}{\|x\|} - \frac{1}{k}\right) x$$

für $k \in \mathbb{N}$. Da $\|(1/\|x\| - 1/k)x\| < (1/\|x\|)\|x\| = 1$, gilt $x_k \in S$ für all $k \in \mathbb{N}$. Ferner $x_k - x/\|x\| = -1/(k\|x\|)$, d.h. $\|(x_k - x/\|x\|)\| = \|x\|/k \to 0$ mit $k \to \infty$. Also ist x_k eine Cauchy-Folge, die nach $\tilde{x} = x/\|x\|$ konvergiert, aber $\tilde{x} \notin S$. Das bedeutet, S ist nicht abgeschlossen. □

Definition 13.7.8. Ein *Unterraum* in einem Hilbert-Raum $\mathscr{H}$ ist eine abgeschlossene lineare Mannigfaltigkeit in $\mathscr{H}$. □

Beispiel 13.7.9. 1. Sei $\mathscr{H} = l_2$ der Vektorraum

$$l_2 = \{\{x_k\}_k : x_k \in \mathbb{C} \text{ such that } \sum_{k=1}^{\infty} |x_k|^2 < \infty\}, \qquad (13.83)$$

mit dem inneren Produkt $\langle x, y \rangle = \sum_{k=1}^{\infty} x_k y_k^*$. ($l_2$ ist ein komplexer Vektorraum, da mit $x, y \in l_2$ auch $ax + by \in l_2$ für alle Konstanten $a, b \in \mathbb{C}$; ferner konvergiert die Reihe $\sum_{k=1}^{\infty} x_k y_k^*$, da $0 \leqq (|x_k| - |y_k|)^2 = |x_k|^2 - 2|x_k||y_k| + |y_k|^2$, d.h. $2|x_k y_k^*| =$

$2|x_k||y_k| \leqq |x_k|^2 + |y_k|^2$. Somit $\sum_k |x_k||y_k^*| \leqq \frac{1}{2}(\sum_k |x_k|^2 + \sum_k |y_k|^2)$, und beide Reihen auf der rechten Seite konvergieren, da $x, y \in l_2$.) Die Teilmenge

$$S = \{\{x_k\}_k \in l_2 : x_k = 0 \text{ für alle bis auf endlich viele } k\}. \tag{13.84}$$

ist eine lineare Mannigfaltigkeit, da für $x = \{x_k\}_k$, $y = \{y_k\}_k \in S$ auch die Reihen $ax + by = \{ax_k + by_k\}$ für $a, b \in \mathbb{C}$ in l_2 sind, denn es gibt nur endlich viele nichtverschwindende Reihenglieder. Aber S ist nicht abgeschlossen, da z.B. die Reihe $\{x_k\}_k$, wo jedes x_k selbst wieder eine Reihe $x_k = \{x_k^j\}_j$ mit

$$x_k^j = \begin{cases} \sqrt{1/2^j} & \text{wenn } j \leqq k, \\ 0 & \text{wenn } j > k \end{cases}$$

ist, ist eine Cauchy-Folge in S, $\{x_k\}_k \in S$, die in der Norm nach $x = \{\sqrt{1/2^j}\}_j$ konvergiert, aber $x \notin S$.

2. Sei $[a,b] \subset \mathbb{R}$ ein abgeschlossenes reelles Intervall, und bezeichne $L^2(a,b)$ den Hilbert-Raum der quadratisch (Lebesgue-) integrierbaren Funktionen auf (a,b). Dann sind die folgenden Mengen lineare Mannigfaltigkeiten in $L^2(a,b)$.

$$C[a,b] = \{f : [a,b] \to \mathbb{C} : f \text{ ist stetig}\} \tag{13.85}$$
$$C^\infty[a,b] = \{f : [a,b] \to \mathbb{C} : f \text{ ist unendlich oft differenzierbar}\} \tag{13.86}$$

Ist f stetig auf $[a,b]$, so ist $|f|^2$ ebenfalls stetig und somit integrierbar, d.h. $C[a,b] \subset L^2(a,b)$. Daraus und aus der Tatsache, dass Funktionen überall stetig sind, wo sie differenzierbar sind, folgt

$$C^\infty[a,b] \subset C[a,b] \subset L^2(a,b). \tag{13.87}$$

Dass $C^\infty[a,b]$ und $C[a,b]$ lineare Mannigfaltigkeiten in $L^2(a,b)$ sind, folgt aus Standardsätzen der Analysis. Allerdings ist keine dieser Mannigfaltigkeiten abgeschlossen in $L^2(a,b)$. Andererseits ist $L^2(a,b)$ der Abschluss von $C[a,b]$. $\square$

Definition 13.7.10. Für $S \subseteq \mathscr{H}$ definieren wir die *lineare Hülle span* von S als

$$\text{span} S = \cap\{K \subset \mathscr{H} : K \text{ ist Unterraum in } \mathscr{H} \text{ mit } S \subseteq K\}. \tag{13.88}$$

Zwei Vektoren $x, y \in \mathscr{H}$ eines Hilbert-Raums $\mathscr{H}$ heißen *orthogonal*, in Symbolen $x \perp y$, wenn $\langle x, y \rangle = 0$. Ist $S \subset \mathscr{H}$, definieren wir das *orthogonale Komplement* $S^\perp$ of S als die Teilmenge $S^\perp = \{x \in \mathscr{H} : x \perp s \text{ für alle } s \in S\}$. Für eine Familie $\mathscr{S}$ von Teilmengen von $\mathscr{H}$ schreiben wir

$$\bigvee_{S \in \mathscr{S}} S := \text{span}(\bigcup_{S \in \mathscr{S}} S), \quad \text{und} \quad \bigwedge_{S \in \mathscr{S}} S := \text{span}(\bigcap_{S \in \mathscr{S}} S). \tag{13.89}$$

$\square$

Für den Durchschnitt zweier Unterräume X, Y in $\mathscr{H}$ gilt einfach $X \wedge Y = X \cap Y$.

Satz 13.7.11. *Für $S \subset \mathscr{H}$ und jede Familie $\mathscr{S}$ von Unterräumen in $\mathscr{H}$ gilt:*

(i) $S^\perp \cap S = \{0\}$;

(ii) $S^\perp$ *ist ein Unterraum in $\mathscr{H}$ (sogar wenn S es nicht ist);*

(iii) $S \subseteq T \subseteq \mathscr{H} \Rightarrow T^\perp \subseteq S$;

(iv) $S \subseteq (S^\perp)^\perp$;

(v) S *ist ein Unterraum in $\mathscr{H}$ $\Rightarrow (S^\perp)^\perp = S$;*

(vi) $(\bigvee_{S \in \mathscr{S}} S)^\perp = \bigcap_{S \in \mathscr{S}} S^\perp$, *und* $\bigvee_{S \in \mathscr{S}} S^\perp = (\bigcap_{S \in \mathscr{S}} S)^\perp$.

Beweis. (i) Ist $x \in S \cap S^\perp$, so gilt $x \perp x$, also $x = 0$.

(ii) Für $x, y \in S^\perp$ und $a, b \in \mathbb{C}$ folgt für alle $s \in S$, $\langle ax + by, s \rangle = a \langle x, s \rangle + b \langle y.s \rangle = 0 + 0 = 0$. Also ist $S^\perp$ eine lineare Mannigfaltigkeit. Sei $\{x_k\}$ eine Folge in $S^\perp$, die in der Norm nach $x \in \mathscr{H}$ konvergiert. Für alle $s \in S$ gilt dann $\langle x, s \rangle = \lim_{k \to \infty} \langle x_k, s \rangle$ wegen einer gundlegenden Hilbert-Raum-Eigenschaft [18, Theor.2.21B(i)]. Da $\langle x_k, s \rangle = 0$ für alle $k \in \mathbb{N}$, folgt $\langle x, s \rangle = 0$. Somit, $x \in S^\perp$, d.h. $S^\perp$ ist abgeschlossen.

(iii) Sei $x \in T^\perp$. Für jedes $s \in S$ gilt $s \in T$, so dass $x \perp s$. Daher ist $x \in S^\perp$.

(iv) Für $x \in S$ und $t \in S^\perp$ folgt $x \perp t$. Also $x \in (S^\perp)^\perp$.

(v) – (vi) siehe [18, p. 123]. □

Satz 13.7.12. *Ist $\mathscr{H}$ ein Hilbert-Raum und $L(\mathscr{H})$ die Familie aller Unterräume in $\mathscr{H}$, so ist $L(\mathscr{H})$ mit der Mengeninklusion $\subseteq$ und der Komplementierung $\perp$ eine Logik mit $0 = \{\mathbf{0}\}$ und $1 = \mathscr{H}$.*

Beweis. Sind $K_1, K_2 \in L(\mathscr{H})$, so hat $\{K_1, K_2\}$ das Supremum $K_1 \vee K_2$ und das Infimum $K_1 \cap K_2$. Daher ist $L(\mathscr{H}, \subseteq)$ ein Verband. Offensichtlich sind $\{0\}$ und $\mathscr{H}$ die kleinste bzw. größte Schranke des Verbands. Mit Satz 13.7.11 ist $\perp$ eine Komplementierung. Damit bleibt die orthomodulare Identität (13.30) zu beweisen. Seien J, $K \in L(\mathscr{H})$ mit $J \subseteq K$. Zu zeigen ist $K = J \vee (J^\perp \cap K)$, denn damit existieren Basen B und B_0 für J bzw. K mit $B \subseteq B_0$ [18, Theor. 4.8].

Sei zunächst $x \in K$. Dann $x = \sum_{b \in B_0} \langle x, b \rangle b = \sum_{b \in B} \langle x, b \rangle b + \sum_{b \in B_0 \setminus B} \langle x, b \rangle b$. Da $B_0 \setminus B \subseteq J^\perp$, gehört der zweite Term zu $J^\perp \cap K$. Da der erste Term zu J gehört, ist x eine Linearkombination von Vektoren in $J \cup (J^\perp \cap K)$, also $x \in J \vee (J^\perp \cap K)$. Dami gilt $K \subseteq J \vee (J^\perp \cap K)$.

Sind andererseits J und $J^\perp \cap K$ Unterräume of K, so ist es auch die lineare Hülle ihrer Vereinigung. □

Beispiel 13.7.13. Sei $\mathscr{H}$ ein Hilbert-Raum der Dimension $\dim_{\mathbb{C}} \mathscr{H} \geq 2$, und $x, y \in \mathscr{H}$ zwei nichtverschwindende orthogonale Vektoren in $\mathscr{H}$. Ferner seien X, Y, $Z \subset \mathscr{H}$ die von ihnen aufgespannten eindimensionalen Unterräume, $X = \mathrm{span}(\{x\})$, $Y =$

span($\{y\}$) und $Z = \operatorname{span}(\{x + y\})$. Dann gilt $X, Y, Z \in L(\mathcal{H})$. Es folgt $X \vee Y = 1$, $X \vee Z = 1$, $X \wedge Y = 0$, $X \wedge Z = 0$ und $Z \wedge Y = 0$. Also

$$X \vee (Y \wedge Z) = X, \qquad X \wedge (Y \vee Z) = X, \tag{13.90}$$

und andererseits

$$(X \vee Y) \wedge (X \vee Z) = 1, \qquad (X \wedge Y) \vee (Y \wedge Z) = 0. \tag{13.91}$$

Somit gelten die Distributivgesetze (13.17) und (13.18) in der Logik $L(\mathcal{H})$ *nicht*. □

13.7.2   Quantenmechanik, konstruiert aus Quantenlogik

Beispiel 13.7.14. Seien $\mathcal{H}$ ein Hilbert-Raum und $P\colon \mathcal{H} \to \mathcal{H}$ ein selbstadjungierter Operator mit Spektrum $\sigma_P \subset \{0, 1\}$. Dann muss P ein *Projektor* sein, d.h. $P^2 = P$. Projektionen sind bijektiv verknüpfbar mit den abgeschlossenen Unterräumen von $\mathcal{H}$: Ist P eine Projektion, so ist ihr Wertebereich ran(P) abgeschlossen, und jeder abgeschlossene Unterraum der Wertebereich einer eindeutig bestimmten Projektion. Ist $u \in \mathcal{H}$ ein Einheitsvektor, so ist $\langle Pu, u \rangle = \|Pu\|^2$ der Erwartungswert der entsprechenden Observablen im durch u dargestellten Zustand. Da dies ein 0-1-wertig ist, können wir $\|Pu\|^2$ als die Wahrscheinlichkeit interpretieren, dass eine Messung der Observablen die „affirmative" Antwort 1 liefert. Insbesondere, hat diese affirmative Antwort die Wahrscheinlichkeit 1 dann und nur dann, wenn $Pu = u$, d.h. $u \in \operatorname{ran}(P)$.

Wir können also der Menge $L(\mathcal{H})$ von Projektionen auf $\mathcal{H}$ die Struktur eines vollständigen eindeutig-komplementären Verbandes überstülpen, indem wir definieren

$$P \leqq Q \quad \text{wenn} \quad \operatorname{ran}(P) \subset \operatorname{ran}(Q), \qquad \text{and} \qquad P' = 1 - P \tag{13.92}$$

(so dass $\operatorname{ran}(P') = \operatorname{ran}(P)^{\perp}$). Offensichtlich giltt $P \leqq Q$ nur im Fall $PQ = QP = P$. Allgemein folgt aus $PQ = QP$, dass $PQ = P \wedge Q$; ebenso gilt in diesem Fall ihre Vereinigung $P \vee Q = P + Q - PQ$. Dann ist $L(\mathcal{H})$ eine Quantenlogik. □

Beispiel 13.7.14 motiviert die folgenden Betrachtungen. Wir nennen zwei Projektoren $P, Q \in L(\mathcal{H})$ *orthogonal*, in Symbolen $P \perp Q$, wenn $P \leqq Q'$. Es folgt $P \perp Q$ dann und nur dann, wenn $PQ = QP = 0$. Sind P und Q orthogonale Projektoren, so ist ihre Vereinigung einfach ihre Summe, traditionell mit $P \oplus Q$ bezeichnet; also ist $P \vee Q = P \oplus Q$, wenn $P \perp Q$. Wir bezeichnen die Identitätsabbildung auf $\mathcal{H}$ mit $1_{\mathcal{H}}$.

Definition 13.7.15. Ein *Wahrscheinlichkeitsmaß* auf $L = L(\mathcal{H})$ ist eine Abbildung $\mu\colon L \to [0, 1]$, so dass $\mu(1_{\mathcal{H}}) = 1$ und für jede Folge paarweise orthogonaler Projektionen $P_j \in L$, $j = 1, 2, \ldots$, gilt:

$$\mu(\oplus_j P_j) = \textstyle\sum_j \mu(P_j). \tag{13.93}$$

□

Eine Möglichkeit, ein Wahrscheinlichkeitsmaß auf $L(\mathcal{H})$ zu konstruieren ist, für einen Einheitsvektor $u \in \mathcal{H}$ einfach $\mu_u(P) = \langle Pu | u \rangle$ zu definieren. Das ist die orthodoxe Kopenhagener Deutung der Quantenmechanik der Wahrscheinlichkeit, dass

P den Wert 1 ergibt, wenn das physikalische System sich im Zustand u befindet. Eine weitere Möglichkeit, diese Tatsache auszudrücken ist $\mu_u(P) = \text{Tr}(PP_u)$ zu schreiben, wobei P_u die Projektion auf den von dem Einheitsvektor u erzeugten eindimensionalen Unterraum ist.

Allgemeiner bilden Wahrscheinlichkeitsmaße μ_j, $j = 1, 2, \ldots$, auf $L(\mathcal{H})$ ein Gemisch $\mu = \sum_j t_j \mu_j$ where $0 \leq t_j \leq 1$ und $\sum_j t_j = 1$ (die Konvexkombination der μ_j's). Gegeben eine Folge $u_1, u_2, \ldots$ von Einheitsvektoren in $\mathcal{H}$, seien $\mu_j = \mu_{u_j}$ und $P_j = P_{u_j}$. Für den Dichteoperator ρ des Gemisches,

$$\rho = t_1 P_1 + t_2 P_2 + \ldots, \tag{13.94}$$

gilt dann

$$\mu(P) = t_1 \text{Tr}(PP_1) + t_2 \text{Tr}(PP_2) + \ldots = \text{Tr}(\rho P). \tag{13.95}$$

Somit führt jeder Dichteoperator ρ zu einem Wahrscheinlichkeitsmaß μ on $L(\mathcal{H})$. Der bemerkenswerte Satz von Gleason (Satz 11.1.3 auf S. 124) zeigt die Umkehrung, d.h., dass zu jedem Wahrscheinlichkeitsmaß ein Dichteoperator ρ existiert.

Aus der einzigen Prämisse, dass die mit einem gegebenen Quantensystem verknüpften „experimentellen Aussagen" durch Projektionen wie Beispiel 13.7.14 dargestellt werden, können wir den formalen Apparat der Quantenmechanik rekonstruieren. Der erste Schritt ist der Satz von Gleason, der besagt, dass Wahrscheinlichkeitsmaße der Quantenlogik $L(\mathcal{H})$ mit Dichteoperatoren verknüpft sind. Mit dem fundamentalen „Spektralsatz" der Funktionalanalysis, der besagt, dass zu jeer Observable eine bestimmte Familie von Projectoren existiert, können die Observablen durch die Quantenlogik abgeleitet werden. Sogar die Dynamik der Quantenmechanik, d.h. die unitäre Entwicklung, kann mit Hilfe eines tiefen Satzes von Wigner über die projektiven Darstellungen von Gruppen hergeleitet werden [67].

13.7.3 Tertium non datur

Eine einfache Konsequenz der $\vee$-operation (13.7) in einer Boole'schen Algebra, angewandt auf eine Quantenlogik, ist, dass der klassische Satz vom ausgeschlossenen Dritten, *(tertium non datur)*, also

$$I = x \cup x^{\perp} \qquad \text{for all } x \in L, \tag{13.96}$$

im *Boole'schen* Sinne nicht mehr gilt. (In einer Quantenlogik allerdings gilt er sehr wohl: $I = x \vee x^{\perp}$.) Das liegt daran, dass die *Menge* $x^{\perp}$ nicht das Mengenkomplement von x ist, d.h. $x^{\perp} \neq \neg x := I \setminus x$ für $x \neq O, I$. Damit haben wir in einer Quantenlogik die Tatsache vorliegen, dass $x \vee x^{\perp}$ stets wahr ist, aber wir können im Boole'schen Sinne nicht immer sagen, dass entweder x wahr ist oder $x^{\perp}$ wahr ist.

Definition 13.7.16. Sei L eine Quantenlogik (Def. 13.3.6 on p. 167). Dann ist eine Aussage $x \in L$ mit $O < x < I$ is *(Boole'sch) entscheidbar*, wenn entweder x wahr ist und $\neg x$ falsch, oder x falsch ist und $\neg x$ wahr. $\square$

*Die menschliche Vernunft hat das besondere Schicksal: dass sie durch Fragen be-
lästigt wird, die sie nicht abweisen kann; denn sie sind ihr durch die Natur der
Vernunft selbst aufgegeben; die sie aber auch nicht beantworten kann, denn sie
übersteigen alles Vermögen der menschlichen Vernunft.*
Immanuel Kant, Vorrede zur *Kritik der reinen Vernunft* (1781)

Es gibt verschiedene Kategorien unentscheidbarer Aussagen. Beispielsweise ist die Diodorus'sche Aussage $x =$ "Es wird morgen eine Seeschlacht geben" Boole'sch nichtent-
scheidbar. Eine weitere Kategorie ergibt sich durch das Phänomen der Selbstbezüglich-
keit.

Definition 13.7.17. Eine Aussage $x \in L$ einer Quantenlogik heißt *selbstbezüglich*, wenn
ihr semantischer Inhalt ein Faktum über sich selbst ausdrückt [24, §X.7]. Eine *Antinomie*
ist eine selbstbezügliche Aussage, die äquivalent zu ihrer Verneinung ist, also weder
wahr noch falsch ist. Eine Tautonomie ist eine selbstbezügliche Aussage, die sowohl
wahr als auch falsch ist. Antinomien und Tautonomien sind *Boole'sch unentscheidbar.* □

Beispiel 13.7.18. Eine oft genannte Antinomie ist die Aussage „Diese Aussage ist
falsch". Ist sie wahr, so ist sie falsch, und wenn sie falsch ist, so ist sie wahr. Also
ist sie eine Aussage, die weder wahr noch falsch ist, und ihr Komplement ist ebenso
weder wahr noch falsch.   □

Neben Antinomomien, also Aussagen, die weder wahr noch falsch sind, und Tautonomien, die sowohl wahr als auch falsch sind, gibt es die Kategorie selbstbezüglicher
Tautologien („Dies ist eine Aussage"), die stets wahr sind, und diejenige selbstbezüglicher Widersprüche („Dies ist keine Aussage"), die stets falsch sind.

Der Begriff Boole'sch unentscheidbarer Aussagen ist eng verknüpft mit zwei ähnlichen Begriffen. Im Zusammenhang mit den Gödel'schen Unvollständigkeitssätzen [33,
§8] ist eine Aussage unentscheidbar, wenn sie in einem deduktiven System („Theorie")
über die Arithmetik der natürlichen Zahlen weder beweisbar noch widerlegbar ist.
Im Zusammenhang mit der Berechnungstheorie bezieht sich Unentscheidbarkeit auf
Entscheidungsprobleme, also auf Klassen von Problemen, die eine Antwort „ja" oder
"nein" erfordern. Ein solches Problem heißt unentscheidbar, wenn es keine berechenbare Funktion gibt, die die korrekte Antwort in endlich vielen Rechenschritten liefert.
Die beiden Begriffe sind miteinander verbunden, denn wenn ein Entscheidungsproblem unentscheidbar ist, so existiert kein konsistentes formales System, das die Antwort „ja" oder „nein" beweist.

Die geometrische Tatsache, dass für einen allgemeinen Unterraum $A \subset \mathcal{H}$ eines
Hilbert-Raums $\mathcal{H}$ die *mengentheoretische* Disjunktion nicht nicht den gesamten Raum
$\mathcal{H}$ ergibt, also $A \cup \neg A \neq \mathcal{H}$, hat eine bemerkenswerte Konsequenz für die Boole'sche
Version des *Tertium non datur* in eine Quantenlogik.

Satz 13.7.19. *In einer Quantenlogik sind Boole'sch unentscheidbare Aussagen generisch. Genauer ist die Menge der entscheidbaren Aussagen*

$$D = \{x \in L(\mathcal{H}) : \ x \text{ ist entscheidbar}\} \tag{13.97}$$

*in der Quantenlogik $L(\mathcal{H})$ eines separablen Hilbert-Raums $\mathcal{H}$ mit Dimension ≥ 2 eine Teil-
menge einer abgeschlossenen Menge in $\mathcal{H}$, und dim $D <$ dim $\mathcal{H}$.*

Beweis. Sei $x \in D$, $x \neq O$. (Ist $D = \emptyset$ oder $D \subset \{0\}$, so ist es abgeschlossen und dim D = 0.) Sei $X = \text{span}\{x\}$. Da $O < x < I$ und dim $\mathscr{H} \geqq 2$, gilt $< \dim X$ und $0 < \dim x^{\perp}$, d.h. die Menge $Y := \mathscr{H} \setminus (X \cup x^{\perp})$ ist nichtleer und eine echte Teilmenge von $\mathscr{H}$. Jeder nichtleere Unterraum $y \subseteq Y$ ist aber nicht entscheidbar, denn wäre er es, so hätten $x \subset \neg y$ und $\neg x \subset x^{\perp} \subset \neg y$ beide denselben Wahrheitswert, was für ein entscheidbares x unmöglich ist. Daher sind alle nichtleeren Unterräume $y \in Y$ unentscheidbar. Da X und $x^{\perp}$ beide abgeschlossene Mengen sind, ist Y offen in $\mathscr{H}$, also $\neg Y$ abgeschlossen. Ferner, $D \subset \neg Y$. $\qquad\square$

13.8 Die Logik von Quantenregistern

13.8.1 Die Boole'sche Logik eines einzelnen Qubits

Ein Zustand eines Quantensystems aus einem Qubit, z.B. eines Spin-$\frac{1}{2}$-Teilchens, wird durch durch Vektoren des zweidimensionalen Hilbert-Raums $\mathscr{H} = \mathbb{C}^2$ dargestellt. Betrachten wir die Messung einer Spinkomponente entlang einer bestimmten Richtung, z.B. der z-Achse. Dies kann durch ein Stern-Gerlach-artiges Experiment (Abb. 1.3 auf S. 12) mit Hilfe eines inhomogenen Magnetfeldes erreicht werden. Es gibt zwei mögliche Spinkomponenten des Teilchens, Spin $-\frac{1}{2}\hbar$ und $+\frac{1}{2}\hbar$; wir sagen kurz, dass das Teilchen im Zustand „+" oder $|0\rangle$ ist, wenn es Spin $+\frac{1}{2}\hbar$ hat, und im Zustand „−" oder $|1\rangle$, wenn es Spin $-\frac{1}{2}\hbar$ hat. Damit ergeben sich die folgenden Aussagen.

p^-: „Das Teilchen ist im Zustand '−'." = der 1-dimensionale Unterraum span $\{|1\rangle\}$

p^+: „Das Teilchen ist im Zustand '+'." = der 1-dimensionale Unterraum span $\{|0\rangle\}$

1: „Das Teilchen ist irgendeinem Zustand." = der gesamte Hilbert-Raum $\mathscr{H} = \mathbb{C}^2$

0: „Das Teilchen ist in keinem Zustand." = der 0-dimensionale Unterraum $\{(0,0)\}$

Die Aussage 1 is die Tautologie, 0 ist die absurde Aussage. Die Aussagen p^- und p^+ sind die Atome. Da sie einander komplementär sind, d.h. $p^+ = (p^-)'$ und $p^- = (p^+)'$, bilden sie eine Boole'sche Logik.

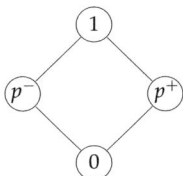

Abbildung 13.10: Der Boole'sche Verband $MO_1 \simeq 2^2$ eines einzelnen Qubits, mit den (orthogonalen) Zuständen p^- und p^+. (Vgl. Abb. 13.3)

13.8.2   Quantenregister mit n Qubits

Ein Quantenregister der Größe n ist ein physikalisches System mit n Qubits. Mathematisch ist es eine Zusammensetzung mehrerer Einzelsysteme (ein Tensorprodukt). Ein allgemeiner, eine solche Zusammensetzung darstellender Verband scheint unmöglich zu sein [64, p. 51]. In der Folge werden wir kurz Verbände vorstellen, die spezielle Konstellationen repräsentieren. Für $n > 1$ hängt die Logik eines Quantenregisters davon ab, ob die Zustände verschränkt sind, und davon, ob nur ein einzelnes Qubit oder das gesamte Register gemessen wird.

13.8.3   Messung eines einzelnen unverschränkten Qubits

Gemäß der „Einfügekonstruktion" *(pasting construction)* [64, §3.2] wird jedes Qubit als ein Boole'scher „Block" betrachtet, und identische Aussagen in verschiedenen Blöcken werden identifiziert, so dass die logische Struktur in jedem Block intakt bleibt. Dies ergibt den Verband MO_n (für „modular orthokomplementär") in Abbildung 13.11, der aus $2n$ Atoms $p_n^{\pm}$ besteht mit

$$p_j^+ = (p_j^-)', \qquad p_j^- = (p_j^+)' \quad \text{for } j = 1, 2, \dots, n. \tag{13.98}$$

Damit ist $p_j^+ \wedge p_j^- = 0$, und $p_j^+ \vee p_j^- = 1$.

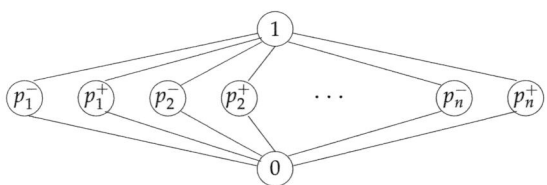

Abbildung 13.11:   Der modulare Verband MO_n eines Quantenregisters mit n Qubits, wenn nur eine Einzelqubit-Messung durchgeführt wird.

13.8.4   Messungen eines unverschränkten Registers

Für eine Messung eines gesamten Quantenregisters der Größe n Qubits sind die Atome durch die vier Aussagen p_{00}, p_{01}, p_{10} und p_{11} gegeben, wo p_{ij} mit dem Basisvektor $|ij\rangle$ des vierdimensionalen Hilbert-Raums $\mathscr{H} = \mathbb{C}^4$ zusammenhängt. Sie setzen sich aus den folgenden Aussagen zusammen:

$$\begin{aligned} u &= p_{00} \vee 01, & v &= p_{00} \vee 10, & w &= p_{00} \vee 11, \\ x &= p_{01} \vee 10, & y &= p_{01} \vee 11, & z &= p_{10} \vee 11, \end{aligned} \tag{13.99}$$

Das ergibt einen Boole'schen Verband, und zwar $\mathbf{2^4}$ (Abb. 13.12).

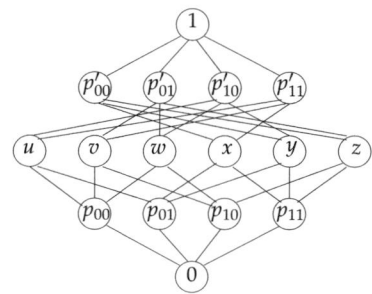

Abbildung 13.12: Der Boole'sche Verband 2^4 eines Quantenregisters mit zwei Qubits bei einer Messung des gesamten Registers.

13.8.5 Logiken mit Verschränkung

Verschränkung kombiniert mindestens zwei Qubitzustände, so dass effektiv einige Zustände unmöglich werden. Betrachten wir beispielsweise den Fall eines Quantenregisters mit zwei Qubits, in dem nur die EPR-Zustände $|\Phi^{\pm}\rangle$ und $|\Psi^{\pm}\rangle$ aus Gl. (2.35) möglich sind. Damit lässt die folgende partiell geordnete Menge konstruieren. Sei p_{ij}, für $i, j = 0, 1$, die Aussage „Das Register ist im Zustand $|ij\rangle$", und für $Y = |\Phi^{\pm}\rangle$ oder $|\Psi^{\pm}\rangle$ sei p_Y die Aussage „Das Register ist im EPR-Zustand Y". Dann gilt

$$p_{00} \vee p_{11} = p_\Phi, \quad p_{01} \vee p_{10} = p_\Psi, \quad p'_{00} = p'_{11} = p'_\Phi = p_\Psi, \quad p'_{01} = p'_{10} = p'_\Psi = p_\Phi, \tag{13.100}$$

wo $p_\Phi := \mathrm{span}\,(|00\rangle, |11\rangle) = \mathrm{span}\,(|\Phi^+\rangle, |\Phi^-\rangle)$ und $p_\Psi := \mathrm{span}\,(|01\rangle, |10\rangle) = \mathrm{span}\,(|\Psi^+\rangle, |\Psi^-\rangle)$. Mit dieser Negation weist man direkt nach, dass L_{EPR} eine (widerspruchsfreie) Logik ist. Da $p_{00} \wedge (p_\Psi \vee p_{11}) = p_{00} \wedge 1 = p_{00}$, aber $(p_{00} \wedge p_\Psi) \vee (p_{00} \wedge p_{11}) = 0 \vee 0 = 0$, ist dieser Verband nicht distributiv, also insbesondere nicht Boole'sch oder intuitionistisch. Ferner sind p_Φ und p_Ψ kompatibel, denn wegen $p_\Phi \perp p_\Psi$ bilden

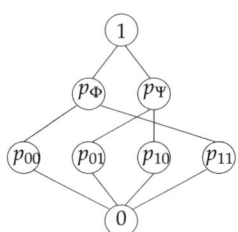

Abbildung 13.13: Der nichtdistributive Verband L_{EPR} eines Quantenregisters aus 2 EPR-verschränkten Qubits.

$u = p_\Phi$, $v = 0$ und $w = p_\Psi$ eine kompatible Zerlegung, so dass $u \vee v = p_\Phi$ und $v \vee w = p_\Phi$. Andererseits ist der Verband nicht orthomodular, denn beispielsweise gilt für $p_{00} < p_\Phi$, dass $p_{00} \vee (p'_{00} \wedge p_\Phi) = p_{00} \vee 0 = p_{00} \neq p_\Phi$. Daher ist L_{EPR} auch keine Quantenlogik. Sie hat einige bemerkenswerte Eigenschaften.

- In L_{EPR} gibt es Aussagen x mit $x < x''$, z.B. $(p'_{00})' = p_\Phi > p_{00}$.

- In L_{EPR} gilt das *tertium non datur* nicht. Z.B. $p_{00} < (p_{00}')' = p_\Phi$.

- In L_{EPR}, *reductio ad absurdum* gilt nicht: $p_{01} < p_\Psi$, aber $p'_\Psi = p'_{01}$.

- Das konjunktive De Morgan'sche Gesetz (13.29) gilt nicht. Beispielsweise ist $(p_{00} \wedge p_{11})' = 1$, aber $p'_{00} \vee p'_{11} = p_\Psi$.

Aufgaben

Aufgabe 13.1. (a) Zeigen Sie, dass x, y, z in der rechten Version von N_5 in Abb. 13.2 dem Distributivgesetz (13.17) genügen, aber nicht (13.18).

(b) Die Verbände M_5 and N_5 in Abb. 13.2 sind nicht distributiv.

Aufgabe 13.2. (a) Zeigen Sie, dass der Verband in Abb. 13.14, mit

$$p_{00} \vee p_{11} = p_\Phi, \quad p_{01} \vee p_{10} = p_\Psi, \quad p_\Phi = p'_\Psi, \tag{13.101}$$

$$p_\Phi \vee p_{01} = p'_{10}, \quad p_\Phi \vee p_{10} = p'_{01}, \quad p_\Psi \vee p_{00} = p'_{11}, \quad p_\Psi \vee p_{11} = p'_{00}, \tag{13.102}$$

nicht orthomodular ist.

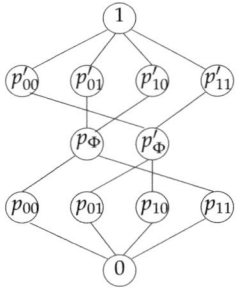

Abbildung 13.14: Ein nicht-orthomodularer Verband.

(b) Nach Theorem 12 in [10] (und da Nichtorthomodularität Nichtmodularität impliziert) enthält ein nichtorthomodularer Verband notwendig N_5 als einen Unterverband. Gibt es N_5 in Abb. 13.14?

Anhang

Anhang A

Quantengatter auf einzelnen Qubits

Name	Gatter	Symbol	Matrix	Operator
Hadamard	$-\boxed{H}-$	H	$\frac{1}{\sqrt{2}}\begin{pmatrix} 1 & 1 \\ 1 & -1 \end{pmatrix}$	$\frac{1}{\sqrt{2}}(\sigma_x + \sigma_z) = \mathrm{e}^{-\mathrm{i}\frac{\pi}{4}\sigma_y}\sigma_z$
NOT	$-\boxed{X}- = -\oplus-$	NOT, σ_x	$\begin{pmatrix} 0 & 1 \\ 1 & 0 \end{pmatrix}$	$\sigma_x = |0\rangle\langle 1| + |1\rangle\langle 0|$
Phasenverschiebung	$-\boxed{\phi(\alpha)}-$	$\phi(\alpha)$	$\begin{pmatrix} 1 & 0 \\ 0 & \mathrm{e}^{\mathrm{i}\alpha} \end{pmatrix}$	$\mathrm{e}^{\mathrm{i}\alpha/2}R_z(\alpha) = |0\rangle\langle 0| + \mathrm{e}^{\mathrm{i}\alpha}|1\rangle\langle 1|$
Phasengatter	$-\boxed{S}-$	S	$\begin{pmatrix} 1 & 0 \\ 0 & \mathrm{i} \end{pmatrix}$	$\phi(\frac{\pi}{4}) = |0\rangle\langle 0| + \mathrm{i}|1\rangle\langle 1|$
Pauli-X	$-\boxed{X}-$	σ_x, X	$\begin{pmatrix} 0 & 1 \\ 1 & 0 \end{pmatrix}$	$\sigma_x = |0\rangle\langle 1| + |1\rangle\langle 0|$
Pauli-Y	$-\boxed{Y}-$	σ_y, Y	$\begin{pmatrix} 0 & -\mathrm{i} \\ \mathrm{i} & 0 \end{pmatrix}$	$\sigma_y = -\mathrm{i}|0\rangle\langle 1| + \mathrm{i}|1\rangle\langle 0|$
Pauli-Z	$-\boxed{Z}-$	σ_z, Z	$\begin{pmatrix} 1 & 0 \\ 0 & -1 \end{pmatrix}$	$\sigma_z = |0\rangle\langle 0| - |1\rangle\langle 1|$
x-Rotation	$-\boxed{R_x(\varphi)}-$	$R_x(\varphi)$	$\begin{pmatrix} \cos\frac{\varphi}{2} & -\mathrm{i}\sin\frac{\varphi}{2} \\ -\mathrm{i}\sin\frac{\varphi}{2} & \cos\frac{\varphi}{2} \end{pmatrix}$	$\mathrm{e}^{-\mathrm{i}\frac{\varphi}{2}\sigma_x}$
y-Rotation	$-\boxed{R_x(\varphi)}-$	$R_y(\varphi)$	$\begin{pmatrix} \cos\frac{\varphi}{2} & -\sin\frac{\varphi}{2} \\ \sin\frac{\varphi}{2} & \cos\frac{\varphi}{2} \end{pmatrix}$	$\mathrm{e}^{-\mathrm{i}\frac{\varphi}{2}\sigma_y}$
z-Rotation	$-\boxed{R_x(\varphi)}-$	$R_z(\varphi)$	$\begin{pmatrix} \mathrm{e}^{-\mathrm{i}\varphi/2} & 0 \\ 0 & \mathrm{e}^{\mathrm{i}\varphi/2} \end{pmatrix}$	$\mathrm{e}^{-\mathrm{i}\frac{\varphi}{2}\sigma_x}$

Tabelle A.1: Wichtige Gatter auf einzelnen Qubits

Anhang B

Komplexe Zahlen

Es gibt eine wunderschöne Eigenschaft der *n-ten Einheitswurzeln*, $n \in \mathbb{N}$, $n \geqq 2$. Das sind alle n-ten Wurzeln x der Eins, die die Gleichung

$$x^n = 1 \tag{B.1}$$

lösen. Wie viele n-ten Einheitswurzeln gibt es? Beispielsweise gibt es für $n = 2$ zwei Einheitsurzeln, $x = \pm 1$. Aber was ist mit $n \geq 3$? Um dies zu beantworten, führen wir ein einfaches Verfahren ein, die Wurzel einer allgemeinen, „komplexen", Zahl zu ziehen.

B.1 Komplexe Zahlen

Die Menge $\mathbb{C}$ der komplexen Zahlen kann man als zweidimensionalen Vektorraum über den reellen Zahlen $\mathbb{R}$ auffassen, mit der Basis $\{1, \mathrm{i}\}$. Die imaginäre Zahl i genügt dabei der Gleichung

$$\mathrm{i}^2 = -1. \tag{B.2}$$

Eine komplexe Zahl $z \in \mathbb{C}$ wird daher eindeutig durch zwei reelle Zahlen $x, y \in \mathbb{R}$ dargestellt, $z = x + \mathrm{i}y$. x heißt dabei der *Realteil* von z, bezeichnet mit $\mathrm{Re}\, z = x$, und y ist der *Imaginärteil* von z, bezeichnet mit $\mathrm{Im}\, z = y$. Die komplexe Zahl $\bar{z}$ ist dann definiert durch $\bar{z} = x - \mathrm{i}y$ und heißt *Komplex-Konjugierte* von z. Es gelten die folgenden Beziehungen:

$$\mathrm{Re}\, z = \frac{z + \bar{z}}{2}, \qquad \mathrm{Im}\, z = \frac{z - \bar{z}}{2\mathrm{i}}. \tag{B.3}$$

Eine komplexe Zahl z kann auch in *Polarkoordinaten* (r, φ) dargestellt werden,

$$z = r\mathrm{e}^{\mathrm{i}\varphi}, \qquad r \geqq 0, \varphi \in [0, 2\pi), \tag{B.4}$$

siehe Abbildung B.1 a). r heißt *Betrag* von z, und der Winkel φ ist das *Argument* von z.

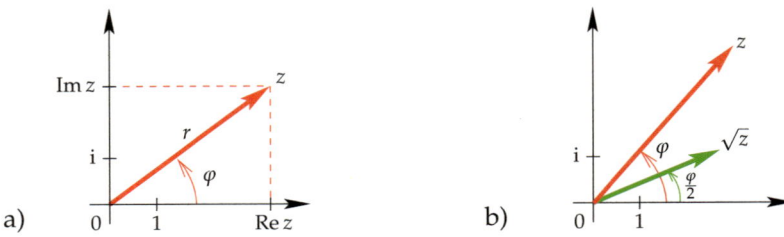

Abbildung B.1: a) Die komplexe Zahl $z \in \mathbb{C}$ in Polarkoordinaten (r, φ), $z = re^{i\varphi}$. Es gilt $\mathrm{Re}\, z = r\cos\varphi$, $\mathrm{Im}\, z = r\sin\varphi$ und $|z| = r$. Daher ist r der Abstand von z zum Ursprung. b) Ziehen der Wurzel aus z.

Der Real- und Imaginärteil können vom Betrag und Argument von z abgeleitet werden, und umgekehrt, durch die Beziehungen

$$\mathrm{Re}\, z = r\cos\varphi, \quad \mathrm{Im}\, z = r\sin\varphi, \qquad r = \sqrt{(\mathrm{Re}\, z)^2 + (\mathrm{Im}\, z)^2}, \quad \varphi = \arctan\frac{\mathrm{Im}\, z}{\mathrm{Re}\, z}. \quad (\text{B.5})$$

Insbesondere gilt die *Euler-Formel*

$$\boxed{e^{i\varphi} = \cos\varphi + i\sin\varphi.} \qquad (\text{B.6})$$

Was bringt die Verwendung von Polarkoordinaten? Warum zwei verschiedene Darstellungen für eine Zahl? Die Real- und Imaginärteil-Darstellung ist vorteilhaft für die Addition und Subtraktion zweier komlexer Zahlen, während die Polardarstellung besser zur Multiplikation und Division geeignet ist. Seien $z_j = x_j + iy_j$ for $j = 1, 2$ zwei komplexe Zahlen, $x_j, y_j \in \mathbb{R}$, and entsprechend $z_j = r_j e^{i\varphi_j}$. Dann gilt

$$z_1 + z_2 = (x_1 + x_2) + i(y_1 + y_2), \qquad z_1 z_2 = r_1 r_2 e^{i(\varphi_1 + \varphi_2)}. \qquad (\text{B.7})$$

(Natürlich kann man beide Darstellungen für *jede* Operation verwenden, aber es ist hässlich.[1]) Aus (B.7) folgern wir leicht das folgende Gesetz für die n-te Potenz von $z = re^{i\varphi}$,

$$z^n = r^n e^{in\varphi}. \qquad (\text{B.8})$$

Umgekehrt ist also das Ziehen der n-ten Wurzel von $z = re^{i\varphi}$ nicht schwieriger als im reellen Fall,

$$\sqrt[n]{z} = \sqrt[n]{r}\, e^{i\varphi/n}. \qquad (\text{B.9})$$

Siehe Abbildung B.1b) für eine Illustration der Quadratwurzel ($n = 2$) von z.

B.2   Einheitswurzeln

Nachdem wir den Vorteil der Polardarstellung komplexer Zahlen gesehen haben, können wir die Frage angehen: Wie lauten die n-ten Einheitswurzeln für $n \geq 2$? Etwas

---

[1] $z_1 z_2 = x_1 x_2 - y_1 y_2 + i(x_1 y_2 + x_2 y_1)$, und Addition in Polarkoordinaten ist … mörerisch.

formaler: Was sind die Lösungen ζ der Gleichung

$$x^n = 1 \qquad (n \geqq 2)? \tag{B.10}$$

(Wir erwarten mehr als eine Lösung, wie ja schon im Fall $n = 2$.) Mit (B.10) ist die Antwort einfach. Zunächst sehen wir, dass 1 als komplexe Zahl in Polarkoordinaten durch $r = 1$ und $\varphi = 0$ gegeben ist, also $1 = e^0$. Da jedoch der Winkel φ periodisch modulo 2π (dem vollen Einheitskreis) ist, können wir schreiben

$$\boxed{1 = e^{2\pi i}.} \tag{B.11}$$

(Das ist übrigens eine bemerkenswerte Beziehung zwischen den vier wichtigen mathematischen Konstanten 1, i, e und π!) Damit sind die n-te Einheitswurzel einfach durch die n Zahlen

$$\zeta_k = e^{2\pi i k/n}, \qquad \text{mit } k = 0, 1, \ldots, n-1 \tag{B.12}$$

gegeben. Das ist leicht einzusehen: Es ist klar mit (B.10), dass $\zeta_1 = e^{2\pi i/n}$ eine n-te Einheitswurzel ist (denn $\zeta_1{}^n = e^{2\pi i} = 1$ mit (B.10)). Allgemein gilt

$$\zeta_k{}^n = e^{2\pi i k} = 1, \qquad (k \in \mathbb{N})$$

d.h. alle ζ_k's sind n-te Einheitswurzeln. Da $\zeta_n = \zeta_0$, also ζ_k periodisch modulo n ist, gibt es höchstens n verschiedene n-te Einheitswurzeln (Abbildung B.2). Sie liegen auf dem

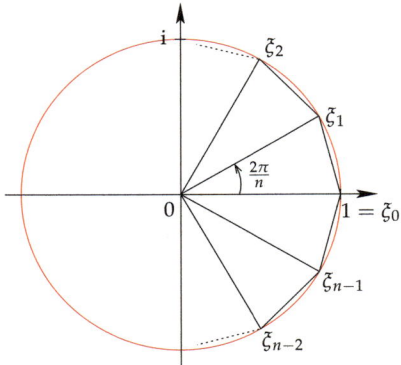

Abbildung B.2: Die Einheitswurzeln $\zeta_k = e^{2\pi i k/n}$, mit $k = 0, 1, \ldots, n-1$.

Einheitskreis $S = \{z \in \mathbb{C} : |z| = 1\}$ und bilden ein reguläres n-Polygon. Beispielsweise erhalten wir für $n = 2$ (die Quadratwurzel) zwei Lösungen $\zeta_0 = 1$ and $\zeta_1 = e^{\pi i} = -1$.

Satz B.2.1. *Sei $n \geq 2$. Dann verschwindet die Summe aller n-ten Einheitswurzeln $\zeta_k = e^{2\pi i k/n}$ ($k = 0, \ldots n-1$), also*

$$\boxed{\sum_{k=0}^{n-1} \zeta_k = 0.} \tag{B.13}$$

Beweis. Mit (B.10) lösen alle ζ_k die algebraische Gleichung $x^n - 1 = 0$, d.h. ζ_k sind die Wurzeln des Polynoms $f(x) = x^n - 1$. Da die geometrische Reihe $\sum_k x^k$ der Beziehung

$$\sum_{k=0}^{n-1} x^k = \frac{x^n - 1}{x - 1} \tag{B.14}$$

genügt, können wir das Polynomial f faktorisieren als

$$x^n - 1 = (x - 1) \cdot \sum_{k=0}^{n-1} x^k. \tag{B.15}$$

Daher gilt für eine Wurzel $x \neq 1$ von f

$$\sum_{k=0}^{n-1} x^k = 0. \tag{B.16}$$

Sei $x = \zeta_1 = e^{2\pi i/n}$. Dann

$$x^k = e^{2\pi i k/n} = \zeta_k, \qquad k = 0, \dots, n-1,$$

und für jedes ζ_k gilt $f(\zeta_k) = 0$, d.h., jedes ζ_k ist eine Wurzel von f. Daher ist (B.16) anwendbar, und wir erhalten

$$\sum_{k=0}^{n-1} \zeta_k = \sum_{k=0}^{n-1} x^k \underset{\text{(B.16)}}{=} 0.$$

$\square$

Bemerkung B.2.2. Satz B.2.1 kann man elegant auch geometrisch mit Hilfe von Abbildung B.2 beweisen. Da die k-te Einheitswurzel ζ_k, als Vektor in der komplexen Ebene aufgefasst, sich um den Winkel $2\pi i/n$ von dem nächsten zweidimensionalen Vektor ζ_{k+1} unterscheidet, ergibt die Vektorsumme $\sum_0^{n-1} \zeta_k$ ein regelmäßiges n-Eck mit Seitenlänge 1. Da es geschlossen ist, verschwindet die Vektorsumme.

Korollar B.2.3. *Für $n \geqq 2$ und $j, l \in \mathbb{Z}$ gilt*

$$\frac{1}{n} \sum_{k=0}^{n-1} e^{2\pi i (j-l)k/n} = \delta_{jl}. \tag{B.17}$$

Beweis. Für $j \neq l$ gilt Satz B.2.1, für $j = l$ addiert die Reihe einfach n-mal die Eins. $\square$

Anhang C

Lineare Algebra

C.1 Vektorräume

Eine Abbildung $f : X \to Y$ zwischen zwei Mengen X und Y ordnet jedem Element $x \in X$ ein eindeutiges Element $y \in Y$ zu, geschrieben $y = f(x)$. Die Menge X heißt *Definitionsbereich (domain)* von f, bezeichnet mit $D(f)$. Ihr *Wertebereich (range)* oder *Bild*, bezeichnet mit $f(X)$ oder $R(f)$, liegt in Y, d.h. $f(X) \subseteq Y$. Das *Urbild* $f^{-1}(V)$ einer Teilmenge $V \subseteq f(X)$ des Bildes ist die Menge $f^{-1}(V) = \{x \in X : f(x) \in V\} \subseteq X$. Es hat die Eigenschaften $V = f(f^{-1}(V))$ für alle $V \subseteq f(X)$, $U \subseteq f^{-1}(f(U))$ für alle $U \subseteq X$.

Eine Abbildung $f : X \to Y$ zwischen zwei Mengen heißt *injektiv* (engl. auch *one-to-one*), wenn für alle $x_1, x_2 \in X$ mit $x_1 \neq x_2$ stets $f(x_1) \neq f(x_2)$ gilt. Sie heißt *surjektiv* (engl. auch *onto*), wenn $f(X) = Y$, wenn also für jedes $y \in Y$ ein Element $x \in X$ mit $y = f(x)$ existiert. Ist f sowohl injektiv als auch surjektiv, so heißt f *bijektiv*. Eine bijektive Abbildung $f : X \to Y$ besitzt eine *inverse Abbildung* $f^{-1} : Y \to X$, für die $f^{-1}(y) = x$ mit $x \in X$, $y \in Y$ dann und nur dann gilt, wenn $f(x) = y$

Beispiel C.1.1. Betrachte die folgenden Abbildungen $f : \mathbb{R} \to \mathbb{R}$. $f(x) = x^2$ ist weder injektiv noch surjektiv; $f(x) = x^3$ ist bijektiv; $f(x) = e^x$ ist injektiv, aber nicht surjektiv; $f(x) = x^3 + x^2$ ist surjektiv, aber nicht injektiv; $f(x) = \sin x$ ist weder injektiv noch surjektiv. $\square$

Es bezeichne $\mathbb{K}$ im Folgenden $\mathbb{R}$ oder $\mathbb{C}$. Ein *Vektorraum* über $\mathbb{K}$, oder *linearer Raum*, ist ein Tripel $(X, +, \cdot)$ einer Menge X, einer Abbildung $+ : X \times X \to X$, $(x, y) \mapsto x + y$, der *(Vektor-) Addition*, und einer Abbildung $\cdot : \mathbb{K} \times X \to X$, $(\alpha, x) \mapsto \alpha x$, der *skalaren Multiplikation*, so dass die folgenden acht Axiome gelten.

1. $(x + y) + z = x + (y + z)$ für alle $x, y, z \in X$.

2. $x + y = y + x$ für alle $x, y \in X$.

3. $\exists$ ein Element $0 \in X$, so dass $x + 0 = x$ für alle $x \in X$.

4. Für jedes $x \in X$, $\exists$ ein Element $-x \in X$, so dass $x + (-x) = 0$.

5. $\alpha(\beta x) = (\alpha\beta)x$ für alle $x \in X$, α, $\beta \in \mathbb{K}$.

6. $1x = x$ für alle $x \in X$.

7. $\alpha(x + y) = \alpha x + \alpha y$ für alle x, $y \in X$, α, $\beta \in \mathbb{K}$.

8. $(\alpha + \beta)x = \alpha x + \beta x$ für alle $x \in X$, α, $\beta \in \mathbb{K}$.

(Die ersten vier Axiome sind „Gruppenaxiome", so dass X mit der Addition eine „Abelsche Gruppe" bildet). Wir schreiben oft kurz X statt $(X, +, \cdot)$. Die Elemente eines Vektorraums heißen *Vektoren*. Der Nullvektor $0 \in X$ eines Vektorraums ist eindeutig, denn sind 0 and $0'$ Nullvektoren, so folgt mit den Axiomen 2 und 3, dass $0 = 0 + 0' = 0' + 0 = 0'$. Ähnlich folgt, die Eindeutigkeit des Inversen $-x$ für jedes x.

Eine *Linearkombination* von r Vektoren $x_1, \ldots, x_r \in X$, mit $r \geq 0$, ist eine Summe $\sum_{i=1}^{r} \alpha_i x_i$ mit $\alpha_i \in \mathbb{K}$. Die r Vektoren heißen *linear unabhängig*, wenn aus der Beziehung $\sum_{i=1}^{r} \alpha_i x_i = 0$ mit $\alpha_i \in \mathbb{K}$, stets $\alpha_i = 0$ für alle $i \in \{1, 2, \ldots, r\}$ folgt. Entsprechend heißt eine Teilmenge $U \subseteq X$ eines Vektorraums X *linear unabhängig*, wenn jede nichtleere endliche Teilmenge $\{x_i : i = 1, 2, \ldots, n\} \subseteq U$ aus linear unabhängigen Vektoren besteht. Existiert eine maximale Anzahl n linear unabhängiger Vektoren in X, so heißt X *endlichdimensional*, und seine *Dimension* ist n, bezeichnet mit $\dim X = n$. Mit dem *Austauschlemma* der linearen Algebra ist n eindeutig. Existieren dagegen für jedes $n = 1, 2, \ldots$ stets n linear unabhängige Vektoren in X, so heißt X *undendlichdimensional*, bezeichnet mit $\dim X = \infty$.

Die *lineare Hülle* $\operatorname{span} U$ einer allgemeinen Teilmenge U von X ist der kleinste Unterraum von X, der U enthält.

C.1.1   Hilbert-Räume

Sei X ein Vektorraum über $\mathbb{K}$. Dann heißt eine Abbildung $\langle \cdot \,|\, \cdot \rangle : X \times X \to \mathbb{K}$, $(x, y) \mapsto \langle x \,|\, y \rangle$ *sesquilinear*, wenn

$$\langle x \,|\, y \rangle = \langle y \,|\, x \rangle^*, \tag{C.1}$$

$$\langle x \,|\, ay + bz \rangle = a \langle x \,|\, y \rangle + b \langle x \,|\, z \rangle \tag{C.2}$$

für alle x, y, $z \in X$ und a, $b \in \mathbb{K}$. Wir übernehmen hier die in der Physik übliche Konvention, in der Mathematik fordert man meist $\langle ax \,|\, z \rangle = a \langle x \,|\, z \rangle$. Eine sesquilineare Abbildung ist *positiv*, wenn $\langle x \,|\, x \rangle \geq 0$ für alle $x \in X$. Eine sesquilineare Abbildung ist *strikt positiv*, wenn sie positiv ist und aus $\langle x \,|\, x \rangle = 0$ stets $x = 0$ folgt.

Ein Vektorraum X mit einer strikt positiven sesquilinearen Abbildung heißt *innerer Produktraum* oder *Prä-Hilbert-Raum*, und die sesquilineare Abbildung heißt *inneres Produkt* von X. In einem inneren Produktraum X heißen zwei Vektoren x, $y \in X$ orthogonal, in Symbolen $x \perp y$, wenn $\langle x \,|\, y \rangle = 0$. Für eine Teilmenge $V \subseteq X$ eines Hilbert-Raums X definieren wir den *Annihilator* oder das *orthogonale Komplement* von V als

$$V^{\perp} = \{y \in X : \langle y \,|\, x \rangle = 0 \;\forall x \in V\}. \tag{C.3}$$

Beachte, dass $V^\perp \subseteq X$ ein Unterraum von X ist. Allgemein ist $V \subseteq (V^\perp)^\perp$, und $V = (V^\perp)^\perp$ genau dann, wenn V ein Unterraum von X ist. Ferner gilt $V_1 \subset V_2 \Rightarrow V_1^\perp \supset V_2^\perp$.

Satz C.1.2. *Eine positive sesquilineare Abbildung auf einem Vektorraum X genügt der* Schwarzschen Ungleichung *(oder auch* Cauchy-Schwarzschen Ungleichung*)*

$$|\langle x \,|\, y\rangle|^2 \leq \langle x \,|\, x\rangle \cdot \langle y \,|\, y\rangle. \tag{C.4}$$

Beweis. Für $y \neq 0$ gilt $0 \leq \langle x - ay \,|\, x - ay\rangle = \langle x \,|\, x\rangle - 2\operatorname{Re} a\langle x \,|\, y\rangle + |a|^2 \langle y \,|\, y\rangle$. Einsetzen von $a = \frac{\langle y \,|\, x\rangle}{\langle y \,|\, y\rangle}$ liefert (C.4). $\qquad\square$

Ein innerer Produktraum ist stets auch ein normierter Vektorraum mit der induzierten Norm

$$\|x\| = \sqrt{\langle x \,|\, x\rangle}. \tag{C.5}$$

Ein *Hilbert-Raum* ist ein bezüglich der induzierten Norm (C.5) vollständiger innerer Produktraum. Das heißt, ein Vektorraum X über $\mathbb{K}$ ist dann und nur dann ein Hilbert-Raum, wenn (i) ein inneres Produkt in X existiert, und (ii) X vollständig ist, also jede Cauchy-Folge bezüglich der Norm $\|\cdot\|$ in (C.5) konvergiert.

Beispiel C.1.3. Der Vektorraum $X = \mathbb{K}^n$, $n \in \mathbb{N}$, ist ein n-dimensionaler Hilbert-Raum über $\mathbb{K}$, mit dem inneren Produkt

$$\langle x \,|\, y\rangle = \sum_{j=1}^{n} x_j^* y_j \tag{C.6}$$

für alle $x, y \in \mathbb{K}^n$, wobei $x^* = (x_1^*, \ldots, x_n^*)$ und $y = (y_1, \ldots, y_n)^T$. Für $X = \mathbb{R}^n$ ist die Norm (C.5) identisch mit der Euklidischen Norm. $\qquad\square$

Jeder endlichdimensionale innere Produktraum ist ein Hilbert-Raum.

C.2 Lineare Operatoren

Ein *linearer Homomorphismus* ist eine Abbildung $A : X \to Y$ zwischen zwei Vektorräumen X und Y über $\mathbb{K}$, die die lineare Vektorraumstruktur erhält:

$$A(\alpha x + \beta y) = \alpha A(x) + \beta A(y) \qquad \text{für alle } \alpha, \beta \in \mathbb{K}, x, y \in X. \tag{C.7}$$

Insbesondere heißen lineare Homomorphismen $f : X \to \mathbb{K}$ *lineare Funktionale*, oder *lineare Formen*. Die Menge aller linearen Funktionale auf einem Vektorraum X heißt das *algebraische Dual* und wird mit X^* bezeichnet [17, §I.C]. Entsprechend heißt ein linearer Homomorphismus $A : X \to X$ *linearer Operator*.

Ein linearer Operator $A : X \to X$ ist *beschränkt*, wenn er beschränkte Mengen in beschränkte Mengen abbildet, d.h. wenn $A(E)$ für jede beschränkte Menge $E \subset X$ wieder eine beschränkte Teilmenge von X ist. Diese Definition ist nicht im Einklang mit dem üblichen Begriff einer beschränkten Funktion als eine Funktion, deren Wertebereich eine beschränkte Menge ist. In diesem Sinne wäre keine einzige lineare Funktion (außer 0) beschränkt.

Satz C.2.1. *Sei X ein Hilbert-Raum und $A : X \to X$ ein linearer Operator. Dann sind die folgenden vier Eigenschaften von A äquivalent.*

(a) *A ist stetig.*

(b) *A ist beschränkt.*

(c) *Für $x_n \to 0$ ist $\{Ax_n : n = 1, 2, 3, \ldots\}$ beschränkt.*

(d) *Für $x_n \to 0$ folgt $Ax_n \to 0$.*

Beweis. Da ein Hilbert-Raum metrisierbar ist, folgt das Ergebnis aus [54, §1.32].   □

Der *Kern* oder *Nullraum* $N(A)$ und der *Bildraum (range)* $A(X)$, oder $R(A)$, eines linearen Operators $A : X \to X$ sind die Mengen

$$N(A) = \{x \in X|\ A(x) = 0\}, \qquad R(A) = A(X) = \{A(x)|\ x \in X\}. \tag{C.8}$$

Es ist leicht zu zeigen, dass beide Mengen Vektorräume sind. Mit dem Satz von Noether ist das Bild von A isomorph dem Faktorraum $X/N(A)$,

$$R(A) = X/N(A). \tag{C.9}$$

Der *Nulldefekt* $n_N(A)$ eines linearen Homomorphismus ist die Dimension seines Nullraums, und sein *Bilddefekt* oder *Ko-Rang* $n_I(A)$ ist die Kodimension seines Bildes,

$$n_N(A) = \dim N(A), \qquad n_I(A) = \operatorname{codim} R(A) = \dim(Y/R(A)). \tag{C.10}$$

Ein linearer Homomorphismus A ist dann und nur dann injektiv, wenn sein Kern nur aus dem Nullvektor besteht, also $N(A) = \{0\}$, oder anders ausgedrückt, wenn sein Nulldefekt verschwindet. Er ist genau dann surjektiv, wenn sein Bild der gesamte Raum X ist, $R(A) = X$, d.h. $X/R(A) = \{0\}$, oder wenn sein Bilddefekt verschwindet. Ferner ist die Inverse eines bijektiven linearen Homomorphismus ein linearer Homomorphismus.

Für einen linearen Operator $A : X \to X$ auf einem endlichdimensionalen Vektorraum X gilt

$$\dim N(A) = \dim X - \dim R(A). \tag{C.11}$$

Zwei Operatoren A und B *kommutieren*, wenn $BA \subset AB$ and $D(B) = X$. In diesem Sinne können A und B kommutieren, selbst wenn $BA \neq AB$. Der Grund für diese Definition liegt in der Tatsache begründet, dass aus $BA = AB$ und $D(AB) = X$ sofort $D(A) = X$ folgt, was für viele Anwendungen eine unakzeptable Einschränkung bedeuten würde.

C.2.1 Eigenwerte

Sei X ein nichtleerer Vektorraum über $\mathbb{K}$ und $A : X \to X$ ein linearer Operator. Eine Zahl $\lambda \in \mathbb{K}$ heißt *Eigenwert* von A wenn der lineare Operator $A - \lambda I$ nicht injektiv ist, also $N(A - \lambda I) \neq \{0\}$. In diesem Fall heißt der Nullraum $V_\lambda = N(A - \lambda I)$ der *Eigenraum* von λ, und die Dimension des Eigenraums heißt die *(geometrische) Vielfachheit* des Eigenwerts λ [54, §4.17]. Jedes $x \in N(A - \lambda)$, außer $x = 0$, heißt *Eigenvektor* oder *Eigenlösung* zum Eigenwert λ. Per Definition genügt er also der Gleichung $Ax = \lambda x$.

Satz C.2.2. *Sei $A : X \to X$ ein linearer Operator auf einem Vektorraum X über $\mathbb{K}$, und sei $n \in \mathbb{N}$. Dann sind Eigenvektoren zu n unterschiedlichen Eigenwerten von A linear unabhängig.*

Beweis. Durch Induktion über n: Für $n = 1$ ist ein Eigenvektor linear unabhängig. Sei daher $n > 1$, und nehmen wir an, dass $a_1 x_1 + \ldots + a_{n-1} x_{n-1} = 0$ für $a_i \in \mathbb{K}$ und Eigenvektoren x_i zu unterschiedlichen Eigenwerten $a_1 = \ldots a_{n-1} = 0$ impliziert. Dann suchen wir alle Zahlen $a_1, \ldots, a_n \in \mathbb{K}$, so dass

$$a_1 x_1 + \ldots + a_n x_n = 0. \tag{C.12}$$

Wenden wir A auf diese Gleichung an, so erhalten wir $\sum_1^n a_i A x_i = A(0) = 0$. Da $A x_i = \lambda_i x_i$ für die Eigenwerte λ_i, folgt $\sum_1^n a_i \lambda_i x_i = 0$. Da andererseits mit (C.12) stets $\sum_1^n a_i \lambda_n x_i = 0$ ist, erhalten wir nach Subtraktion dieser Gleichung $\sum_1^{n-1} a_i (\lambda_n - \lambda_i) x_i = 0$. Durch die Induktionsannahme und wegen $\lambda_i \neq \lambda_n$ folgt damit $a_1 = \ldots = a_{n-1} = 0$. Eingesetzt in (C.12) ergibt dies $a_n = 0$. $\qquad\square$

Satz C.2.3. *Ein linearer Operator $A : X \to X$ auf einem Vektorraum X über $\mathbb{K}$ hat einen Eigenwert 0 dann und nur dann, wenn A nicht injektiv ist.*

Beweis. Per Definition ist $\lambda = 0$ genau dann ein Eigenwert von A, wenn $N(A) = N(A - \lambda I) \neq \{0\}$. $\qquad\square$

Satz C.2.4. *Sei $A : X \to X$ ein bijektiver linearer Operator auf einem Vektorraum X über $\mathbb{K}$. Ist λ ein Eigenwert von A, so ist $\lambda \neq 0$, und $1/\lambda$ ist ein Eigenwert des inversen Operators A^{-1}. Ferner ist ein Eigenvektor zu einem Eigenwert λ von A ebenfalls ein Eigenvektor zu dem Eigenwert $1/\lambda$ von A^{-1}, also $Ax = \lambda x$ genau dann, wenn $A^{-1} x = \lambda^{-1} x$.*

Beweis. Sei $\lambda \in \mathbb{K}$ ein Eigenwert von A. Da A bijektiv ist, gilt mit Satz C.2.3 auch $\lambda \neq 0$. Fenrer ist $Ax = \lambda x$ für jeden Vektor $x \in N(A - \lambda I)$, $x \neq 0$. Anwenden von A^{-1} auf beiden Seiten dieser Gleichung ergibt $x = \lambda A^{-1} x$, also ist $1/\lambda$ ein Eigenwert von A^{-1}, und x gehört zu seinem Eigenraum, d.h. $x \in N(A - \lambda I) \cap N(A^{-1} - \lambda^{-1} I)$. $\qquad\square$

C.2.2 Normale Operatoren

Sei A ein linearer Operator auf einem Hilbert-Raum X, und sei sein Definitionsbereich $D(A)$ dicht. Dann ist der *adjungierte Operator* A^* von A, im Zusammenhang mit der Quantentheorie oft $A^\dagger$ bezeichnet[1], als derjenige Operator auf X definiert, so dass gilt

$$\langle Ax \,|\, y \rangle = \langle x \,|\, A^* y \rangle \qquad \text{für } x \in D(A), y \in D(A^*). \tag{C.13}$$

Daher ist $(\alpha A)^* = \alpha^* A^*$, und $A \subseteq B$ impliziert $B^* \subseteq A$ [71, §5.2]. Ferner ist $A^{**} = A$, da $\langle Ax \,|\, y \rangle = \langle A^* y \,|\, x \rangle^* = \langle y \,|\, A^{**} x \rangle^* = \langle A^{**} x \,|\, y \rangle$ für alle $x, y \in X$ gilt.

---

[1] In diesem Buch wird das Symbol * für unterschiedliche, aber miteinander zusammenhängende Phänomene verwendet, für den Dualraum eines Vektorraums, für die Adjungierte eines Operators, und für die Hermitesch-Konjugierte einer Matrix, insbesondere für die komplexe Konjugation einer reinen Zahl.

Satz C.2.5. *Sei $A : X \to X$ ein linearer Operator auf einem Hilbert-Raum X. Dann ist $N(A^*) = R(A)^\perp$ und $N(A) = R(A^*)^\perp$.*

Beweis. Sei $y \in R(A^*)$. Dann $A^*y = 0 \Leftrightarrow \langle x, A^*y \rangle = 0$ für jedes $x \in X \Leftrightarrow \langle Ax, y \rangle = 0$ für jedes $x \in X \Leftrightarrow y \in R(A)^\perp$. Also $N(A^*) = R(A)^\perp$. Da $A^{**} = A$, folgt die zweite Behauptung aus der ersten, wenn A durch A^* ersetzt wird.   □

Ein linearer Operator $A : X \to X$ heißt *normal*, wenn $A^*A = AA^*$. Ist X ein Prä-Hilbert-Raum, so genügt ein normaler Operator $A : X \to X$ der Gleichung $\|Ax\| = \|A^*x\|$. Ist X ein komplexer Vektorraum, so ist dieses Kriterium sogar hinreichend für die Normalität von A [34, §58]. Allgemeiner gilt der folgende Satz.

Satz C.2.6. *Sei $A : D(A) \to X$ ein linearer Operator auf einem Hilbert-Raum X, wobei $D(A)$ dicht in X ist. Dann gelten die folgenden Eigenschaften.*

(a) *Ist X ein komplexer Vektorraum, so ist A dann und nur dann normal, wenn $\|Ax\| = \|A^*x\|$ für jedes $x \in X$.*

(b) *Ist A normal, so ist $N(A) = N(A^*) = R(A)^\perp$.*

(c) *Ist A normal und $Ax = \lambda x$ für ein $x \in X$ und $\lambda \in \mathbb{C}$, so gilt $A^*x = \lambda^*x$.*

(d) *Ist A normal und sind λ und μ verschiedene Eigenwerte von A, so sind ihre entsprechenden Eigenräume zueinander orthogonal.*

Beweis. Um (a) zu sehen, kombinieren wir die Gleichungen

$$\|Ax\|^2 = \langle Ax, Ax \rangle = \langle A^*Ax, x \rangle, \qquad \|A^*x\|^2 = \langle A^*x, A^*x \rangle = \langle A^*Ax, x \rangle$$

mit der Eigenschaft, dass aus $\langle Ax, x \rangle = \langle Bx, x \rangle$ für jedes $x \in D(A)$ stets $A = B$ folgt [21, Lemma 4.4]. Offensichtlich folgt (b) aus (a) und Satz C.2.5. Wird (b) angewandt auf $A - \lambda I$ statt of A, ergibt sich (c). Schließlich ergibt wegen $Ax = \lambda x$ and $Ay = \mu y$, die Anwendung von (c) sofort

$$\lambda \langle x, y \rangle = \langle \lambda x, y \rangle = \langle Ax, y \rangle = \langle x, A^*y \rangle = \langle x, \bar{\mu}y \rangle = \mu \langle x, y \rangle.$$

Da $\lambda \neq \mu$, folgt $x \perp y$.   □

C.2.3 Die Dirac'sche „bra-ket"-Notation

In der Quantentheorie wird ein Vektor in einem komplexen Hilbert-Raum $\mathscr{H}$ üblicherweise in der Dirac-Notation als ein "ket-Vektor" $|\psi\rangle \in \mathscr{H}$ geschrieben. Dann wird sein dualer Vektor als der „bra-Vektor" $\langle\psi| \in \mathscr{H}^*$ bezeichnet. Somit kann das innere Produkt zweier Vektoren $|\phi\rangle$, $|\psi\rangle$ als das Produkt des dualen Vektors $\langle\phi|$ von $|\phi\rangle$, und $|\psi\rangle$ betrachtet werden, also als das „bracket" (die „Klammer") $\langle\phi\,|\,\psi\rangle = \langle\phi|\cdot|\psi\rangle$. In einem n-dimensionalen Hilbert-Raum ist $|\psi\rangle$ ein Spaltenvektor und sein dualer Vektor der Hermitesch konjugierte Zeilenvektor,

$$|\psi\rangle = \begin{pmatrix} \psi_1 \\ \vdots \\ \psi_n \end{pmatrix}, \qquad \langle\psi| = |\psi\rangle^* = (\psi_1^*, \ldots, \psi_n^*). \tag{C.14}$$

Eine *orthonormale Basis* $\{|j\rangle : j = 0, 1, \ldots, n-1\}$ eines n-dimensionalen Hilbert-Raums $\mathscr{H}_n$ besteht aus n Vektoren, die den Beziehungen

$$\langle j \,|\, k \rangle = \delta_{jk} := \begin{cases} 1 & \text{if } j = k, \\ 0 & \text{if } j \neq k \end{cases}$$

genügen. Hier ist δ_{jk} das Kronecker-Delta. Für eine orthonormale Basis $\{|j\rangle : j = 0, \ldots, n-1\}$ gelten die Identitäten

$$|\psi\rangle = \sum_{j=0}^{n-1} |j\rangle\langle j \,|\, \psi\rangle = \sum_{j=0}^{n-1} \langle j \,|\, \psi\rangle \,|j\rangle \tag{C.15}$$

mit Komponenten $\langle j \,|\, \psi\rangle$ des Vektors $|\psi\rangle$ bezüglich der orthonormalen Basis.

Im Allgemeinen gelten für einen linearen Operator A die Identitäten $(\langle\phi|\,A)|\psi\rangle = \langle\phi|(A\,|\psi\rangle$, d.h. wir können schreiben

$$\langle\phi|\,A\,|\psi\rangle = (\langle\phi|\,A)\,|\psi\rangle = \langle\phi|(A\,|\psi\rangle). \tag{C.16}$$

C.2.4 Selbstadjungiertheit

Ein Operator A auf einem Hilbert-Raum heißt *selbstadjungiert*, wenn $A^* = A$. Wenn nur $A \subseteq A^*$, was wegen der Dichtheit von $D(A)$ äquivalent zu der Identität $\langle Ax, y\rangle = \langle y, Ax\rangle$ für $x, y \in D(A)$ ist, so heißt A *symmetrisch*. Also ist ein selbstadjungierter Operator stets symmetrisch. Da ferner für einen symmetrischen Operator $A^*A = A^2 = AA^*$ auf $D(A)$ gilt, ist ein symmetrischer (und insbesondere ein selbstadjungierter) Operator stets normal.

Satz C.2.7. *Sei $A : X \to X$ ein linearer und stetiger Operator auf dem Hilbert-Raum X über $\mathbb{K}$. Dann ist die Adjungierte $A^* : X \to X$ ebenfalls linear und stetig. Außerdem gilt $\|A\| = \|A\|$ und $A^{**} = A$.*

Beweis. Proposition 4 in [71, §5.2]. □

Beispiel C.2.8. *(Integraloperatoren)* Sei $-\infty < a < b < \infty$, und sei $K : [a,b] \times [a,b] \to \mathbb{R}$ eine stetige Funktion. Definiere

$$Au(x) = \int_a^b K(x,y)\,u(y)\,\mathrm{d}y \qquad \text{für alle } x \in [a,b], \tag{C.17}$$

und setze $X = L^2(a,b)$. Dann ist der Operator $A : X \to X$ linear und kompakt, seine Adjungierte $A^* : X \to X$ ist gegeben durch

$$A^*u(x) = \int_a^b K(y,x)\,u(y)\,\mathrm{d}y \qquad \text{für alle } x \in [a,b], \tag{C.18}$$

und $A^* : X \to X$ ist linear und kompakt. Ist weiter $K(x,y)$ symmetrisch in x und y, d.h. $K(x,y) = K(y,x)$ für alle $x, y \in [a,b]$, so ist der Operator A selbstadjungiert. (*Standard Example 5* in [71, §5.2]) □

Beispiel C.2.9. *(Multiplikationsoperatoren)* Definiere $Mu(x) = xu(x)$ für alle $x \in \mathbb{R}$ und $D(M) = \{u \in X : Mu \in X\}$. Dann ist der Operator $M : D(M) \to X$ selbstadjungiert. *(Standard Example 10 in [71, §5.2])* □

Beispiel C.2.10. *(Differentialoperatoren auf $L^2(\mathbb{R})$)* Sei $X = L^2(\mathbb{R})$. Definiere $Au(x) = u'(x)$ für alle $x \in \mathbb{R}$, wo $D(A) = \{u \in X : u' \in X\}$.

(i) Versteht man unter der Ableitung u' die klassische Ableitung, so dass A der klassische Differentialoperator mit $D(A) = X \cap C^1(\mathbb{R})$ ist, so ist der Operator $i\alpha A$ für jedes $\alpha \in \mathbb{R}$ mit $\alpha \neq 0$ symmetrisch, jedoch nicht selbstadjungiert. *(Example 9 in [71, §5.2])*

(ii) Bezeichnet u' die *verallgemeinerte Ableitung* (d.h. u' ist definiert als $u' = w$, falls ein $w \in X$ existiert, so dass $\int_{\mathbb{R}} uv' \, dx = -\int_{\mathbb{R}} wv \, dx \; \forall v \in C_0^\infty(\mathbb{R})$ [71, §2.5.2]), so ist der Operator $i\alpha A$ für jedes $\alpha \in \mathbb{R}$ selbstadjungiert. *(Standard Example 8 in [71, §5.2])* □

Beispiel C.2.11. *(Differentialoperatoren auf $L^2(a,b)$)* Seien $-\infty < a < b < \infty$ und $X = L^2(a,b)$. Für $j = 1, 2, 3$, definiere $A_j : D(A_j) \to X$, $A_j u(x) = iu'(x)$ für alle $x \in [a, b]$, wobei die Ableitung u' als eine *verallgemeinerte Ableitung* verstanden ist (d.h. u' ist definiert als $u' = w$, wenn ein $w \in X$ existiert, so dass $\int_a^b uv' \, dx = -\int_a^b wv \, dx \; \forall v \in C_0^\infty(a, b)$ [71, §2.5.2]), und wobei

$$D(A_1) = \{u \in X : u' \in X\},$$
$$D(A_2) = \{u \in D(A_1) : u(a) = u(b)\},$$
$$D(A_3) = \{u \in D(A_1) : u(a) = u(b) = 0\},$$

Dann gilt $A_1 \supset A_2 \supset A_3$, $A_1^* \subset A_2^* \subset A_3^*$, $A_1^* = A_3$, $A_2 = A_2^*$, $A_3^* = A_1$. Ferner ist A_1 nicht symmetrisch, A_2 ist selbstadjungiert, A_3 ist symmetrisch und abgeschlossen, jedoch nicht selbstadjungiert, allerdings ist $A_3^{**} = A_3$. (Hinweis: $\int_a^b iu'v \, dx = iuv|_a^b + \int_a^b u \, \overline{iv'} \, dx$.) □

Satz C.2.12. *Jeder selbstadjungierte lineare Operator $A : D(A) \to X$ auf einem Hilbert-Raum über $\mathbb{K}$ ist maximal symmetrisch, d.h. ist $A \subseteq S$ für einen beliebigen symmetrischen Operator $S : D(S) \to X$, so ist $A = S$.*

C.2.5   Projektionen

Ein linearer Homomorphismus $P : X \to X$ auf einem Vektorraum X heißt *Projektion, Projektor* oder *idempotenter Operator*, wenn $P^2 = P$. Projektionen sind eng verknüpft mit der Geometrie der Unterräume von X, da $X = N(P) \oplus R(P)$, und $P|_{R(P)} = I$, wenn P stetig ist [54, §5.16], [47, §2.1.2]. Daher ist P eine Projektion auf $R(P)$ entlang $N(P)$, und $I - P$ ist die Projektion auf $N(P)$ entlang $R(P)$. Der Bildraum $R(P)$ einer Projektion P ist stets ein abgeschlossener Unterraum, auf den P wie die Identität wirkt. Anders ausgedrückt, $R(P) = N(I - P) = \{x \in X| \, Px = x\}$, $N(P) = R(I - P)$ [54, §5.15].

Ist X ein Prä-Hilbert-Raum, folgt $R(P) = N(P)^\perp$. Auf einem Hilbert-Raum heißt eine Projektion *orthogonal*, wenn $P = P^*$ [53, § VI.2]. Daher ist eine orthogonale Projektion selbstadjungiert [54, Theorem 12.14].

C.2.6   Unitäre Operatoren

Seien X, Y zwei Prä-Hilbert-Räume. Dann heißt ein linearer surjektiver Operator $U : X \to Y$ *unitär*, wenn $U^*U = I = UU^*$. Somit ist ein unitärer Operator normal. Ferner gilt für einen unitären Operator $\langle Uv, Uw \rangle = \langle v, w \rangle$ für alle $v, w \in X$, und er ist notwendig bijektiv und stetig. Ebenso ist $U^{-1} : Y \to X$ unitär [71, §3.5]. Existiert ein solcher Operator, so heißen die beiden Räume X und Y *unitär äquivalent*. Unitäre Operatoren erhalten die typischen Eigenschaften eines Prä-Hilbert-Raums, insbesondere das innere Produkt. Daher können zwei unitär äquivalente Räume identifiziert werden.

Sind X und Y reelle Hilbert-Räume, so ist das (sesquilineare) innere Produkt eine bilineare quadratische Form, und somit fällt das Konzept der „unitären Geometrie" mit dem der „orthogonalen Geometrie" zusammen, welches sich mit Spiegelungen und Rotationen als Isometrien beschäftigt, vgl. [29, §2.III.5] und [4, § III].

Ist X ein endlichdimensionaler Hilbert-Raum und $A : X \to X$ ein normaler Operator, so existiert eine orthonormale Basis von X, die aus Eigenvektoren von A besteht, d.h. A wird in ihr durch eine Diagonalmatrix dargestellt. Mit anderen Worten existiert ein unitärer Operator U, so dass U^*AU durch eine Diagonalmatrix dargestellt wird.

Ein sehr wichtiger unitärer Operator ist die Fourier-Transformation. Sie findet breite Anwendung in sowohl in der Physik und den Ingenieurswissenschaften, als auch in der Zahlentheorie. Unitäre Operatoren spielen eine grundlegende Rolle in der Quantenmechanik, die zeitliche Entwicklung eines Quantensystems wird durch einen unitären Operator beschrieben.

Definition C.2.13. Eine *Diagonaldarstellung*, oder eine *orthogonale Zerlegung*, eines Operators $A : D(A) \to X$ auf einem endlichdimensionalen Hilbert-Raum X ist eine Darstellung $A = \sum_j \lambda_j |j\rangle\langle j|$, bei der die Vektoren $|j\rangle \in X$ eine orthonormale Menge von Eigenvektoren von A mit entsprechenden Eigenwerten $\lambda_j \in \mathbb{C}$, und $|j\rangle\langle j|$ die Projektion auf die durch $|j\rangle$ aufgespannte Gerade bezeichnet. Ein Operator A heißt *diagonalisierbar*, wenn er eine Diagonaldarstellung besitzt.   □

Satz C.2.14. (Spektralzerlegung) *Ein Operator A auf einem separablen Hilbert-Raum X ist genau dann diagonalisierbar, wenn er normal ist.*

Beweis. Die Vorwärtsrichtung ist offensichtlich. Wir beweisen die Rückrichtung mit Induktion über die Dimension d von X. Der Fall $d = 1$ ist trivial. Nehmen wir also $d > 1$ an. Sei $\lambda \in \mathbb{C}$ ein Eigenwert von A, P die Projektion auf den Eigenraum von λ und Q die Projektion auf sein orthogonales Komplement. Dann gilt $A = (P + Q)A(P + Q) = PAP + QAP + PAQ + QAQ$. Klar gilt $PAP = \lambda P$. Ferner ist $QAP = 0$, da A den Unterraum $P(X)$ auf sich selbst abbildet. Ebenso $PAQ = 0$, da wir für einen Vektor $v \in P(X)$ mit $AA^*v = A^*Av = \lambda A^*v$ darauf schließen können, dass A^*v den Eigenwert λ hat und daher ein Element des Unterraums $P(X)$ ist, also $A^*v \in P(X)$, so dass $QA^*P = 0$, d.h. adjungiert $PAQ = 0$. Daher ist

$$A = PAP + QAQ.$$

Weiter folgt mit $QA = QA(P + Q) = QAQ$ und $QA^* = QA^*(P + Q) = QA^*Q$, also der Normalität von A, und der Eigenschaft $Q^2 = Q$, dass

$$QAQQA^*Q = QAQA^*Q = QAA^*Q = QA^*AQ = QA^*QAQ = QA^*QQAQ,$$

d.h. QAQ ist normal. Durch Induktion ist QAQ diagonal bezüglich einer Orthonormal-basis des Unterraums $Q(X)$, und PAP is bereits diagonal bezüglich einer Orthonormal-basis von $P(X)$. Somit ist $A = PAP + QAQ$ diagonal bezüglich einer Orthonormalbasis des gesamten Vektorraums X. $\qquad\square$

Satz C.2.15. (Polarzerlegung) *Ist $A : D(A) \to X$ ein normaler Operator auf einem se-parablen Hilbert-Raum X, so hat er eine* Polarzerlegung $A = UP = PU$, *wo U ein uni-tärer Operator und P ein selbstadjungierter und positiver Operator mit Definitionsbereich $D(P) = D(A)$ ist. P ist eindeutig, und wenn A invertierbar ist, so ist U eindeutig.*

Beweis. Definiere $P := \sqrt{A^*A}$ als einen Operator, so dass $P^2 = A^*A$. Da A nor-mal ist, gilt $P = \sqrt{AA^*}$. P ist ein positiver Operator, und so existiert eine Spek-tralzerlegung $P = \sum_j \lambda_j |j\rangle\langle j|$, wo $\lambda_j \geq 0$ und $|j\rangle\langle j|$ die Projektion auf der vom Ei-genvektor $|j\rangle \in X$ der Länge 1 aufgespannten Geraden ist (Beachte, dass $\{|j\rangle\}_j$ ei-ne Orthonormalbasis von X ist.) Definiere $|\psi_j\rangle = A|j\rangle$. Dann $\langle\psi_j|\psi_j\rangle = \lambda_j^2$. Wir betrachten zunächst nur jene j, für die $\lambda_j > 0$, und definieren für sie die norma-lisierten Vektoren $|e_j\rangle = \frac{1}{\lambda_j}|\psi_j\rangle$. Sie sind zudem orthogonal, denn für $j \neq k$ gilt $\langle e_j|e_k\rangle = \frac{1}{\lambda_j\lambda_k}\langle j|A^*A|k\rangle = \frac{1}{\lambda_j\lambda_k}\langle j|P^2|k\rangle = 0$. Mit dem Schmidtschen Ortogonalisie-rungsverfahren können sie zu einer Orthonormalbasis $\{|e_j\rangle\}_j$ von X ergänzt werden. Definiere $U = \sum_j |e_j\rangle\langle j|$. Es gilt $UU^* = \sum_{j,k} |j\rangle\langle e_j|e_k\rangle\langle k| = I$, also ist U unitär. Für $\lambda_j \neq 0$ gilt $UP|j\rangle = \lambda_j|e_j\rangle = |\psi_j\rangle = A|j\rangle$, und für $\lambda_j = 0$ gilt $UP|j\rangle = 0 = |\psi_j\rangle$. Daher stimmen A und UP auf der Basis $|j\rangle$ überein, d.h. $A = UP$. Die Formel für die Polarzerlegung rechts folgt, da $A = UPU^*U = P'U$ mit $P' = UPU^*$ und da ferner aus $AA^* = P'UU^*P' = P'^2$ stets $P' = \sqrt{AA^*}$ folgt, was $P' = P$ ergibt, da A normal ist.

$\quad$ P ist eindeutig, da $A = UP$ mit Linksmultiplikation durch die adjungierte Glei-chung $A^* = PU^*$ sofort $P^2 = A^*A$ ergibt, woraus wiederum auf eindeutige Weise $P = \sqrt{A^*A}$ folgt. Ist A invertierbar, so ist es auch P, und somit ist U eindeutig be-stimmt durch die Gleichung $U = AP^{-1}$. $\qquad\square$

$\quad$ Satz C.2.15 ist eine Verallgemeinerung der Polarzerlegung $z = re^{i\varphi}$ einer nichtver-schwindenden komplexen Zahl z in ihren Absolutbetrag $r = |z|$ und eine Zahl $e^{i\varphi}$ auf dem komplexen Einheitskreis.

C.2.7   Operatoren von der Spurklasse

Ein linearer Operator $A : X \to X$ auf einem separablen komplexen Hilbert-Raum X heißt *von der Spurklasse*, wenn die Reihe

$$\text{tr}\, A = \sum_{n=0}^{\infty} \langle v_n, Av_n\rangle \tag{C.19}$$

für jedes vollständige Orthonormalsystem $\{v_n\}$ von X konvergiert, und wenn der Wert der Reihe unabhängig von dem Orthonormalsystem $\{v_n\}$ ist. Die Zahl tr A heißt die *Spur* von A. Ist $0 < \dim X < \infty$, so gelten für zwei Operatoren $A, B : X \to X$ von der Spurklasse die folgenden Eigenschaften [71, pp. 421],

$$\text{tr}\,(AB) = \text{tr}\,(BA), \quad \text{tr}\,A^* = (\text{tr}\,A)^*, \quad \text{tr ist linear.} \tag{C.20}$$

Anhang D

Hinweise zu den Aufgaben

Die Lösungsansätze und -hinweise zu Aufgaben sind zur Anregung, sich mit der englischsprachigen Fachliteratur zu beschäftigen, auf Englisch formuliert.

2.1. Since $r_0^2 + r_1^2 = 1$, the vector (r_0, r_1) is on the unit circle $S^1 = \{(x, y) \colon x^2 + y^2 = 1\}$, there exists a unique angle $\vartheta' \in [0, 2\pi)$ such that $r_0 = \cos \vartheta'$ and $r_1 = \sin \vartheta'$. Moreover, expressing φ_0 and φ_1 by δ and φ, we obtain $\varphi_0 = \delta - \varphi/2$, $\varphi_1 = \delta + \varphi/2$. Insert this into the original equation for $|\psi\rangle$ and rename $\vartheta = 2\vartheta'$.

2.2 The first measurement has at outcome the number j and lets the qubit collapse randomly to the basis state $|j\rangle$ with probability α_j. The next measurement yields the same outcome j with certainty.

2.3 $\frac{|0\rangle \pm |1\rangle}{\sqrt{2}} = (\alpha_0^\pm, \alpha_1^\pm)^t$ with $\alpha_0^\pm = \cos \frac{\pi}{4}$ and $\alpha_1^\pm = \sin(\pm \frac{\pi}{4})$. The global phase is $\delta = 0$, the relative phase is $\varphi = \pm \frac{\pi}{4}$, and $P(0) = P(1) = \frac{1}{2}$.

2.4 A 3-qubit register has $2^3 = 8$ possible measurement outcomes. The 8 basis states are

$$|000\rangle = \begin{pmatrix} 1 \\ 0 \\ 0 \\ 0 \\ 0 \\ 0 \\ 0 \\ 0 \end{pmatrix}, \ |001\rangle = \begin{pmatrix} 0 \\ 1 \\ 0 \\ 0 \\ 0 \\ 0 \\ 0 \\ 0 \end{pmatrix}, \ |010\rangle = \begin{pmatrix} 0 \\ 0 \\ 1 \\ 0 \\ 0 \\ 0 \\ 0 \\ 0 \end{pmatrix}, \ |011\rangle = \begin{pmatrix} 0 \\ 0 \\ 0 \\ 1 \\ 0 \\ 0 \\ 0 \\ 0 \end{pmatrix}, \ \ldots, \ |110\rangle = \begin{pmatrix} 0 \\ 0 \\ 0 \\ 0 \\ 0 \\ 0 \\ 1 \\ 0 \end{pmatrix}, \ |111\rangle = \begin{pmatrix} 0 \\ 0 \\ 0 \\ 0 \\ 0 \\ 0 \\ 0 \\ 1 \end{pmatrix}.$$

2.3 (a) $\Phi^\pm$: $P(00) = P(11) = \frac{1}{2}$, $P(01) = P(10) = 0$; $\Psi^\pm$: $P(00) = P(11) = 0$, $P(01) = P(10) = \frac{1}{2}$.

(b) For the Bell states $\Phi^{\pm}$, the measurement outcome of the second qubit is the same as the first qubit's value. On the other hand, for the Bell states $\Psi^{\pm}$, the second qubit's outcome is just opposite to the first qubit's outcome, i.e., if the first qubit has been measured as "0", the second one will be "1" (with certainty!), and vice versa. $\Phi^{\pm}$ are thus often called a *correlated EPR pair*, and $\Psi^{\pm}$ an *anti-correlated EPR pair*.

2.6. (a) In probability theory, the expectation value of a given probability distribution $\{p_j\}$ for the outcomes $\{x_j\}$ is defined as $E_p(x_1, \ldots, x_n) = \sum_{j=1}^{n} x_j p_j$. For the outcome of a qubit measurement, we simply have $n = 2$, $p_1 = |\alpha_0|^2$, $p_2 = |\alpha_1|^2$, $x_1 = 0$, and $x_2 = 1$. Therefore, $E_p(x) = |\alpha_1|^2$.

(b) The dual vector of $|\psi\rangle$ is $|\psi\rangle^* = (\bar{\alpha}_0, \bar{\alpha}_1)$. Hence,

$$|\psi\rangle^* M |\psi\rangle = (\bar{\alpha}_0, \bar{\alpha}_1) \begin{pmatrix} 0 & 0 \\ 0 & 1 \end{pmatrix} \begin{pmatrix} \alpha_0 \\ \alpha_1 \end{pmatrix} = (\bar{\alpha}_0, \bar{\alpha}_1) \begin{pmatrix} 0 \\ \alpha_1 \end{pmatrix} = |\alpha_1|^2.$$

This is exactly the expectation value of (a).

3.1. Denote $U = U(\alpha, \beta, \gamma, \delta)$ in Eq. (3.13). Then $\sigma_t = U(\alpha, 0, -\alpha, 0)$, i.e., $\alpha + \gamma = 2n\pi$, $\sigma_x = U(\alpha, \pi, \alpha + \pi, \frac{\pi}{2})$, i.e., $\gamma - \alpha = (2n+1)\pi$, $\sigma_y = U(\alpha, \pi, \alpha, \frac{\pi}{2})$, i.e., $\alpha - \gamma = 2n\pi$, $\sigma_z = U(\alpha, 0, \pi - \alpha, \frac{\pi}{2})$, i.e., $\alpha + \gamma = (2n+1)\pi$, and $H = U(0, \frac{\pi}{2}, \pi, \frac{\pi}{2})$.

3.2. (a) Direct matrix multiplication and comparison with (3.27). (b) With Eq. (3.13) we achieve

$$U^2 = e^{2i\delta} \begin{pmatrix} e^{-i(\alpha+\gamma)} \cos^2 \frac{\beta}{2} - \sin^2 \frac{\beta}{2} & -(e^{-i\gamma} + e^{-i\alpha}) \cos \frac{\beta}{2} \sin \frac{\beta}{2} \\ (e^{i\gamma} + e^{i\alpha}) \cos \frac{\beta}{2} \sin \frac{\beta}{2} & e^{i(\alpha+\gamma)} \cos^2 \frac{\beta}{2} - \sin^2 \frac{\beta}{2} \end{pmatrix} \tag{D.1}$$

To satisfy $U^2 = I_2$, the upper-left entry must be 1, i.e., β can only attain three values ($k = 0, 1$): (i) $\beta = 0$ implying $2\delta = \alpha + \gamma + 2k\pi$, (ii) $\beta = \pi$ implying $\delta = \pm\frac{\pi}{2}$, or (iii) $\beta = \frac{\pi}{2}$ implying $2\delta = \alpha + \gamma = \pm\pi$. In case (i), it follows $\delta = \alpha + \gamma = 2k\pi$ since the lower-right entry is 1. Hence without loss of generality, we have the eight possible cases for α, $\gamma \in [0, 2\pi)$:

$$U = \pm I_2, \quad U = \pm \sigma_z, \quad U = \pm i \begin{pmatrix} 0 & -e^{i\alpha/2} \\ e^{-i\alpha/2} & 0 \end{pmatrix}, \quad U = \pm \frac{1}{\sqrt{2}} \begin{pmatrix} 1 & e^{i\gamma} \\ e^{-i\gamma} & -1 \end{pmatrix}. \tag{D.2}$$

$\alpha = 0$ yields $\pm\sigma_y$, $\alpha = \pi$ yields $\pm\sigma_x$, and $\gamma = 0$ yields H. The only non-trivial classical gate among them is $\sigma_x = $ NOT.

3.3. (Notation: $\bar{x} = \neg x$, $xy = x \wedge y$)

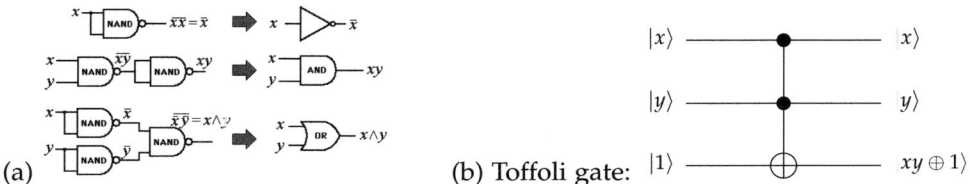

(a) (b) Toffoli gate:

3.4. c-NOT $|x0\rangle = |xx\rangle$ for $x = 0, 1$. However, c-NOT $|\psi 0\rangle =$ c-NOT $(\alpha_0|00\rangle + \alpha_1|10\rangle)$ $= \alpha_0|00\rangle + \alpha_1|11\rangle \neq |\psi\psi\rangle$.

4.1. In Fig. 4.1 it is obvious that for n qubits there will be n Hadamard gates. Moreover, the number of phase shifts is $1 + 2 + \ldots + n$, this is the arithmetical series being $n(n-1)/2$. In total, these are $n + n(n-1)/2 = n(n+1)/2$.

4.2 QFT$_8(\sum_x \alpha_x|x\rangle) = \sum_k \beta_k|k\rangle$ with $(\beta_k) = \frac{1}{\sqrt{2}} (1, 0, 0, -1, 0, 0, 0)$, i.e., $\boldsymbol{P} = \frac{1}{2}(1,0,0,1,0,0,0)$, and the period of $f(x) = \alpha_x$ is $8/4 = 2$. Thus the quantum Fourier transform differs from Example 4.1.2 only by a phase shift, but has the same probability distribution and period.

5.1 *Beweis.* Since $(N-1)^2 = N^2 - 2N + 1$, we have $(N-1)^2 \bmod N = 1$. Since $N-1 \neq 1$, $r = 2$ is the smallest exponent. $\qquad\square$

5.2 Proof by induction over n. $n = 1$ is obvious. $n \to n+1$:

$$\bigotimes_{j=1}^{n+1}(|0\rangle + e^{2^{n-1}\cdot\varphi}|1\rangle) = (|0\rangle + e^{2^{n-1}i\varphi}|1\rangle) \otimes \left(\sum_{j=0}^{2^n-1} e^{ij\varphi}|j\rangle\right) = \sum_{j=0}^{2^{n+1}-1} e^{ij\varphi}|j\rangle$$

6.1. [41, Example 7, pp. 190].

6.2. Example 6.3.2.

7.1. If Alice changes her qubit by U, where $U = I, Z, X,$ or iY, then Bob's qubit changes simultaneously by $U^{-1} = I, Z, X,$ or $-iY$. Hence since Alice's original qubit is $|\psi_A\rangle = \frac{|0\rangle+|1\rangle}{\sqrt{2}}$, and Bob's is $|\psi_B\rangle = \frac{|0\rangle+|1\rangle}{\sqrt{2}}$, then if, e.g., Alice wants to transmit 11, they are changed to $|\psi'_A\rangle = iY|\psi_A\rangle = \frac{|0\rangle-|1\rangle}{\sqrt{2}}$, and $|\psi'_B\rangle = -iY|\psi_B\rangle = -\frac{|0\rangle-|1\rangle}{\sqrt{2}}$. Bob thus measures, after having received Alice's qubit $|\psi'_A\rangle$, the qubit $|\psi'_A\psi'_B\rangle = -\Psi^-$, i.e., he derives by the code table (7.6) the classical message 11.

8.1. Denote $|\psi\rangle = \alpha_0|0\rangle + \alpha_1|1\rangle$ and $|\psi'\rangle = \alpha'_0|0\rangle + \alpha'_1|1\rangle$. Then $\alpha'_j = e^{i\varphi}\alpha_j$, $j = 0, 1$, and thus we have the probability amplitudes $|\alpha'_j|^2 = |\alpha_j|^2$.

8.2. $V(\varphi) = a_t \sigma_t + a_z \sigma_z$ with $a_t = 1 + e^{i\varphi}$ and $a_z = 1 - e^{i\varphi}$. Denote $|\psi\rangle = \alpha_0|0\rangle + \alpha_1|1\rangle$ and the shifted qubit $|\psi'\rangle = R(\varphi)|\psi\rangle$ as $|\psi'\rangle = \alpha_0'|0\rangle + \alpha_1'|1\rangle$. Then $\alpha_0' = \alpha_0$ and $\alpha_1' = e^{i\varphi}\alpha_1$, and thus we have the probability amplitudes $|\alpha_j'|^2 = |\alpha_j|^2$ for $j = 0, 1$. Therefore, a phase shift $V(\varphi)$ is not measurable.

11.1. Since $\rho_{12}\rho_{21} = \cos^2\frac{\vartheta}{2}\sin^2\frac{\vartheta}{2} = \frac{1-\cos^2\vartheta}{4} = \frac{1}{4}\sin^2\theta$ according to the addition theorems, we have $\sqrt{1 - 4\rho_{12}\rho_{21}} = \cos\vartheta$, hence again by the addition theorems, $\rho_{11} = \frac{1}{2}(1 + \cos\vartheta) = \cos^2\frac{\vartheta}{2}$ and $\rho_{22} = \frac{1}{2}(1 - \cos\vartheta) = \sin^2\frac{\vartheta}{2}$, in accordance with (11.5).

11.2. In the standard computational basis, we have

$$U = |0\rangle\langle 0| \otimes I + |1\rangle\langle 1| \otimes X = \begin{pmatrix} 1 & 0 \\ 0 & 0 \end{pmatrix} \otimes \begin{pmatrix} 1 & 0 \\ 0 & 1 \end{pmatrix} + \begin{pmatrix} 0 & 0 \\ 0 & 1 \end{pmatrix} \otimes \begin{pmatrix} 0 & 1 \\ 1 & 0 \end{pmatrix}$$

$$= \begin{pmatrix} 1 & 0 & 0 & 0 \\ 0 & 1 & 0 & 0 \\ 0 & 0 & 0 & 0 \\ 0 & 0 & 0 & 0 \end{pmatrix} + \begin{pmatrix} 0 & 0 & 0 & 0 \\ 0 & 0 & 0 & 0 \\ 0 & 0 & 0 & 1 \\ 0 & 0 & 1 & 0 \end{pmatrix} = c - \text{NOT}.$$

11.3. Direct calculation shows that with $\langle m_j|m_j\rangle = 1$ the state on the right hand side of (11.96) is given by

$$\rho = \left[|\alpha_0|^2 + 2\sin\frac{\vartheta}{2}\,\text{Re}\,(\alpha_0\alpha_1^*\langle m_1|m_0\rangle) + |\alpha_1|^2\sin^2\frac{\vartheta}{2}\right]|0\rangle\langle 0|$$

$$+ \alpha_1^*\cos\frac{\vartheta}{2}\left[\alpha_0 + \alpha_1\langle m_0|m_1\rangle\sin\frac{\vartheta}{2}\right)\right]|0\rangle\langle 1|$$

$$+ \alpha_1\cos\frac{\vartheta}{2}\left[\alpha_0^* + \alpha_1^*\langle m_1|m_0\rangle\sin\frac{\vartheta}{2}\right)\right]|1\rangle\langle 0| + |\alpha_1|^2\cos^2\frac{\vartheta}{2}|1\rangle\langle 1|,$$

i.e., $\rho \mapsto \rho' = \tilde{U}\rho\tilde{U}^*$ with

$$\rho' = \begin{pmatrix} |\alpha_0|^2 + 2\sin\frac{\vartheta}{2}\,\text{Re}\,(\alpha_0\alpha_1^*\langle m_1|m_0\rangle) + |\alpha_1|^2\sin^2\frac{\vartheta}{2} & \alpha_1^*\cos\frac{\vartheta}{2}(\alpha_0 + \alpha_1\langle m_0|m_1\rangle\sin\frac{\vartheta}{2}) \\ \alpha_1\cos\frac{\vartheta}{2}(\alpha_0^* + \alpha_1^*\langle m_0|m_1\rangle\sin\frac{\vartheta}{2}) & |\alpha_1|^2\cos^2\frac{\vartheta}{2} \end{pmatrix}.$$

$$(D.3)$$

With the orthonormality condition $\langle m_j|m_k\rangle = \delta_{jk}$ this yields (11.97).

11.4. Assuming that $|phi\rangle$ in (11.32) is a product state, we apply (11.27) to deduce

$$\left.\begin{array}{l} a_{00} = 1 \Rightarrow \alpha_0 = \beta_0 \\ a_{01} = -1 \Rightarrow \alpha_0 \neq \beta_1 \Rightarrow \beta_0 \neq \beta_1 \\ a_{10} = 1 \Rightarrow \alpha_1 = \beta_0 \Rightarrow \alpha_1 = \alpha_0 \Rightarrow \alpha_1 \neq \beta_1 \\ a_{11} = 1 \Rightarrow \alpha_1 = \beta_1 \; \lightning \end{array}\right\}$$

$$(D.4)$$

13.1. (a) Since $x \wedge (y \vee z) = x \wedge I = x$ and $(x \wedge y) \vee (x \wedge z) = O \vee x = x$, Eq. (13.17) is satisfied; however, $x \vee (y \wedge z) = x \vee O = x$ and $(x \vee y) \wedge (x \vee z) = I \wedge z = z$, i.e., (13.18) is not satisfied.

(b) For M_5 and the left version of N_5 we have $x \wedge (y \vee z) = x$, but $(x \wedge y) \vee (x \wedge z) = O$ in M_5 and $(x \wedge y) \vee (x \wedge z) = z$ in N_5 (left version), they are not distributive. The right version of N_5 is identical to the left version by interchanging the labels x and z.

13.2. (a) $p_\Phi < p'_{01}$ implies $p_\Phi \vee (p'_\Phi \wedge p'_{01}) = p_\Phi \vee 0 = p_\Phi \neq p'_{01}$. This contradicts (13.30). (b) An example is the sublattice containing $0, p_\Phi, p_{10}, p'_{11}, 1$.

Literaturverzeichnis

[1] AGRAWAL, M. ; KAYAL, N. ; SAXENA, N. : 'PRIMES is in P'. In: *Ann. Math.* 160 (2004), S. 781–793. – *http://www.cse.iitk.ac.in/users/manindra/publications.html*

[2] ANDERS, S. ; BRIEGEL, H. J.: 'Fast simulation of stabilizer circuits using a graph state representation'. In: *Phys. Rev. A* 73 (2006), S. 022334. – quant-ph/0504117

[3] ARORA, S. ; BARAK, B. : *Computational Complexity. A Modern Approach.* Cambridge : Cambridge University Press, 2009

[4] ARTIN, E. : *Geometric Algebra.* New York : Wiley-Interscience, 1988

[5] ASPECT, A. ; GRANGIER, P. ; ROGER, G. : 'Experimental realization of Einstein-Podolsky-Rosen-Bohm gedankenexperiment: a new violation of Bell's inequalities'. In: *Phys. Rev. Lett* 49 (1982), S. 91–94. – http://link.aps.org/abstract/PRL/v49/p91

[6] AUDRETSCH, J. : *Verschränkte Systeme.* Weinheim : Wiley-VCH Verlag, 2005

[7] BENNETT, C. H.: 'Logical reversibility of computation'. In: *IBM J. Research and Development* 17 (1973), S. 525–532

[8] BENNETT, C. H. ; BRASSARD, G. ; CRÉPEAU, C. ; JOSZA, R. ; PERES, A. ; WOOTTERS, W. : 'Teleporting an unknown quantum state via dual classical and Einstein-Podolsky-Rosen channels'. In: *Phys. Rev. Lett.* 70 (1993), S. 1895–1899

[9] BIEDENHARN, L. C. ; LOUCK, J. D.: *Angular Momentum in Quantum Physics.* Reading : Addison-Wesley, 1981

[10] BIRKHOFF, G. : *Lattice Theory.* 3rd Edition. Providence : American Mathematical Society, 1973

[11] BIRKHOFF, G. ; NEUMANN, J. von: 'The logic of quantum mechanics'. In: *Annals of Mathematics* 37 (1936), Nr. 4, S. 823–843

[12] BOUWMEESTER, D. ; PAN, J.-W. ; MATTLE, K. ; EIBL, M. ; WEINFURTER, H. ; ZEILINGER, A. : 'Experimental quantum teleportation'. In: *Nature* 390 (1997), S. 575

[13] BRANDT, H. E.: 'Qubit devices'. In: LOMONACO JR, S. (Hrsg.): *Quantum Computation. A Grand Mathematical Challenge for the 21st Century and the Millennium.* Providence, Rhode Island : Proceedings of the Symposia of Applied Mathematics, vol. 58, American Mathematical Society, 2002, S. 67–139

[14] BRUSS, D. (Hrsg.) ; LEUCHS, G. (Hrsg.): *Lectures on Quantum Information.* Weinheim : Wiley-VCH, 2007

[15] BULDT, B. : 'Supervaluvagefuzzysoritalhistorisch'. In: SEISING, R. (Hrsg.): *Fuzzy Theorie und Stochastik.* Braunschweig Wiesbaden : Vieweg, 1999, S. 41–85

[16] BUTSCHER, B. ; WEIMER, H. : *Simulation eines Quantencomputers.* http://www.enyo.de/libquantum/downloads/libquantum.pdf, 2003

[17] CHOQUET-BRUHAT, Y. ; WITT-MORETTE, C. de ; DILLARD-BLEICK, M. : *Analysis, Manifolds and Physics.* Amsterdam : North-Holland Publ. Co., 1982

[18] COHEN, D. W.: *An Introduction to Hilbert Space and Quantum Logic.* New York Berlin Heidelberg : Springer-Verlag, 1989

[19] COTTINGHAM, W. N. ; GREENWOOD, D. A.: *An Introduction to the Standard Model of Particle Physics.* Cambridge : Cambridge University Press, 1998

[20] CURRY, H. B.: *Foundations of Mathematical Logic.* New York : Dover Publications, 1977

[21] DE VRIES, A. : 'The evolution of the Weyl and Maxwell fields in curved space-times'. In: *Math. Nachr.* 179 (1996), S. 27–45. – DOI: 10.1002/mana.19961790103

[22] DE VRIES, A. : 'The ray attack on RSA cryptosystems'. In: MUNO, R. W. (Hrsg.): *Jahresschrift der Bochumer Interdisziplinären Gesellschaft eV 2002.* Stuttgart : ibidem-Verlag, 2003, S. 11–38. – http://arxiv.org/abs/cs.CR/0307029

[23] DIESTEL, R. : *Graphentheorie.* 2. Aufl. Berlin Heidelberg : Springer-Verlag, 2000

[24] EBBINGHAUS, H.-D. ; FLUM, J. ; THOMAS, W. : *Einführung in die mathematische Logik.* Heidelberg Berlin : Spektrum Akademischer Verlag, 1996

[25] EINSTEIN, A. ; PODOLSKY, B. ; ROSEN, N. : 'Can quantum mechanical description of physics reality be considered complete?'. In: *Phys. Rev.* 47 (1935), S. 777–780

[26] EKERT, A. ; HAYDEN, P. ; INAMORI, H. : *Basic Concepts in quantum computation.* http://arxiv.org/abs/quant-ph/0011013, 2000

[27] FULTON, W. ; HARRIS, J. : *Representation Theory — A First Course.* New York : Springer Verlag, 1991

[28] GASIOROWICZ, S. : *Quantum Physics.* 2nd Edition. New York : John Wiley & Sons, 1996

[29] GILMORE, R. : *Lie Groups, Lie Algebras, and Some of Their Applications.* New York : John Wiley & Sons, 1974

[30] GOSWAMI, A. : *Quantum Mechanics.* 2nd Edition. Dubuque, IA : Wm. C. Brown publishers, 1997

[31] GRASSL, M. : Quantum Error Correction. In: BRUSS, D. (Hrsg.) ; LEUCHS, G. (Hrsg.): *Lectures on Quantum Information.* Weinheim : Wiley-VCH, 2007, S. 105–120

[32] GRUSKA, J. : 'Quantum Computing Challenges'. In: ENGQUIST, B. (Hrsg.) ; SCHMID, W. (Hrsg.): *Mathematics Unlimited — 2001 and Beyond.* New York : Springer-Verlag, 2001, S. 529–563

[33] HEDMAN, S. : *A First Course in Logic. An Introduction to Model Theory, Proof Theory, Computability, and Complexity.* Oxford New York : Oxford University Press, 2004

[34] HEUSER, H. : *Funktionalanalysis. Theorie und Anwendung.* Stuttgart : B.G. Teubner, 1986

[35] HOFFMANN, D. W.: *Theoretische Informatik.* München : Carl Hanser Verlag, 2009

[36] HOMEISTER, M. : *Quantum Computing verstehen. Grundlagen – Anwendungen – Perspektiven.* Wiesbaden : Vieweg, 2005

[37] JÄNICH, K. : *Topologie.* 6. Aufl. Berlin Heidelberg : Springer-Verlag, 1999

[38] JANTZEN, C. ; SCHWERMER, J. : *Algebra.* Berlin Heidelberg : Springer-Verlag, 2006

[39] JOOS, E. ; ZEH, H. D. ; KIEFER, C. ; GIULINI, D. ; KUPSCH, J. ; STAMATESCU, I.-O. : *Decoherence and the Appearance of a Classical World in Quantum Theory.* 2nd Edition. Berlin Heidelberg : Springer-Verlag, 2003

[40] KLEMENT, E. P. ; MESIAR, R. ; PAP, E. : 'Bausteine der Fuzzy Logic: t-Normen – Eigenschaften und Darstellungssätze'. In: SEISING, R. (Hrsg.): *Fuzzy Theorie und Stochastik.* Braunschweig Wiesbaden : Vieweg, 1999, S. 205–225

[41] LOMONACO JR, S. : *Quantum Computation. A Grand Mathematical Challenge for the 21st Century and the Millennium.* Providence, Rhode Island : Proceedings of the Symposia of Applied Mathematics, vol. 58, American Mathematical Society, 2002

[42] MACKEY, G. W.: *Mathematical Foundations of Quantum Mechanics.* New York : W. A. Benjamin, 1963

[43] MITTELSTAEDT, P. : *Quantum Logic.* Dordrecht : D. Reidel Publ. Co, 1978

[44] MONZ, T. ; SCHINDLER, P. ; BARREIRO, J. T. ; CHWALLA, M. ; NIGG, D. ; COISH, W. A. ; HARLANDER, M. ; HÄNSEL, W. ; HENNRICH, M. ; BLATT, R. : '14-Qubit Entanglement: Creation and Coherence'. In: *Phys. Rev. Lett.* 106 (2011), Mar, S. 130506. – *DOI: 10.1103/PhysRevLett.106.130506*

[45] MOTWANI, R. ; RAGHAVAN, P. : *Randomised Algorithms*. Cambridge : Cambridge University Press, 1995

[46] NIELSEN, M. A. ; CHUANG, I. L.: *Quantum Computation and Quantum Information*. Cambridge : Cambridge University Press, 2000

[47] NIKOL'SKIJ, N. K.: *Functional Analysis I. Linear Functional Analysis*. Berlin Heidelberg : Springer-Verlag, 1992

[48] PAPADIMITRIOU, C. M.: *Computational Complexity*. Reading, Massachusetts : Addison-Wesley, 1994

[49] PENROSE, R. ; RINDLER, W. : *Spinors and Space-Time. Vol. 1: Two-Spinor Calculus and Relativistic Fields*. Cambridge : Cambridge University Press, 1984

[50] PITTENGER, A. O.: *An Introduction to Quantum Computing Algorithms*. Boston : Birkhäuser, 2000

[51] PRESS, W. H. ; TEUKOLSKY, S. A. ; VETTERLING, W. T. ; FLANNERY, B. P.: *Numerical Recipes in C++. The Art of Scientific Computing*. 2nd Edition. Cambridge : Cambridge University Press, 2002

[52] QUERENBURG, B. von: *Mengentheoretische Topologie*. 3. Aufl. Berlin Heidelberg : Springer-Verlag, 2001

[53] REED, M. ; SIMON, B. : *Methods of Modern Mathematical Physics. II: Fourier Analysis, Self-Adjointness*. New York : Academic Press, 1975

[54] RUDIN, W. : *Functional Analysis*. New York St. Louis : McGraw-Hill, 1973

[55] SCARANI, V. : *Physik in Quanten. Eine kurze Begegnung mit Wellen, Teilchen und den realen physikalischen Zuständen*. München : Elsevier, 2007

[56] SCHMIDT-KALER, F. : Quantum Computing Experiments with Cold Trapped Ions. In: BRUSS, D. (Hrsg.) ; LEUCHS, G. (Hrsg.): *Lectures on Quantum Information*. Weinheim : Wiley-VCH, 2007, S. 423–450

[57] SCHMIDT-KALER ET AL., F. : 'Realization of the Cirac-Zoller controlled-NOT quantum gate'. In: *Nature* 422 (2003), S. 408–411

[58] SHOR, P. W.: 'Algorithm for quantum computation: discrete logarithms and factoring'. In: GOLDWASSER, S. (Hrsg.): *Proc. 35th Annual Symposium on the Foundation of Computer Science*. Los Alamos : IEEE Computer Society Press, 1994, S. 124. – http://arxiv.org/abs/quant-ph/9508027

[59] SIPSER, M. : *Introduction to the Theory of Computation*. Boston : Thomson Course Technology, 2006

[60] SOLOVAY, R. ; STRASSEN, V. : In: *SIAM J. Comp.* 6 (1977), 84 S.

[61] STOLZE, J. ; SUTER, D. : *Quantum Computing*. Weinheim : Wiley-VHC, 2004

[62] STRAUMANN, N. : *Quantenmechanik. Ein Grundkurs über nichtrelativistische Quanten-theorie.* Berlin Heidelberg New York : Springer-Verlag, 2002

[63] STRAUMANN, N. : 'On the cosmological constant problems and the astronomical evidence for a homogeneous energy density with negative pressure'. In: DUPLAN-TIER, B. (Hrsg.) ; RIVASSEAU, V. (Hrsg.): *Poincaré Seminar 2002.* Basel : Birkhäuser-Verlag, 2003, S. 7–51. – http://arxiv.org/abs/astro-ph/0203330

[64] SVOZIL, K. : *Quantum Logic.* Singapore : Springer-Verlag, 1998

[65] TIMONEY, N. ; BAUMGART, I. ; JOHANNING, M. ; VARÓN, A. F. ; PLENIO, M. B. ; RETZKER, A. ; WUNDERLICH, C. : 'Quantum gates and memory using microwave-dressed states'. In: *Nature* 476 (2011), S. 185–188. – *doi:10.1038/nature10319*

[66] VANDERSYPEN ET AL., L. M. K.: 'Experimental realization of Shor's quantum facto-ring algorithm using nuclear magnetic resonance'. In: *Nature* 447 (2001), S. 883–887

[67] VARADARAJAN, V. S.: *The Geometry of Quantum Mechanics.* New York Heidelberg Berlin : Springer-Verlag, 1985

[68] VAZIRANI, U. V.: 'A survey of quantum complexity theory'. In: LOMONACO, JR., S. J. (Hrsg.): *Quantum Computation: A Grand Mathematical Challenge for the 21st Century and the Millennium. American Mathematical Society Short Course January 17–18, 2000 Washington, DC.* Providence, Rhode Island : American Mathematical Society, 2002, S. 193–217

[69] WEIZSÄCKER, C. F.: *Aufbau der Physik.* München Wien : Carl Hanser Verlag, 1985

[70] ZADEH, L. A.: 'Fuzzy sets'. In: *Information and Control* 8 (1965), S. 338–353

[71] ZEIDLER, E. : *Applied Functional Analysis. Applications to Mathematical Physics.* New York : Springer-Verlag, 1995

[72] ZEILINGER, A. : *Einsteins Schleier. Die neue Welt der Quantenphysik.* München : Verlag C. H. Beck, 2003

Internetquellen

1. *http://quantumcomputers.uni-dortmund.de/* : Projektgruppe Quantencomputers der Uni-versität Dortmund [2012-01-22]

2. *http://www.math-it.org/Quantum/* : jQuantum, ein kleiner Open-Source Quantenrechner-Simulator [2012-01-22]

3. *http://www.mpq.mpg.de/* : Max-Planck-Institut für Quantenoptik [2012-01-22]

4. *http://www.nist.gov/dads/* : NIST Dictionary of Algorithms and Data Structures [2012-01-22]

5. *http://www.qubit.org* : Oxford Centre for Quantum Computation [2012-01-22]

6. *http://www.quantum.physik.uni-mainz.de/* : Experimentelle Quanteinformation der Universität Mainz [2012-01-22]

7. *http://www-users.cs.york.ac.uk/~schmuel/comp/comp.html* : S. L. Braunstein: *Quantum Computation — a Tutorial*, [2012-01-22]

8. *http://www.enyo.de/libquantum/* : `libquantum`, eine C-Bibliothek für Quantencomputer-Simulationen [2012-01-22]

Index